W0260146

Gerhard Pahl

Konstruieren mit 3D-CAD-Systemen

Grundlagen, Arbeitstechnik, Anwendungen

Mit 170 Abbildungen

Springer-Verlag Berlin Heidelberg NewYork
London Paris Tokyo Hong Kong 1990

Dr.-Ing. Dr. h.c. Gerhard Pahl
Universitätsprofessor für Maschinenelemente
und Konstruktionslehre
an der Technischen Hochschule Darmstadt

ISBN-13: 978-3-540-52234-8 e-ISBN-13: 978-3-642-47593-1
DOI: 10.1007/978-3-642-47593-1

CIP-Titelaufnahme der Deutschen Bibliothek
Pahl, Gerhard:
Konstruieren mit 3D-CAD-Systemen [DreiD-CAD-Systemen]: Grundlagen, Arbeitstechnik, Anwendungen/Gerhard Pahl. -
Berlin ; Heidelberg ; NewYork ; London ; Paris ; Tokyo ; Hong Kong : Springer, 1990
ISBN-13: 978-3-540-52234-8

2362/3020-543210 - Gedruckt auf säurefreiem Papier

Vorwort

Bücher zur CAD-Technik sind in letzter Zeit mit mannigfacher Zielsetzung erschienen. Das vorliegende Buch befaßt sich im Hinblick auf künftige Entwicklungen vornehmlich mit der Handhabung von 3D-CAD-Systemen und der damit zusammenhängenden 3D-Modellierung. Ziel ist es, dem Konstrukteur in der Praxis wie auch dem Studenten in der Ausbildung eine Einführung und einen Leitfaden an die Hand zu geben, damit beide Verständnis und Fertigkeit auf dem Gebiet der 3D-Modellierung erlangen. Diese erfordert andere Vorstellungen und Vorgehensweisen als bei der konventionellen Konstruktionstätigkeit oder beim Umgang mit 2D-Zeichnungssystemen.

Das Buch entstand im engen Zusammenhang mit der Konstruktionslehre (vgl. Pahl/Beitz: Konstruktionslehre, 2. Aufl. 1986, Springer-Verlag) und mit Forschungstätigkeiten, die den Konstruktionsprozeß mit 3D-CAD-Systemen untersuchten. Hierbei ist das in diesem Buch an verschiedenen Stellen zitierte CAD-Forschungssystem IKA entstanden, das uns in die Lage versetzte, unabhängig von der Gestaltung kommerzieller CAD-Systeme für den Konstruktionsprozeß neue oder besser angepaßte Wege aufzuzeigen. In heutigen kommerziellen Systemen sind solche erkannten Forderungen verwirklicht worden, oder aber die in diesem Buch gegebenen Hinweise könnten zu ihrer weiteren konstruktionsorientierten Ausgestaltung dienen.

Meine wissenschaftlichen Mitarbeiter, die sich über viele Jahre mit den Problemen befaßten, Lösungen praxisgerecht aufbereiteten und neue Erkenntnisse gewannen, legten die Ergebnisse in Dissertationen nieder. Die Arbeiten der Herren Dr.-Ing. T. Bachmann, G. Engelken, K.-P. Fahlbusch, H. Kloberdanz und W.-H. Menke bestimmen zu einem erheblichen Teil die Aussagen in diesem Buch. Darüber hinaus halfen mir Herr Dr.-Ing. K.H. Beelich, Herr Dipl.-Ing. M. Daniel, Herr Dipl.-Ing. J.P. Hoffmann, Frau G. Nintzel und Herr Dipl.-Wirtsch.-Ing. M. Reiß bei der Gestaltung der Beispiele und bei der Durchsicht des Buches, die von vielen fruchtbaren Diskussionen begleitet war. Die Firma Hella KG unterstützte unser Bemühen in großzügiger Weise und trug durch die Konfrontation mit Anwendungsfragen zu einer praxisgerechten Umsetzung bei.

Die Anfertigung und Ausgestaltung der Bilder, auch wenn davon viele durch den Rechner entstanden sind, übernahm wieder in bewährter Weise Herr W. Laßhof. Der Springer-Verlag hat mich in inhaltlichen und formalen Fragen stets gut beraten und für eine ansprechende Ausführung bei der Drucklegung gesorgt. Meine Frau brachte viel Verständnis für verbrauchte Freizeit auf und unterstützte mein Vorhaben.

Allen gilt mein herzlicher und aufrichtiger Dank in der Hoffnung, daß dieses Buch vielen Anwendern und Studenten nützlich sein wird.

Darmstadt, im September 1989 G. Pahl

Inhaltsverzeichnis

Einführung

CAD-Systeme werden seit geraumer Zeit entwickelt und zum industriellen Einsatz im Konstruktionsbereich gebracht. Dieser Einsatz ist in den einzelnen Branchen und den entsprechenden Firmen hinsichtlich Breite und Tiefe noch sehr unterschiedlich. Vorherrschend sind z.Z. zweidimensional darstellende, d.h. 2D-Systeme zur Erstellung von Zeichnungen und Plänen. In der Automobil- und Flugzeugindustrie dagegen haben sich dreidimensional beschreibende, d.h. 3D-Systeme durchgesetzt. Letztere finden aber auch im allgemeinen Maschinenbau immer stärkere Verbreitung, wenn die Anfangsprobleme des CAD-Einsatzes überwunden wurden und weitergehende Aufgaben, nämlich solche über Rotations- und flächige Blechteile hinaus, im Konstruktions- und Fertigungsbereich zu bewältigen sind.

Vor allem erzwingt die integrierte Anwendung des Rechnereinsatzes in allen Produktionsbereichen, als CIM (Computer Integrated Manufacturing) bezeichnet, eine durchgängige und vollständige Datenbereitstellung und -verarbeitung für die betreffenden Produkte, die auf Dauer nur mit 3D-Systemen befriedigend gelöst werden können.

Die in den letzten Jahren entwickelte Konstruktionsmethodik bietet nun eine wichtige Grundlage für einen sinnvollen Rechnereinsatz an, so daß es aussichtsreich erscheint, von ihr ausgehend einen Leitfaden zum Konstruieren mit CAD zu entwickeln und gleichzeitig einen Beitrag zu einem integrierten und durchgängigen Rechnereinsatz zu leisten.

Das vorliegende Buch ist unter dem Gesichtspunkt der Notwendigkeiten und Konsequenzen im Konstruktionsbereich zu sehen und beschränkt sich auf ihn, ohne dabei aber die Bedeutung und den Umfang anderer Einsatzgebiete mindern oder vernachlässigen zu wollen. Mit den nachfolgenden Ausführungen sollen also vornehmlich Hilfen und Strategien für den mit dem Rechnereinsatz konfrontierten Konstrukteur gegeben werden.

Da die Produktentstehung maßgebend im Entwicklungs- und Konstruktionsbereich beginnt, sind die dort angewandten Strategien, das Vorgehen und die Art der Datenerstellung sowie ihre Bereitstellung von ganz entscheidender Bedeutung für die im Produktionsbereich nachgeschalteten Stellen. Grundlage für eine erfolgreiche und integrierte Datennutzung sind bestimmte Voraussetzungen, die im Konstruktionsbereich geschaffen und mit Hilfe geeigneter 3D-CAD-Systeme erfüllt werden müssen.

Einfache, lediglich geometrieverarbeitende Systeme reichen nicht aus. Es muß möglich sein, auch technische Zusammenhänge und Absichten zu beschreiben, eine Bau- und Erzeugnisstruktur zu definieren und neben einer Variantentechnik auch Norm- und Wiederholteilsysteme einzufügen. Nicht jedes auf dem Markt angebotene CAD-System erfüllt alle Forderungen und Wünsche zugleich oder gleich gut. Die Auswahl von CAD-Systemen wird daher aufgaben- und produktspezifisch vorgenommen werden müssen.

Die nachfolgenden Kapitel befassen sich mit einzelnen grundlegenden Bereichen von 3D-CAD-Systemen und sollen dem Konstrukteur einerseits ein gewisses Grundverständnis und andererseits wichtige Hilfen zum Einsatz von CAD im Zusammenhang mit dem konstruktionsmethodischen Vorgehen vermitteln. Dabei wird er grundlegende Anforderungen und zugleich geeignete Lösungsmöglichkeiten kennenlernen:

- Für die Konstruktionsarbeit ist eine geeignete Arbeitsplatzausrüstung und -gestaltung erforderlich (Kap. 2).
- Nur ein modularer Aufbau von CAD-Systemen gestattet es, Neuerungen und Erweiterungen ohne grundlegende Systemveränderung vornehmen zu können (Kap. 3).
- Zur Beschreibung des Erzeugnisses (Objekts) ist ein geeignetes Informationsmodell nötig, das alle erforderlichen Informationselemente enthält (Kap. 4).
- Die Modelliertechnik muß einen zweckmäßigen und wenig aufwendigen Konstruktionsprozeß gestatten (Kap. 5).
- Der Benutzer sollte eine auf ihn abgestimmte Kommunikationstechnik vorfinden, die es ihm erlaubt, seine konstruktiven Absichten direkt umzusetzen (Kap. 6).
- Aus dem Objektmodell ist eine unmittelbar ableitbare, dem jeweiligen Zweck angepaßte Darstellung des Konstruktionsergebnisses erforderlich (Kap. 7).
- Eine einfach handhabbare Variantentechnik einschließlich der Einbindung eines Norm- und Wiederholteilsystems ist unerläßlich (Kap. 8).
- Die Systeme sollen die Beschreibung der Baustruktur (Erzeugnisstruktur) sowie die Erstellung davon abgeleiteter Stücklisten gestatten (Kap. 9).

- Eine vom Konstruktionsbereich zu entwickelnde Produktsystematik muß die neuen Möglichkeiten in CAD-Systemen nutzen und ihre Umsetzung unterstützen (Kap. 10).
- Durch weitgehend normierte Schnittstellen ist der Datenaustausch mit anderen Systemen zu erleichtern (Kap. 11).

Die in den einzelnen Kapiteln dargestellten Zusammenhänge werden prinzipielle Möglichkeiten und ihr Zusammenwirken in 3D-Systemen aufzeigen. Wegen der sehr raschen Weiterentwicklung von CAD-Systemen und der zu beobachtenden Angleichung funktionaler Fähigkeiten wurde bewußt auf die mehr oder weniger vollständige Beschreibung sowie auf den Vergleich einzelner kommerzieller Systeme verzichtet. Ihre beispielhafte Erwähnung dient also nur zur Demonstration realisierter Fähigkeiten.

Neue Entwicklungen, wie objektorientierte Programmierung, der Einbezug wissensbasierter Systeme, Fortschritte in der Gerätetechnik, zwingen ohnehin zur ständigen Beobachtung und Neubewertung angebotener Systeme. Ungeachtet dessen werden aber bestimmte konstruktionsorientierte Forderungen bestehen bleiben oder lassen sich dann erst erfolgreich umsetzen.

Eine eingehende Schulung der Mitarbeiter, die nicht nur die Systembeherrschung umfaßt, sondern auch ein Grundverständnis vermittelt, damit sie mit diesen neuen Instrumenten verständig und mit der ausgeprägten Bereitschaft zur Integration mit anderen Bereichen umgehen können, dürfte unerläßlich sein. Auch hierzu möchte dieses Buch beitragen.

1 Ziel und Zweck des Rechnereinsatzes

Die durch den Rechnereinsatz notwendigen hohen Investitionen und die Veränderung der Arbeitsweise der Mitarbeiter sind nur zu rechtfertigen, wenn es auf Dauer gelingt, im Produktentstehungsprozeß eine vollständig integrierte Anwendung und Nutzung des entstehenden Datenflusses zu erreichen:

CIM (Computer Integrated Manufacturing) bedeutet den integrierten Rechnereinsatz im gesamten Produktionsprozeß vom Auftragseingang über die Entwicklung, Konstruktion, Arbeitsplanung, Produktionsplanung und -steuerung, Fertigung, Montage, Qualitätskontrolle und Auslieferung [AWF 85, SCH 87]. Entsprechend den einzelnen Tätigkeits- und Aufgabenbereichen ist der Rechnereinsatz jedoch unterschiedlich ausgeprägt, und es haben sich dafür nachstehende Begriffe eingeführt, die aber in ihrer Bedeutung nicht immer einheitlich oder streng abgegrenzt gebraucht werden.

CAD (Computer Aided Design) meint das rechnerunterstützte Konstruieren, wobei das Auslegen, Berechnen, Darstellen in Zeichnungen oder Plänen eingeschlossen ist. Eine engere Auslegung des Begriffs CAD sieht die Anwendung in geometriebezogenen Aufgaben, d.h. die graphisch-interaktive Erzeugung und Manipulation einer digitalen Objektbeschreibung bzw. -darstellung [AWF 85] unterschiedlichster Art für die entstehenden Produkte, was bekanntlich mit Hilfe der Geometrie geschieht.

CAE (Computer Aided Engineering) ordnet historisch bedingt diesen Begriff zwar auch den Konstruktions- und Entwicklungstätigkeiten zu, umfaßt aber schwerpunktmäßig die berechnungsbezogenen Aufgaben, wie z.B. die Anwendung der Methode der Finiten Elemente, numerischer Berechnungen u.a. mit unmittelbarem Eingang und entsprechender Auswirkung in den konstruktiven Festlegungen. Auch Optimierungsrechnungen während des Konstruktionsprozesses werden hierunter verstanden.

Da der Konstruktionsprozeß abhängig von der Problemstellung vielfach in einem Wechselspiel zwischen geometrischen und berechnenden Untersuchungen verläuft, ist eine strenge Unterteilung in CAD und CAE vielfach weder möglich noch zweckmäßig. In den nachfolgenden Ausführungen wird daher CAD im Sinne der umfassenden Auslegung, d.h. als eine Kombination der geometrie- und berechnungsbezogenen Aufgaben verstanden, zumal auch noch technologische und organisatorische Aspekte einfließen. CAD soll also die gesamte Konstruktionstätigkeit umfassen. Dies wird uns aber nicht hindern, den gestalterischen Aspekt, die geometrische Ausprägung, in den Vordergrund der Betrachtungen zu stellen (Nutzung von Berechnungsmöglichkeiten vgl. [PAB 86, Kap. 10]).

CAP (Computer Aided Planning) bezeichnet den Bereich der rechnerunterstützten Arbeitsplanung. Die Arbeitsplanung wird dabei nicht nur erst nach Fertigstellung der Gesamt- und Einzelteilzeichnungen, sondern schon sehr viel eher, also im Entwurfsstadium, von den im Konstruktionsbereich erstellten Daten Gebrauch machen bzw. ihre Gesichtspunkte einbringen. Gerade der Einsatz von CAD mit der rechnerinternen Modellbildung des Produkts bietet neue Möglichkeiten der frühzeitigen Informationsübermittlung und daraus resultierender Zusammenarbeit.

CAM (Computer Aided Manufacturing) befaßt sich mit der rechnergestützten Fertigung und Montage. Die konstruktiven und arbeitsplanerischen Daten werden hier zur Steuerung des eigentlichen Herstellprozesses in CNC-gesteuerten Maschinen und Robotern verwendet. Insbesondere flexible Fertigungssysteme (FFS) können nur auf diese Weise technisch und wirtschaftlich optimal betrieben werden.

CAQ (Computer Aided Quality Assurance) betrifft die Qualitätssicherung und nutzt den Rechnereinsatz zur Prüfplanung, Informationssammlung für Soll- und Istdaten mit entsprechender Auswertung und zur Unterstützung der Qualitätskontrolle selbst. Auch hier sind die von der Konstruktion festgelegten Solldaten und ihre Toleranzen von grundlegender Bedeutung.

PPS (Produktionsplanung und -steuerung) umfaßt den gesamten Produktionsablauf vom Auftragseingang über Materialbereitstellung bis zur termingerechten Auslieferung. Sie betrifft alle Maßnahmen zur Mengen- und Kapazitätsplanung, Zeit- und Kostenerfassung sowie zur Terminverfolgung. Die benötigten Basisdaten werden ebenfalls aus den in der Konstruktion entstandenen Produktinformationen, wie Abmessungen, Massenberechnungen, Stücklisten mit Strukturdaten und den Teile-Stammdaten entnommen.

Die Betrachtung dieser Einzelbereiche, die ihrerseits wiederum als integriertes System (CIM) zusammenwirken müssen, zeigt die hohe Bedeutung von

- gemeinsam zu nutzenden Produktdaten,
- abgestimmten Informations- bzw. Produktmodulen, die sich in entsprechenden Programmodulen niederschlagen,
- verträglichen Schnittstellen zur Übergabe von Produkt- und Planungsinformationen und
- eines einheitlichen Änderungs- und Freigabedienstes.

Der Konstruktionsbereich bestimmt durch seine Vorgehens- und Arbeitsweise sowie durch die von ihm festgelegte Produktsystematik sowohl Wirksamkeit als auch Wirtschaftlichkeit der integrierten Rechneranwendung in hohem Maße.

Ziel der Rechnerunterstützung ist es,

- die Qualität des Produkts durch geringere Fehlerquoten und umfassendere Optimierung zu erhöhen,
- eine schnellere Abwicklung mit günstigerem Terminangebot und geringerer Kapitalbindung zu erzielen,
- durch flexible Fertigung und Montage die Vorteile individueller Produktgestaltung mit denen einer rationellen und qualitativ hochwertigen Herstellung zu verbinden und
- eine Rationalisierung der Arbeit in allen Bereichen zu erreichen, bei der die Routine weitgehend automatisiert ist. Hierdurch soll aber mehr Raum für innovative Tätigkeiten der Mitarbeiter erschlossen werden und eine individuelle Ausprägungen des Produkts verträglich eingebracht werden können.

Es wird deutlich, daß sich Arbeitsinhalte und Vorgehensweisen verändern werden bzw. angepaßt werden müssen. Generell ist festzustellen, daß durch den Rechnereinsatz einerseits hochwertigere, komplexere Aufgaben durch Mitarbeiter bisherigen Ausbildungsniveaus vollzogen werden können, andererseits aber auch zur fehlerfreien und wirksamen Funktion von solchen Rechnersystemen erhöhte Anforderungen an das Verständnis der rechnerinternen Vorgänge, und ihrer resultierenden Ergebnisse verlangt werden.

Die Beherrschung solcher hochwirksamen Systeme wird besser ausgebildete, mit kompetentem Entscheidungsverhalten versehene Mitarbeiter auf anderem Tätigkeitsniveau als bisher erfordern. Die Zahl der Arbeitsplätze wird sich im Routinebereich verringern, im Planungs-, Steuerungs- und Instandhaltungs- sowie im Entwicklungsbereich der Produkte und von Rechnersystemen dagegen erhöhen.

Die Einführung von CAD-Systemen erfordert eine sorgfältige Planung sowie die sachgerechte Vorbereitung der Mitarbeiter aus dem Konstruktionsbereich, wobei deren Mitwirkung in allen Phasen unerläßlich ist. Über Erfahrungen bei der CAD-Einführung in Entwicklung und Produktion wird in [LÜD 88] ausführlich berichtet und gleichzeitig auf einen Maßnahmenplan hingewiesen.

2 Gerätetechnik von CAD-Systemen

2.1 Allgemeine Dialogfunktionen

In Übereinstimmung mit den nach der Konstruktionsmethodik erkannten Tätigkeiten beim Informationsumsatz [PAB 86]:

- Informationen gewinnen,
- Informationen verarbeiten und
- Informationen ausgeben,

müssen in Rechnersystemen die in Bild 2.1 dargestellten, wiederkehrenden und allgemeinen Aufgaben bzw. Funktionen ebenfalls vorhanden sein, wobei nun die Funktion "Informationen speichern", die oft der Konstrukteur selbst übernahm, in einem Rechnersystem explizit verwirklicht werden muß.

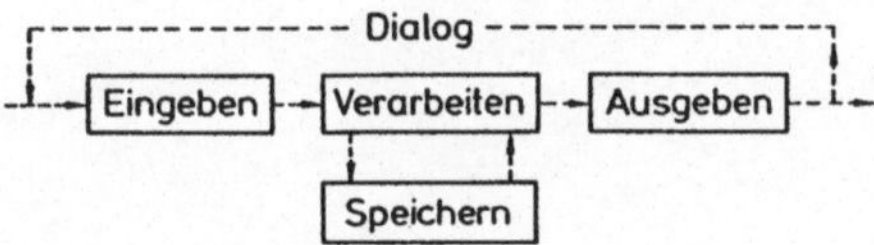

Bild 2.1 Funktionen und resultierender Aufbau von Rechnersystemen

Im Konstruktionsbereich eingesetzte CAD-Systeme werden fast ausschließlich nur im Dialog betrieben (vgl. Kap. 6). Gleichgültig, wie dieser Dialog im einzelnen beschaffen ist, ergeben sich folgende Eingabe- und Ausgabefunktionen:

Eingeben von

- Kommandos,
- Positionen,

- Zahlenwerten (REAL und INTEGER),
- Zeichenketten (Text) und
- Identifikationen von Objekten.
- operationeller Geometrie (z.B. in Arbeit befindliche Geometrie von Objekten),
- Zwischenzuständen operationeller Geometrie zwecks Dokumentation,
- informellen graphischen Elementen (z.B. Markierungen bei Identifikationen, Hilfslinien),
- alphanumerischen Daten (z.B. Systemmitteilungen, Berechnungsergebnisse),
- informeller Geometrie gekoppelt mit alphanumerischen Daten (z.B. Normteilinformationen),
- Zeichnungssätzen (z.B. Gesamtzeichnungen, Einzelteilzeichnungen bzw. Bildern).

Mit den genannten Dialogfunktionen muß sich der Dialogführer vertraut machen. Diese Schnittstelle zwischen Mensch und Gerät nennt man auch die Benutzeroberfläche.

Das Zusammenspiel zwischen Mensch und dem CAD-System wird sehr maßgeblich von der Leistungsfähigkeit des Rechners wie auch von der Art der Eingabe- und Ausgabeperipherie bestimmt, weswegen ein Überblick zu ihrer Beschaffenheit nützlich ist. Auch die Gerätetechnik ist einer raschen Entwicklung unterworfen. Neue Technologien sind im Vordringen und müssen

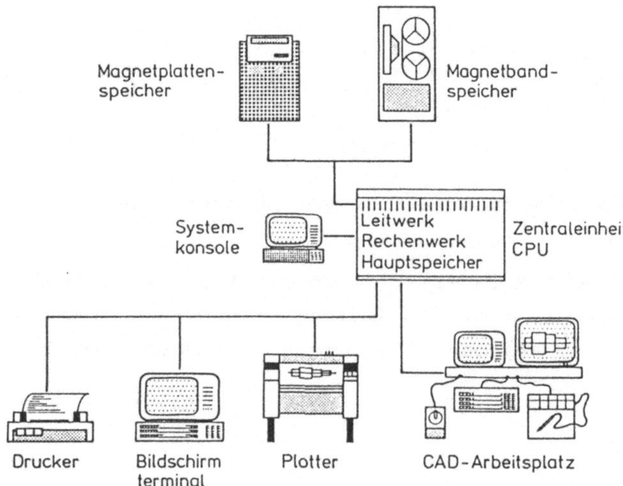

Bild 2.2 Kombination von Rechner und Peripherie-Geräten im Zusammenhang mit dem CAD-Einsatz nach [EIM 85]

ständig beobachtet werden. Die nachfolgenden Betrachtungen sind daher mehr als Orientierungshilfe hinsichtlich grundlegender Eigenschaften aufzufassen; Einzelheiten vgl. [EIM 85, ENS 86, SPK 84]. Bild 2.2 zeigt eine gebräuchliche Kombination von Rechner und Peripherie-Geräten.

2.2 Rechner

2.2.1 Prozessor

Der Prozessor, auch Zentraleinheit (Central Processing Unit: CPU) genannt, besteht aus Leitwerk, Rechenwerk und Hauptspeicher. Er führt aus:

- arithmetrische Operationen: Grundrechenarten: + ; - ; x ; die Division wird schon als Multiplikation mit dem iterativ bestimmten Kehrwert ausgeführt;

- logische Operationen: Vergleichen und Entscheiden: $>$; $\geq$; $=$; $\leq$; $<$; $\neq$;

- organisatorische Operationen: Sprungbefehle an bestimmte Adressen; Transport von Daten.

Dabei steuert das Leitwerk die Befehlsfolge und übernimmt Kontrollaufgaben, indem es die Befehle entschlüsselt und an das Rechenwerk weitergibt.

Die Verarbeitung erfolgt in binärer Form (Begriffe vgl. Tab. 2.1).

Die vom Prozessor verarbeitbare Wortlänge ist eine charakteristische Größe für Datendurchsatz und Rechnerleistung. Wegen der erforderlichen Rechengenauigkeit bei der Verarbeitung geometrischer Aufgaben ist für den CAD-Einsatz mindestens eine Wortlänge von 32 Bits vorzusehen. Bei Berechnungen nach der Methode der Finiten Elemente und komplexeren Geometrien sind 64-Bit-Rechner vorteilhafter.

Die Zeit, die der Prozessor zur Ausführung benötigt, nennt man die CPU-Zeit. Sie ist vielfach Meßzahl für Aufwand und Kosten bei der Systembenutzung.

Tab. 2.1 Begriffe der digitalen Verarbeitung und Speicherung

Binäres Alphabet	L/0; Eins/Null; Ja/Nein;
Bit	Binäre Zähleinheit (Binärzeichen) (Binary digit)
Bitstring	Mehrstelliges Binärwort: LOLLOLOO
Wort (Wortlänge)	Feste Zusammenfassung von Binärzeichen. Die Anzahl der Bits pro Wort ist maschinenabhängig: 16, 32, 48, 64, 72 Bits
1 Byte	8 Bits
Zahlen	REAL: Gleitkommazahl, z.B. 21,5 INTEGER: Ganze Zahl, z.B. 3 zur Kennzeichnung
CPU-Zeit	Zeit, die die Zentraleinheit zur Ausführung benötigt
MIPS	Ausgeführte Operationen in Millionen pro Sekunde (Million instructions per second) Von Rechnerarchitektur und Zählweise abhängig, d.h. eingeschränkte Vergleichbarkeit.
Speicheradresse	stellt die Zugriffsmöglichkeit sicher. Die Adresse ist durch Adressierungsbreite (Anzahl der Bits) und durch den damit verbundenen Adreßraum (Kombinationsmöglichkeit) gekennzeichnet: Adressierungsbreite — Adreßraum 8 Bit — $2^8 = 256$ 16 Bit — $2^{16} = 65536$ 32 Bit — $2^{32} = 4{,}295 \cdot 10^9$
Speicherkapazität	Anzahl der speicherbaren Bits 1 Byte $= 8$ Bits 1 KByte $= 2^{10} \cdot 8 = 1024 \cdot 8 = 8{,}192 \cdot 10^3$ Bits 1 MByte $= 2^{20} \cdot 8 = 1{,}048576 \cdot 10^6 \cdot 8 \approx 8{,}39 \cdot 10^6$ Bits 1 GByte $= 2^{30} \cdot 8 = 1{,}073741827 \cdot 10^9 \cdot 8 \approx 8{,}56 \cdot 10^9$ Bits

2.2.2 Speicher

Zum Rechner gehören Speicher, die vom Leitwerk gesteuert Zwischen- und Endergebnisse aufnehmen und aus denen sie bedarfsweise abgerufen werden können. Die nachfolgend aufgeführten Speichertypen unterscheiden sich nach Kapazität, Zugriffszeit und Datenerhaltung.

Der Hauptspeicher ist der Arbeitsspeicher des Rechners. In ihm werden die aktuellen Daten für den Verarbeitungsprozess abgelegt. Bei CAD-Systemen sollte mindestens 1 MByte pro Arbeitsplatz zur Verfügung stehen. Die Nutzung von 3D-Systemen erfordert 4 bis 6 MByte, die Tendenz geht zu noch größeren Speichern. Die Zugriffszeit liegt im Bereich von 10 bis

100 ns (Nanosekunden: 1 ns = 10^{-9} s). Die im Hauptspeicher befindlichen Daten bleiben bei Stromausfall bzw. -unterbrechung in der Regel nicht erhalten.

Als periphere Speicher kommen Magnetplatten- und Magnetbandspeicher in Frage. Magnetplattenspeicher nehmen die aktuell benötigten Programmodule und erzielten Arbeitsergebnisse auf. Die rotierenden Magnetplatten können als Fest- oder Wechselplatten ausgeführt sein und besitzen an der Ober- und Unterseite konzentrische Spuren. Je nach Ausführung sind zwischen 100 bis über 1000 Spuren verwirklicht. Die Schreib- und Leseköpfe steuern diese Spuren an (Bild 2.3). Wegen des geringen Luftspaltes, auf dem die Köpfe "aufschwimmen", ist Staubfreiheit dringend erforderlich. Bei Wechselplatten bedingt dies entsprechende Wartung. Es werden mehrere Platten übereinander angeordnet (Plattenstapel). Die Kapazität solcher Plattenspeicher beträgt zwischen 80 MByte bis etwa 1 GByte (100 MByte entsprechen etwa 50 000 Schreibmaschinenseiten). Die Zugriffszeit ist relativ kurz und beträgt je nach Position auf der Platte 0,02 bis 0,1 s. Die Datenerhaltung bleibt unter normalen Umgebungsbedingungen gewährleistet.

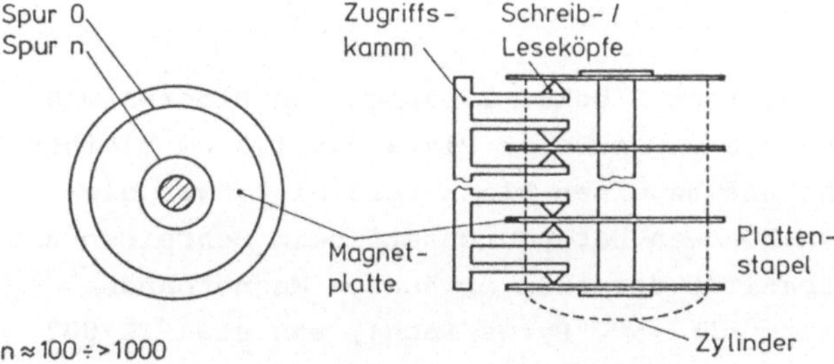

Bild 2.3 Aufbau von Magnetplattenspeichern

Magnetbandspeicher dienen zur Auslagerung von Ergebnissen, zu Dokumentationen und zur Speicherung von Objekt-Modellen und nicht aktuell benötigten Programmodulen. Magnetbänder nach Industriestandard (Bild 2.4) sind 1,3 cm breit und in der Regel 730 m lang. Sie besitzen neun Spuren, von denen acht zur Datenaufnahme genutzt werden. Die 9. Spur ist die "Parity"-Spur, die angibt, ob die Summe der gesetzten Bits eines Datenbytes gerad- oder ungeradzahlig ist, wodurch eine Kontrolle auf Lesefehler erzielt wird.

Auf dem Band werden die Daten zu Blöcken zusammengefaßt und in dieser Form abgespeichert. Der Kopfeintrag (Header) dient zum Erkennen und er-

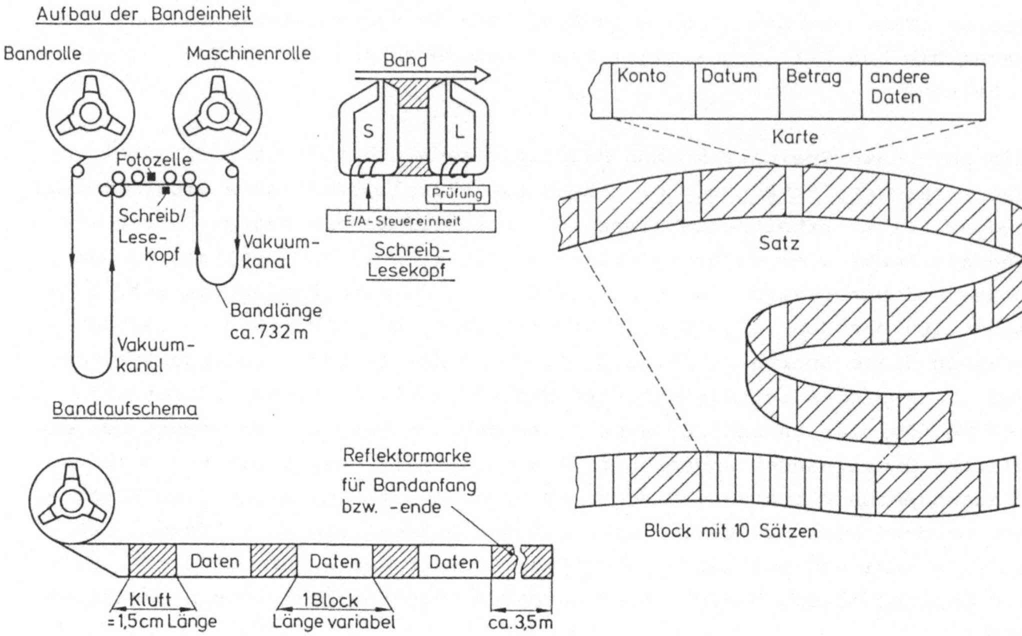

Bild 2.4 Aufbau von Magnetbandstationen und Belegung der Magnetbänder

möglicht das Ansteuern des jeweiligen Blocks. Zwischen den Blöcken muß wegen der Anfahrbeschleunigung ein ungenutzter Platz von 1,5 cm bleiben. Deswegen werden mehrere Datensätze zu einem Block vereinigt, was die Bandkapazität erhöht und einen höheren Datendurchsatz beim Schreiben und Lesen mit sich bringt. Die Kapazität des oben erwähnten Magnetbands liegt bei 30 MByte (Aufzeichnung mit 1600 Bytes/inch), was etwa 15 000 Schreibmaschinenseiten entspricht. Die Zugriffszeit kann je nach Lage des Datensatzes zwischen 1 s bis zu mehreren Minuten betragen. Mit dem Magnetband ist eine Datenaufbewahrung getrennt von der Rechenanlage möglich. Die Datenerhaltung ist unter normalen Umgebungsbedingungen auf längere Zeit gewährleistet.

Aus Platzgründen werden auch Bänder kleineren Formats bevorzugt. Auf dem Gebiet der Speichermedien zeichnen sich ferner neue Technologien ab, z.B. optische oder optomagnetische Systeme.

2.3 Graphische Sichtgeräte

2.3.1 Verfahren der Bilderzeugung

Die Verfahren der Bilderzeugung und der Aufbau von Sichtgeräten werden hier nur sehr kurz dargestellt. Näheres und Einzelheiten können z.B. aus [EIM 85 oder ENS 86] entnommen werden.

Linien als Verbindung zwischen zwei Punkten werden mit Hilfe von Vektoren dargestellt. Diese Aufgabe erfüllt der Vektorgenerator. Daneben können auch Zeichen (Buchstaben, Ziffern und Sonderzeichen) erforderlich werden, dafür sorgt der Zeichengenerator, der diese im allgemeinen nach dem ASCII-Code (vgl. Abschn. 11.2) bereitstellt.

Zur Darstellung von Linien kommen zwei Verfahren in Frage:

Beim Vektorverfahren (Bild 2.5) steuert der Vektorgenerator den Kathodenstrahl der Bildröhre direkt vom Anfangspunkt zum Endpunkt der betreffenden Linie (vgl. auch Bild 2.8). Dadurch ergibt sich ein geringer

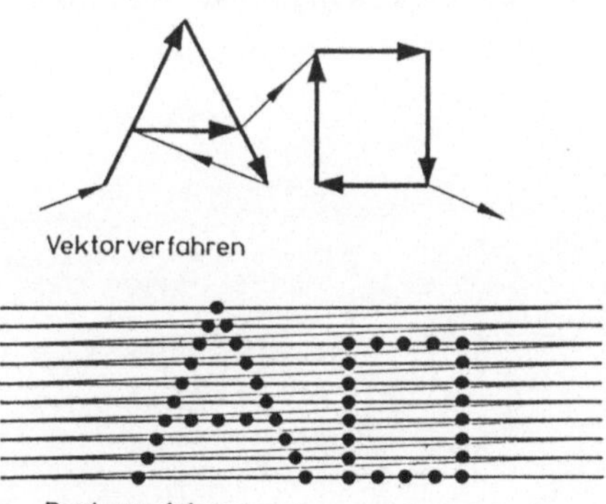

Bild 2.5 Arbeitsweise von Sichtgeräten

Speicherplatzbedarf im entsprechenden Bildspeicher, da jeweils nur zwei Zahlenpaare (Koordinaten der Darstellungsfläche) und ihre Relation abgelegt werden müssen. Der Bildspeicher hält die vom Rechner abgegebenen Daten für den Bildaufbau bereit (Bild 2.6).

Beim Rasterverfahren kann nur eine punktweise Darstellung erfolgen, weswegen die Informationen aus dem Vektorgenerator in Bildpunkte gewandelt

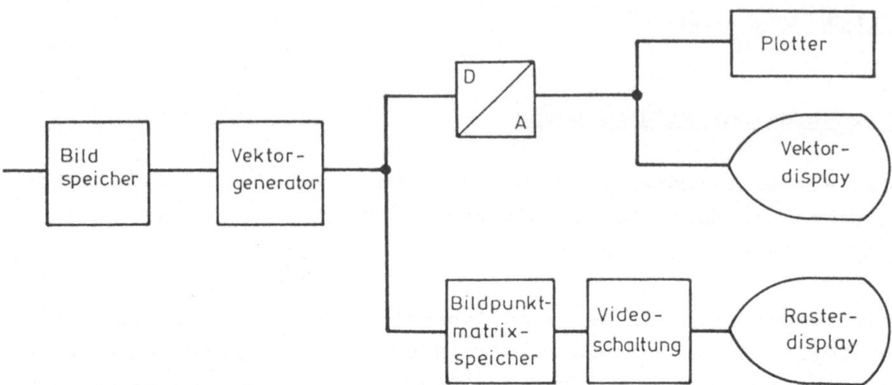

Bild 2.6 Ansteuerung verschiedener Ausgabegeräte durch den Vektorgenerator nach [ENS 86]

werden müssen und in einem Bildpunktmatrixspeicher abgelegt werden, bevor die einzelnen Bildpunkte zeilenweise dargestellt werden können (vgl. Bilder 2.5 und 2.6). Der Speicherplatzbedarf wird beträchtlich höher. Wegen der Zeilenstruktur bei der Rastertechnik können sich insbesondere bei schrägen Linien geringer Steigung und bei gekrümmten Linien stufenförmige Abbildungen ergeben (Bild 2.7), die durch den endlichen Betrag des Zeilenzuwachses (Inkrement) bedingt und vom Auflösungsgrad des Bildschirms abhängig sind.

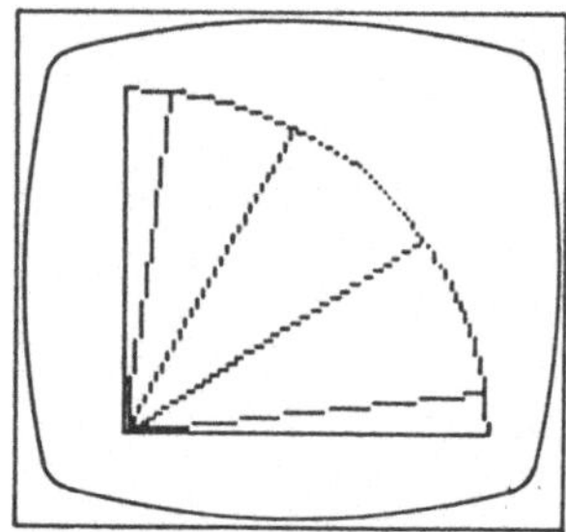

Bild 2.7 Zeilenverursachte Stufung beim Rasterverfahren bei geraden oder gekrümmten Linien besonders bei geringer Auflösung auftretend

Ein wichtiger Gesichtspunkt zur Beurteilung von Sichtgeräten in der graphischen Anwendung ist daher eine hinreichend feine <u>Auflösung</u>, worunter der Abstand der Bildpunkte verstanden wird.

Beim Rasterverfahren wird die Größe des Bildpunkts als Pixelgröße (Pixel: <u>pic</u>ture <u>el</u>ement) beschrieben. Diese ist nahezu identisch mit dem

Bildpunktabstand. Letzterer läßt sich bei Sichtgeräten nach dem Rasterverfahren wie folgt ermitteln:

$$\text{Bildpunktabstand} = \frac{\text{Zeilenlänge}}{\text{Zahl der Bildpunkte}}$$

und sollte für technische Anwendungen kleiner als 0,3 mm sein.

Bei Sichtgeräten nach dem Vektorverfahren wird die Zahl der Bildpunkte durch die Anzahl ansteuerbarer Punkte ersetzt.

Tab. 2.2 soll eine Orientierung ermöglichen. Die Auflösung ist aber prinzipiell nicht an die Bildschirmgröße gebunden, d.h. es gibt kleine Bildschirme mit großer und große mit kleiner Auflösung.

Tab. 2.2 Bildpunkte und Auflösung für verschiedene Bildschirme

	Bildschirm-größe		Anzahl der Bildpunkte	Lineare Auflösung
Vektorsichtgerät (speichernd)				
z.B.: Tektronix 4014	363 x 274 mm	19"	$12{,}7 \cdot 10^6$	0,09 mm
Rastersichtgeräte				
z.B.: Interpro 3070	548 x 411 mm	27"	$2{,}08 \cdot 10^6$	0,33 mm
Tektronix 4115 Tektronix 42xx	343 x 274 mm	19"	$1{,}31 \cdot 10^6$	0,27 mm
Tektronix 4107 Tektronix 4207	240 x 180 mm	13"	$0{,}307 \cdot 10^6$	0,372 mm
einfaches Sichtgerät DEC VT220	203 x 127 mm	12"	$0{,}285 \cdot 10^6$	0,53 mm

2.3.2 Aufbau und Eigenschaften

Bildspeichernde Vektorsichtgeräte (Storage-screen) sind Speicherbildschirme mit langer Xachleachtdauer. Die Phosphorschicht der Kathodenstrahlröhre (Bild 2.8) wird durch den Elektronenstrahl zum Leuchten angeregt. Der Bildaufbau erfolgt mit hoher Intensität einmalig. Das gleichzeitig vorhandene Fadenkreuz ist in seiner Intensität schwächer und wird bildwiederholend aufgebaut.

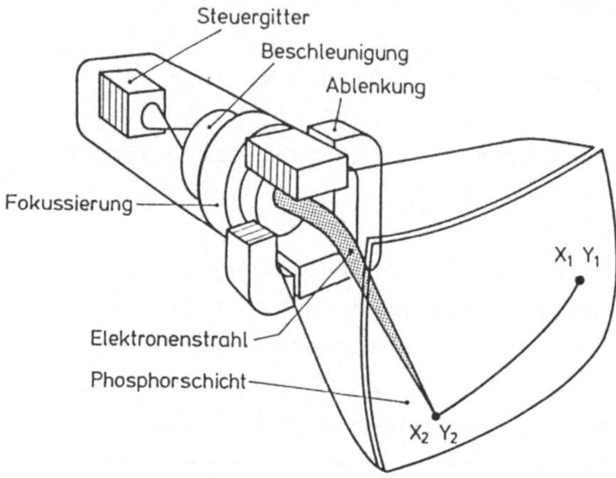

Bild 2.8 Aufbau einer Kathodenstrahlröhre nach [ENS 86]

Vorteile:

- Sehr hohe Auflösung, die durch die Genauigkeit der Strahlablenkung bestimmt wird. Auflösung etwa 0,07 mm.
- Hohe, praktisch unbegrenzte Darstellungskapazität graphischer Elemente.
- Geringer Bildspeicherbedarf.

Nachteile:

- Kurze Lebensdauer der Bildröhre bzw. ihrer Schicht.
- Keine Farben oder Grautöne.
- Geringer Kontrast, d.h. Abdunklung des Arbeitsplatzes erforderlich.
- Keine selektive Änderung der Darstellung möglich, stets neuer Bildaufbau notwendig.

Bildwiederholende Vektorsichtgeräte (Vector-refresh, Vector-scan-display) sind Speicherbildschirme mit kurzer Nachleuchtdauer. Die Darstellung wird kontinuierlich mit gleichbleibender Geschwindigkeit neu erzeugt. Die Bildelemente erscheinen in der Reihenfolge ihrer Generierung.

Vorteile:

- Sehr hohe Auflösung, etwa 0,07 mm.
- Selektive Änderung von Darstellungen ist möglich.
- Guter Kontrast.
- Echtzeitsimulationen, d.h. bewegte Bilder, sind gegeben.

Nachteile:

- Begrenzte Darstellungskapazität, denn bei großen Mengen von Bildelementen, die ständig neu aufgebaut werden müssen, kann die Wiederholungszeit so lang werden, daß das Bild zu flimmern beginnt.
- Keine Flächendarstellung durch Schattieren möglich.
- Nur wenige Farben anwendbar, da nur wenige aktivierbare Farbphosphorschichten mittels eines Durchdringungsverfahrens mit unterschiedlichen Potentialen genutzt werden können.
- Texte müssen durch Vektoren dargestellt werden.
- Sehr teuer, insbesondere bei Farbdarstellungen.

Bildwiederholende Rastersichtgeräte (Raster-refresh, Raster-scan-display) arbeiten wie eine Fernsehröhre. Drei Elektronenstrahlen für die Farben grün, blau und rot aktivieren entsprechende Farbpunkte, die so dicht nebeneinanderliegen, daß sie in ihrer Mischung als ein Farbpunkt wahrgenommen werden (Bild 2.9). Eine Lochmaske sorgt dafür, daß die Elektronenstrahlen auch die gewollten Punkte unter dem richtigen Winkel erreichen. Der Bildaufbau mit der entsprechenden Farbmischung erfolgt je nach Ausführung 30- bis 120mal pro Sekunde.

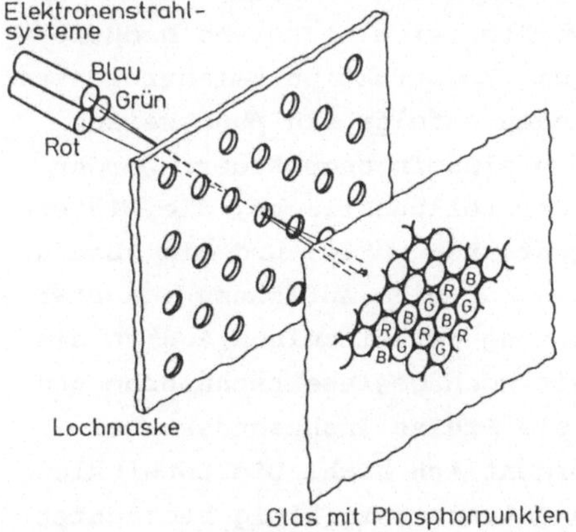

Bild 2.9 Lochmaskenröhre mit Delta-Anordnung beim Rasterverfahren nach [ENS 86]

Vorteile:

- Viele Farben und Grautöne mit unterschiedlichen Intensitätsstufen, 8 Bits pro Pixel genügen zur Erzeugung von 256 Farbtönen.
- Selektives Ändern von Bildelementen gegeben.
- Guter Kontrast.
- Echtzeitvorgänge lassen sich relativ einfach darstellen.
- Flächendarstellung durch Schattieren möglich.
- Flimmerfreies Bild unabhängig von der Darstellungsmenge.
- Wegen zunehmender Verbreitung sinkende Preise.

Nachteile:

- Hohe Auflösung und viele Farben bedingen einen größeren Bildwiederholungsspeicher. Die notwendig kurzen Zugriffszeiten bedingen sehr schnelle und damit relativ teure Speicherbausteine.
- Rastereffekt bei Linien wegen inkrementaler Darstellung möglich (vgl. Bild 2.7).
- Ein gewisses Flimmern kann bei Übereinstimmung der Bildwiederholungszahl mit der Frequenz der am Arbeitsplatz befindlichen Leuchtröhren auftreten.

Wegen der überwiegenden Vorteile hat sich in letzter Zeit der bildwiederholende Rasterbildschirm durchgesetzt (vgl. Bewertung nach Bild 2.10). Weitere Entwicklungen zeichnen sich ab, z.B. stereoskopische Darstellungen von Objekten im Raum.

Plasmabildschirme können für die Zukunft interessant werden, da sie im Gegensatz zu den vorbeschriebenen Sichtgeräten eine bedeutend größere Darstellungsfläche ermöglichen, was für die Konstruktion umfangreicherer Baugruppen wichtig ist. Durch Gasentladungen erfolgt ein punktweises Leuchten von Plasmasäulen (Bild 2.11), die einzeln angesteuert werden. Weitere Vorteile sind die durchsichtige Darstellungsfläche, die Hinterlegungen von Skizzen, Zeichnungen o.ä. gestatten würde, und ein absolut flimmerfreies Bild. Derzeit ist allerdings nur eine Auflösung von etwa 0,4 mm möglich. Auch bereitet die Ansteuerung der einzelnen Punkte hinsichtlich der Verarbeitungsgeschwindigkeit noch gewisse technische und kostenmäßige Probleme. Schließlich sind die Preise insbesondere bei größeren Darstellungsflächen noch außerordentlich hoch. Die Entwicklung dieser Bildschirmtechnologie muß aber in Zukunft sorgfältig beobachtet werden, weil durch sie besonders für den Konstruktionsbereich vorteilhafte Arbeitstechniken entwickelt werden können.

Anforderungen \ Geräte	Rasterbildschirm	Bildw. Vektorsichtgerät	Speicherbildschirm	Plasmabildschirm
Hohe Auflösung	0	+	+	−
Selektives Löschen	+	+	−	+
"Unbegrenzte" Geometriemenge	+	−	+	+
Helle Darstellung, guter Kontrast	+	+	−	+
Farbe	+	0	−	+
Flimmerfreiheit	0	−	+	+
Spiegelfreiheit	+	+	−	+
Lange Lebenserwartung	+	+	−	?
Kosten	+	−	0	−
Ergebnis	7	2	-2	4

Bild 2.10 Bewertung unterschiedlicher Sichtgeräte für technisch graphische Anwendung

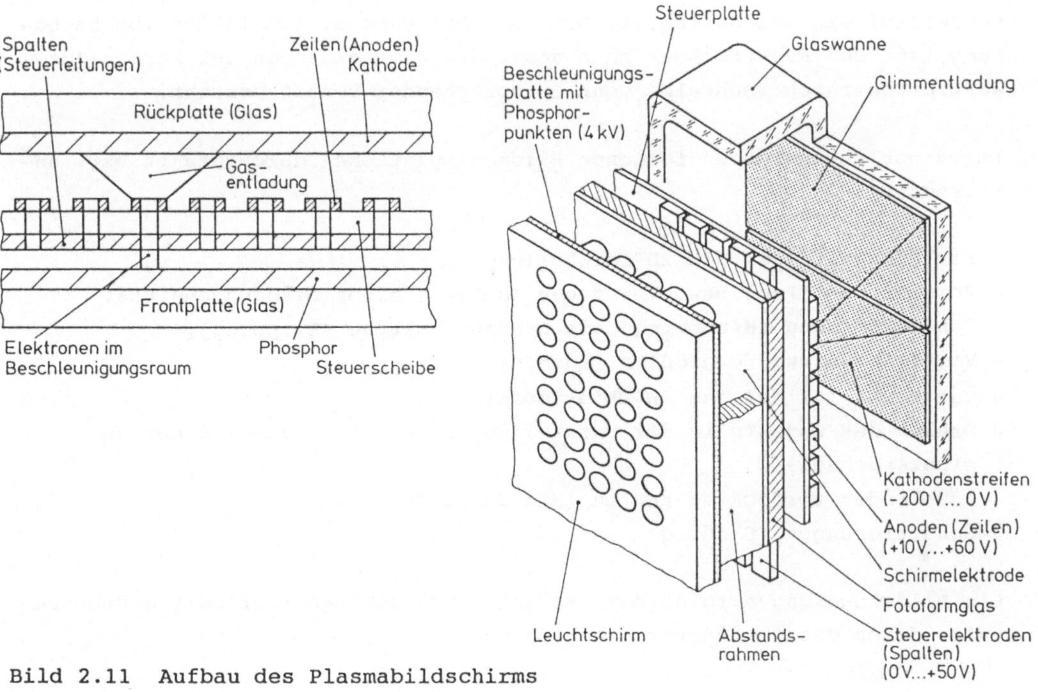

Bild 2.11 Aufbau des Plasmabildschirms

Eine weitere wichtige Hilfe können jüngst entwickelte SOFTPLOT-Systeme sein. Ein Kontroller übergibt die empfangenen Bilddaten an einen Laser, der von hinten eine 2" x 3" große Flüssigkeitskristallzelle beschreibt. Das residente Bild auf der Flüssigkeitszelle wird über eine Projektionslampe auf eine 560 x 860 mm große Mattscheibe (DIN A1) projiziert. Im Farbbetrieb werden drei Zellen (rot, blau und grün) beschrieben und übereinander projiziert. Das Ausgabegerät erlaubt es, über den interaktiven Eingriff Darstellungen im Detail zu verändern oder neue Elemente einzufügen. Die Auflösung mit etwa 0,03 mm ist hervorragend, es entsteht ein brillantes Bild. Die Kosten sind relativ hoch, aber derzeit niedriger als bei Plasmabildschirmen. Wegen des hohen Gewichts des Geräts ist es zum Gebrauch an unterschiedlichen Orten kaum geeignet. Sein Einsatz wird vorwiegend in der Schulung oder Gruppendiskussion und bei Fällen konstruktiver Arbeiten mit umfangreicher Geometrie liegen.

2.3.3 Örtliche Intelligenz

In letzter Zeit haben Sichtgeräte eigene Mikroprozessoren erhalten, die neben dem Vektor- und Zeichengenerator den Bildaufbau und die Bildmanipulation ohne Zugriff auf den Hauptrechner unterstützen. Damit wird dieser von Rechenarbeit entlastet, und der Bildaufbau geschieht sehr viel schneller, was bei Ansichtswechsel und bei Echtzeitsimulation von Bedeutung ist. Der Konstrukteur kann somit die Darstellungen bei kurzen Antwortzeiten rasch wechseln, wenn entsprechender Bedarf besteht.

Im wesentlichen werden folgende Bildmanipulationen durchgeführt bzw. unterstützt:

Unter Rückgriff auf die 2D-Darstellung
- Verschieben (Pan) bzw. Verdrehen (Rotate) eines Bildausschnitts,
- Fensterbildung (Windowing) mit Randabschaltung (Clipping),
- Verkleinern und Vergrößern (Zoomen);

unter Rückgriff auf das 3D-Objektmodell
- Drehen des Objekts in der Darstellungsebene (Kontinuierlicher Ansichtswechsel),
- Ausblenden verdeckter Kanten (Hidden lines),
- Schattierungen (Shading)

Die Bildsteuerung erfolgt nach Bedarf durch den Benutzer oder gegebenenfalls durch das Anwenderprogramm.

Mit der Einführung von Workstations (vgl. Abschn. 2.5) kann sich die Zuordnung des Graphikprozessors ändern, indem dieser in den Arbeitsplatzrechner integriert wird.

2.4 Interaktionsmittel

2.4.1 Eingabegeräte

Das Eingeben von Kommandos, Zahlenwerten, Zeichenketten, Positionen und Identifikationen kann je nach Zweckmäßigkeit und bequemer Handhabung auf unterschiedliche Weise erfolgen. Oft stehen in einem CAD-System dem Benutzer mehrere Möglichkeiten zur Verfügung:

Tastaturen sind in unterschiedlicher Form vorhanden. Die wichtigste ist die alphanumerische Tastatur zum Eingeben von Ziffern, Zeichen und festen Funktionen wie z.B. RETURN, LOCK, LÖSCHE und zur Cursorsteuerung (Bild 2.12). Manche Systeme bieten auf einer besonderen Tastatur Funktionstasten (Bild 2.13) zum Aufrufen von bestimmten Programmbereichen (Nutzen von Flächen- oder Volumenmodellen, Aufrufen von Berechnungsalgorithmen), Kommandobereichen (Farbgebung, Schattierungen oder Transformationen) oder peripheren Funktionen (Plotten, Dokument auslagern). Solche Funktionstasten können fest eingestellt sein und/oder durch den Benutzer entsprechend belegt werden.

Digitalisierer gestatten die Übertragung von Punktkoordinaten einer zweidimensionalen Darstellungsfläche z.B. aus einer Zeichnung oder Handskizze. Sie sind in der Regel großflächig (DIN A0) und besitzen eine Auflösung von 0,1 mm. Ihr Wirkungsprinzip beruht meist auf induktiver oder kapazitiver Basis. Die in der Digitalisierfläche befindlichen Leiterelemente erhalten digital codierte, verschiedene Impulse. Ein Stift oder eine Lupe mit einer Spule nimmt die Impulse auf, aus denen die Ortsbestimmung vorgenommen und die Koordinatenwerte ermittelt werden. Hierzu dient ein eigener Mikroprozessor. Näheres vgl. [EIM 85].

Das Tablett ist ein kleiner Digitalisierer in der Größe 500 x 300 mm oder weniger. Eine beliebte Standardgröße ist 280 x 280 mm. Die Auflösung beträgt je nach Güte zwischen 0,1 und 0,025 mm. Mit Hilfe eines Stifts oder einer Lupe können die einzelnen Koordinatenpunkte angesteuert werden.

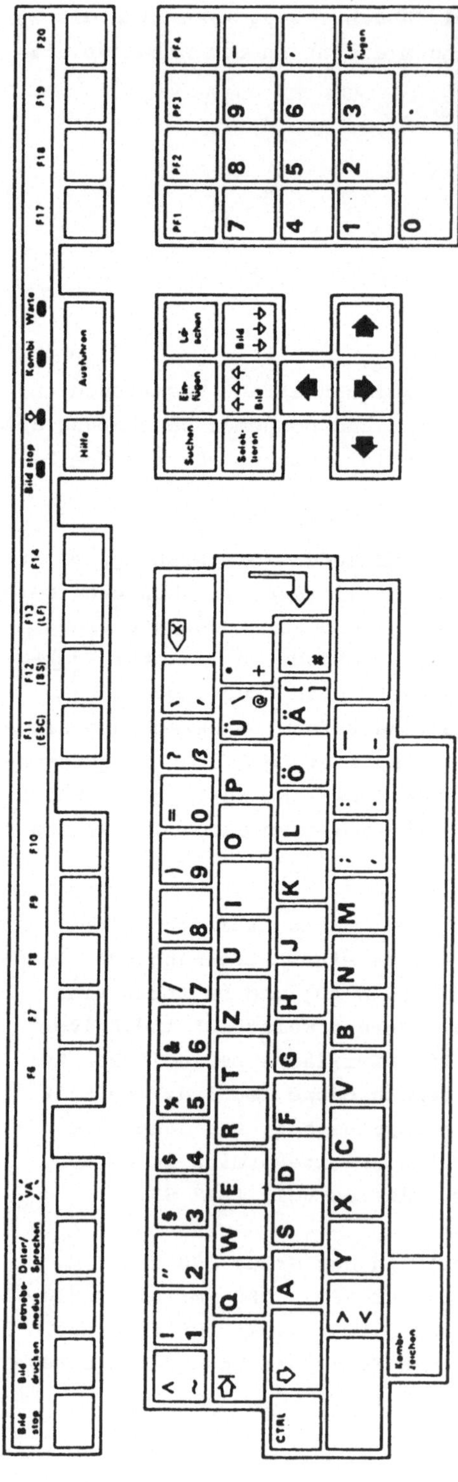

Bild 2.12 Alphanumerische Tastatur

Bild 2.13 Funktionstasten zum Aufrufen von Programm- und Kommandobereichen. (IBM: CAD-System CATIA)

Ein überaus wichtiges Hilfsmittel zur Interaktion ist das Befehls- und Objektmenü (Bild 2.14). In ihm sind auf das jeweilige System abgestimmt Befehle und Objekte definiert und vorbelegt. Die Elemente dieses Menüs können entweder am Bildschirm oder vom Tablett aus aufgerufen werden.

Zum Bestimmen von Koordinaten am Bildschirm wird ein Cursor (Pfeil, Kreuz u.ä) oder ein aus zwei senkrecht zueinander angeordneten Linien gebildetes Fadenkreuz benutzt. Cursor oder Fadenkreuz dienen je nach Eingabe des Benutzers (Schalterbetätigung) zur Initialisierung des Befehls- und Objektmenüs oder zur Lokalisierung von Punkten der operationellen Geometrie, z.B. zum Zwecke der Identifizierung. Die Steuerung des Fadenkreuzes selbst erfolgt vielfach über die Stift- oder Lupenbewegung auf dem Tablett.

Für die Steuerung des Cursors oder des Fadenkreuzes stehen aber noch andere weitere Hilfsmittel zur Verfügung (Bild 2.15). So verwenden manche Systeme Potentiometer- oder Schrittsteuerungen, die von Steuerknüppeln, Rollkugeln, "Maus" oder Rändelschrauben am Sichtgerät betätigt werden.

PROT	JA	NEIN	LOESCHE SCHIRM	LOESCHE EINGABE	LOESCHE KOMMANDO	FERTIG	??

`	!	"	#	$	%	&	'	(	)	=	:	?	⌫
<	>	Q	W	E	R	T	Z	U	I	O	P	[	]	_
LOCK	@	A	S	D	F	G	H	J	K	L	;	+	-	↵
LEERT.	↑	Y	X	C	V	B	N	M	,	.	/	\	LEERT.

Generiere	Erzeugnis	Anordnung		AT	LAT	✳	Erzeuge	Verändere	Lösche
Baugruppe	Baugruppe		ΔX			Ver. KGF			
Teil	Teil		Δy						
Bearbeite	Kompl. Kö / Kö		Δz						
Addiere	Zuordne		α						
Subtrahiere	Verschmelze		β						
Beende	Lösche		γ						

Zeige		RAS	Alles	Ansicht	Ansichten
Zeichne	VA		Alles ;	Zeige VA LAT	Zeichne Alles
Anzeige		RUA	Zeige DIM LAT 1 ;	Zeige DIM LAT	Zeige Alles
Anzeichne	DIM	ISO	ATYP =	Aktiviere	Passiviere
Erstelle	1:	Repaint	Repaint Bildschirm		
Definiere Ansicht	Zuordne	1:1 → 1:2		Definiere	Schnitt
Aufspanne	Plaziere		Bildschirm	Lösche	Teilschn.
Informiere	Aufteilung	Automax	Automax alle	Schneide	Halbschn.
Definiere	Aufspanne	Bemaße	Ergänze Bemaßung	Schnittende	Hauptschn.
Plaziere	Zeichnung	Ende Bemaßung	Lösche Bemaßung		Ausbruch

Zwang	Save
Status	Status
Aktiviere	Passiviere
Erstelle	Verändere
Lies	Datensatz
Sichere	Lies
Lösche	Variante
Archiviere	Restau-riere

Hilfslinien	NIO / AIO	Drucker ein aus	List	Dump
Verändere Objektnam.	Informiere	Analysiere	Objekt namen	Teile
	Baustr.-verwaltg.	P	Flächen	Dar-stellung
	Baustrukt.	K	Variante	Hilfs-linien
	Hilfslinien	GK	Datensatz	
	Erzeugnis	EF	Makro	
Verändere Teilestamm	Bau-gruppe	GF	Makros	
Erstelle Stückliste	Teil	Quer-schnitt	Schnitte	

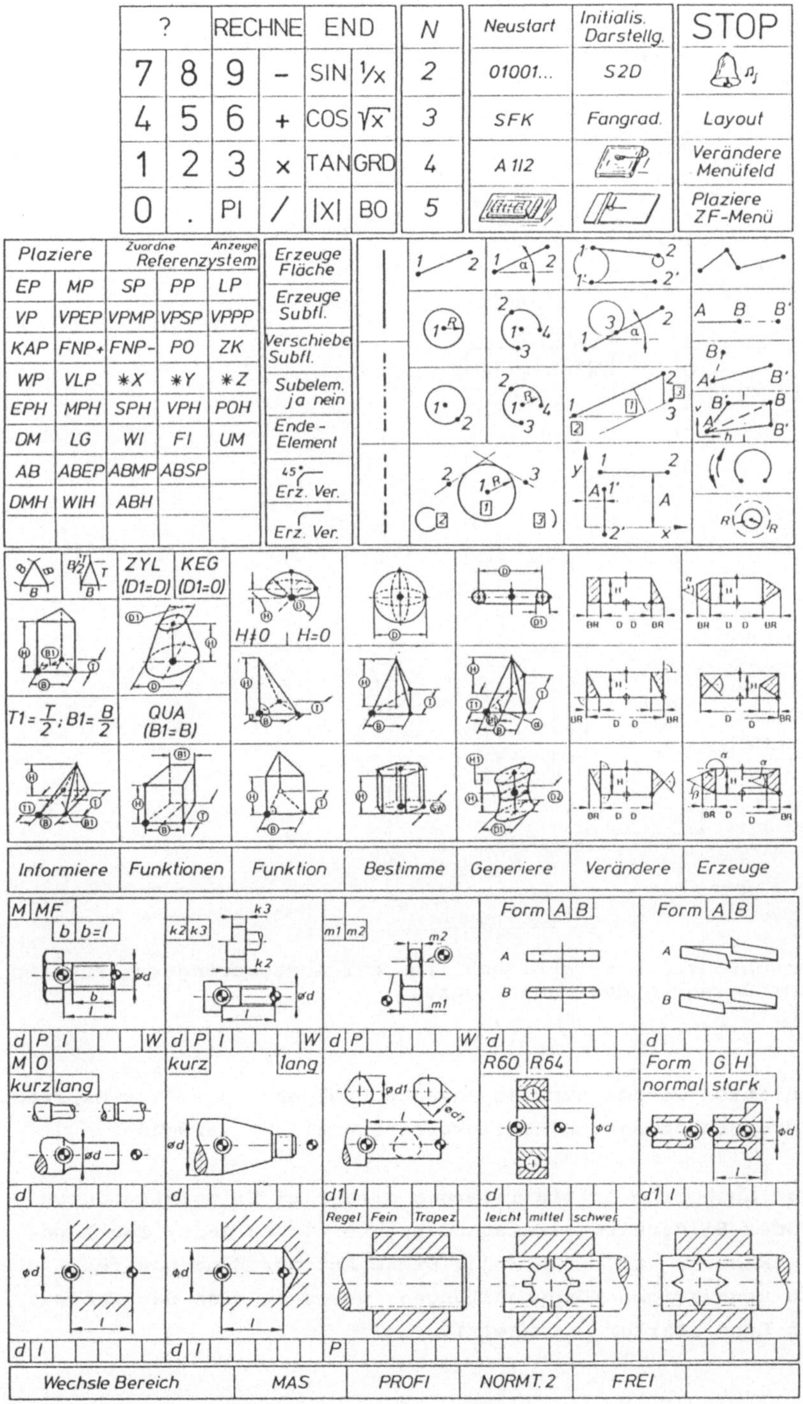

?		RECHNE	END		N	Neustart	Initialis. Darstellg.	STOP
7	8	9	–	SIN	1/x	2	01001...	S2D	
4	5	6	+	COS	√x	3	SFK	Fangrad.	Layout
1	2	3	×	TAN	GRD	4	A 1/2		Verändere Menüfeld
0	.	PI	/	|X|	BO	5			Plaziere ZF-Menü

Plaziere		Zuordne Referenzsystem Anzeige			Erzeuge Fläche
EP	MP	SP	PP	LP	Erzeuge Subfl.
VP	VPEP	VPMP	VPSP	VPPP	Verschiebe Subfl.
KAP	FNP+	FNP-	PO	ZK	Subelem. ja nein
WP	VLP	*X	*Y	*Z	Ende-Element
EPH	MPH	SPH	VPH	POH	45° Erz. Ver.
DM	LG	WI	FI	UM	Erz. Ver.
AB	ABEP	ABMP	ABSP		
DMH	WIH	ABH			

ZYL (D1=D) KEG (D1=0)

H≠0 H=0

$T1=\frac{T}{2}; B1=\frac{B}{2}$

QUA (B1=B)

Informiere	Funktionen	Funktion	Bestimme	Generiere	Verändere	Erzeuge

M MF b b=l — k2 k3 — m1 m2 — Form A B — Form A B

d P l W — d P l W — d P W — d — d

M O kurz lang — kurz lang — R60 R64 — Form G H normal stark

d — d — d1 l — d — d1 l

Regel Fein Trapez — leicht mittel schwer

d l — d l — P

Wechsle Bereich	MAS	PROFI	NORMT. 2	FREI	

Bild 2.14 Ausschnitt aus einem Befehls- und Objektmenü auf einem Tablett. (TH Darmstadt: Forschungs-CAD-System IKA)

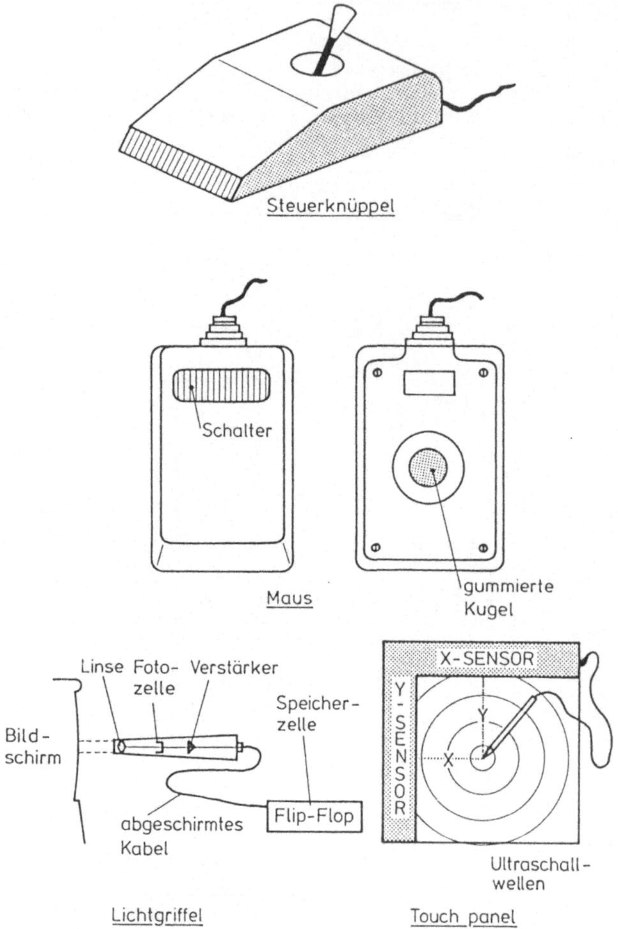

Bild 2.15 Verschiedene Interaktionshilfen zur Ansteuerung von Punkten bzw. Bewegung des Fadenkreuzes

Zur Bildmanipulation werden auch sogenannte Drehgeber z.B. zur Maßstabsänderung, Bildverschiebung und Helligkeitseinstellung verwendet.

Schließlich ist auch eine Initialisierung direkt am Bildschirm durch Lichtgriffel oder Bildschirmtasteingabesysteme (Touch pads, Touch panels) möglich (Näheres vgl. [EIM 85]). Diese Art der Eingaben führt aber zu ergonomisch ungünstigen Körperhaltungen, weswegen sich das Tablett mit Stift oder Lupe stärker durchsetzt.

2.4.2 Zusätzliche Ausgabe- und Dokumentationsgeräte

Der alphanumerische Bildschirm dient zur Informationsausgabe über den jeweiligen Systemzustand und über die gegebenen Kommandos sowie für die Darstellung von Ergebnissen einer Berechnung oder einer Übermittlung aus Informationssystemen, z.B. Norm- und Wiederholteildaten. Wichtig ist die zweckmäßige Aufteilung des Darstellungsfeldes dieses Sichtgeräts, damit eine gute Benutzerführung und -information gewährleistet wird (vgl. Abschnitt 6.6). Verwendet werden in der Regel einfache monochrome Sichtgeräte geringerer Auflösung. Die hier erwähnten Ausgaben können auch auf dem jeweiligen graphischen Sichtgerät vorgenommen werden (vgl. Abschnitt 2.5).

Plotter dienen zur Ausgabe von Zeichnungen. Stiftplotter sind relativ langsam. Mehrere Farben sind möglich. Sie werden als Flachbett- oder Trommelplotter ausgeführt (Bild 2.16). Rasterplotter sind schnell. Sie benutzen Nadeln zur elektrostatischen Aktivierung (Bild 2.17) oder sind laserstrahlschreibend. Andere werden mit Thermotransferverfahren oder mit Tintenstrahl schreibend ausgeführt.

Sogenannte Hardcopy-Geräte gestatten die Kopie eines Bildschirminhalts und sind daher am Arbeitsplatz ein gutes Mittel zur Dokumentation von Zwischenergebnissen. Sie können nach einem der oben erwähnten Prinzipien arbeiten.

Drucker werden zur Dokumentation alphanumerischer Daten, Kommandofolgen und Fehlermeldungen des Systems benötigt. Verwendet werden Nadeldrucker, die die Zeichen aus 5 x 7 bzw. 7 x 9 oder mehr Punkten zusammensetzen. Bei Verwendung von Typenträgern, wie Kugelkopf, Typenrad u.ä., ist der Zeichenvorrat begrenzt. Die Zeichen sind aber voll ausgeformt, so daß diese Drucker sich für Schönschrift besonders eignen. Der in neuerer

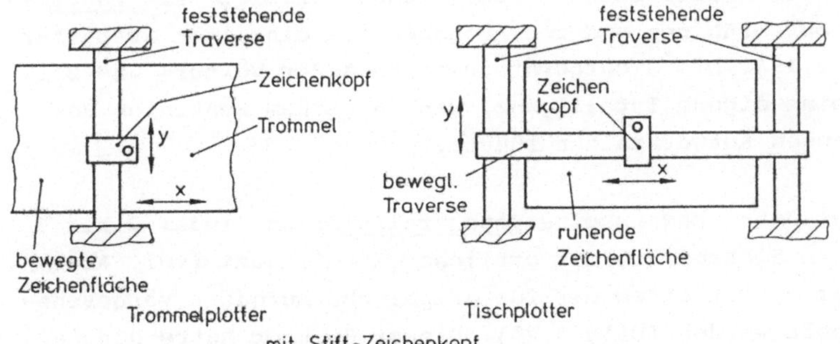

Bild 2.16 Prinzipieller Aufbau von Stiftplottern

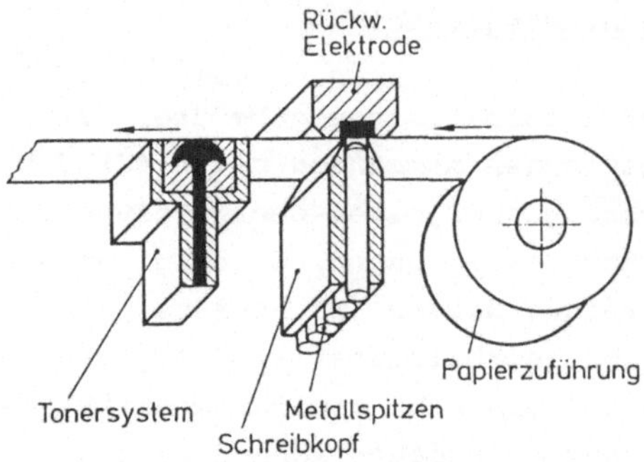

Bild 2.17 Elektrostatischer Rasterplotter mit direkt ansteuerbaren Nadeln (VERSATEC) nach [EIM 85]

Zeit aufkommende Laserdrucker vereinigt alle Vorzüge der freien Zeichenwahl mit einer ausgezeichneten Qualität, ist aber z.Z. hinsichtlich Anschaffung und Wartung erheblich teurer.

Bild 2.18 gibt eine Übersicht der Zuordnung von Geräten zwecks Erfüllung der verschiedenen Dialogfunktionen. Die schraffierten Felder zeigen mögliche Kombinationen.

2.5 Gerätekonfiguration und Arbeitsplätze

Die Gerätekonfiguration, die damit zusammenhängende Gestaltung der Arbeitsplätze und ihr jeweiliger Ausrüstungsumfang waren in den letzten Jahren einem ständigen Wandel unterworfen. Früher versorgte ein Zentralrechner neben der Durchführung anderer Aufgaben die einzelnen Graphikarbeitsplätze (Bild 2.19). Die Sichtgeräte besaßen außer Vektor- und Zeichengeneratoren keine eigene Intelligenz, was zu großem zentralen Rechenaufwand mit langen Antwortzeiten führte.

Etwa Mitte der 80er Jahre begann eine Dezentralisierung, indem 2 bis 5 Arbeitsplätze, deren Sichtgeräte mit örtlicher Intelligenz (vgl. Abschn. 2.3.3) versehen waren, mit einem nur für graphische Aufgaben vorgesehenen Rechner gekoppelt wurden (Bild 2.20). Dieser Rechner hatte dann einen Hauptspeicher mit etwa 4 bis 6 MByte und war unter Umständen in ein größeres Netzwerk mit anderen Rechnern eingebunden. Plotter und Magnet-

GERÄTE \ DIALOGFUNKTIONEN			Ausgaben: Alpha num.: Alphanumerische Daten	Ausgaben: Graphisch: Alphanumerische Daten und informelle Geometrie	Ausgaben: Graphisch: Operationelle Geometrie	Ausgaben: Graphisch: Informelle graph. Elem.	Ausgaben: Graphisch: Zwischenzustände der operationellen Geometrie	Ausgaben: Graphisch: Gesamtzeichnungen	Eingaben: Kommandoelemente	Eingaben: Identifikatoren	Eingaben: Positionierer	Eingaben: Zahlenwerte (Real)	Eingaben: Zeichenketten (Text)	Erstellen maßstäbl. Handskizzen
Sichtgeräte	Kathodenstrahlröhre	Alphanumerisch	///											
Sichtgeräte	Kathodenstrahlröhre	Bildwiederholend		///	///	///								
Sichtgeräte	Kathodenstrahlröhre	Bildspeichernd		///	///	///								
Sichtgeräte		Flüssigkristallanz. (LCD)	///	///	///	///								
Sichtgeräte		Plasmaschirm	///	///	///	///								
		Alphanumerische Tastatur							///	///	///	///	///	
		Funktionstastatur							///					
Interaktionshilfsmittel		Digitalisierfläche								///	///	///		
Interaktionshilfsmittel		Digitalisiertablett (<A2)							///	///	///	///	///	
Interaktionshilfsmittel		Potentiometergesteuert							///	///	///	///	///	
Interaktionshilfsmittel		Lichtgriffel							///	///	///	///	///	
Interaktionshilfsmittel		Touch Sensitive Device							///	///	///	///	///	
Plotter	Stift	Flachbett			///		///							
Plotter	Stift	Trommel						///						
Plotter	Raster	Elektrostatisch					///	///						
Plotter	Raster	Ink-Jet					///							
		Drucker	///											
		Handzeichenmaschine												///

Bild 2.18 **Zuordnung von Geräten zu den Dialogfunktionen**

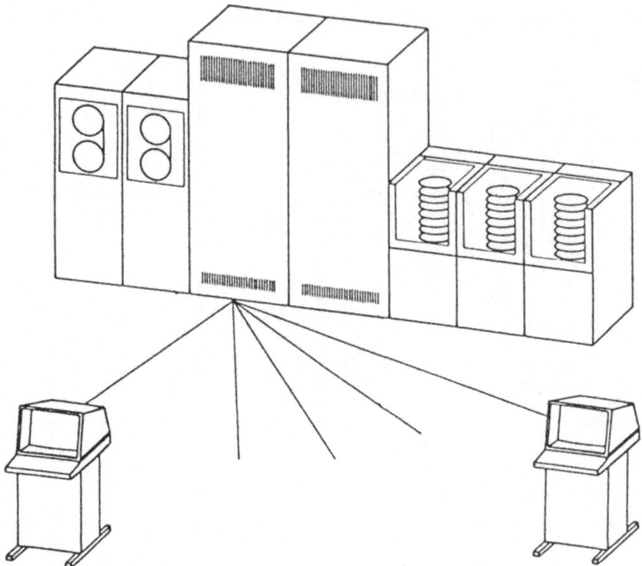

Bild 2.19 Konfiguration mit Zentralrechner und graphischen Sichtgeräten

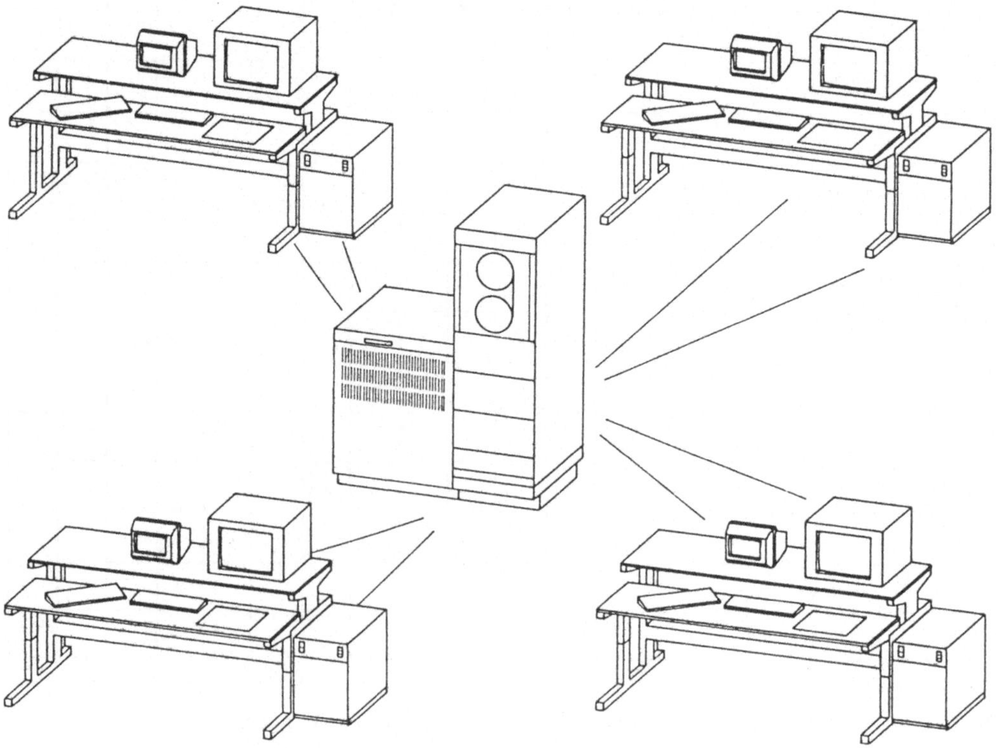

Bild 2.20 Dezentralisierter Rechner mit 4 Arbeitsplätzen, deren Sichtgeräte örtliche Intelligenz aufweisen

bandstation konnten sowohl zentral als auch örtlich vorgesehen sein. Insbesondere mit zunehmender Geometriemenge erwies sich der dezentrale Rechner oft als zu klein, oder es wurden im Mehrbenutzerbetrieb wegen der wechselnden Zeitzuteilung auch hier die Antwortzeiten zu lang.

In letzter Zeit zeichnet sich eine Lösung mit sogenannten Workstations ab. Jeder Arbeitsplatz hat seine eigene mehr oder weniger vollständige Rechenkapazität (Workstation), mit der die jeweils aktuellen Aufgaben erledigt werden können. Gegebenenfalls wird ein im Netzwerk befindlicher Rechner zur Unterstützung herangezogen. Die vorher beschriebene örtliche Intelligenz des graphischen Sichtgeräts wird nun, zwar als eigener Teil, wieder dem universalen Arbeitsplatzrechner zugeordnet, der auch die Aufgabe des Mikroprozessors im intelligenten Sichtgerät teilweise übernimmt. Etwa 6 MByte Hauptspeicher stehen jedem Arbeitsplatz zur Verfügung, der außerdem mit einem lokalen Plattenspeicher (40 bis 300 MByte) ausgerüstet sein kann.

Mehrere Arbeitsplätze werden mit einem Knotenrechner (Datenserver) verbunden (Bild 2.21), der seinerseits die zentralen, allgemein gültigen

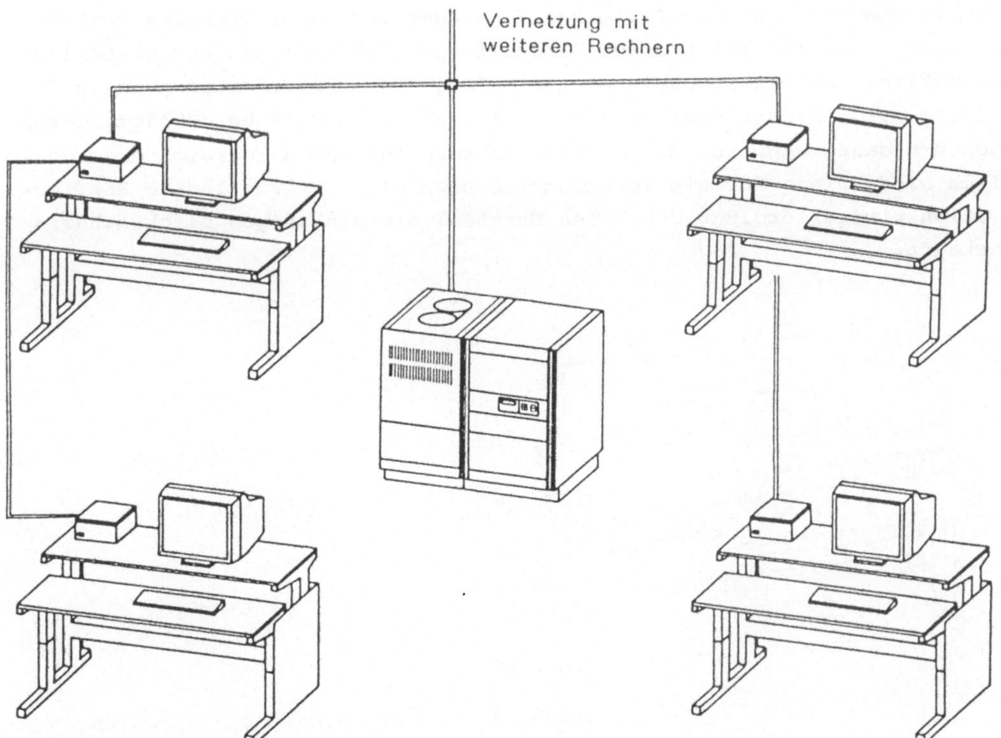

Bild 2.21 Workstations mit Knotenrechner

Daten verwaltet, speichert und anderen Benutzern im Netzwerk zur Verfügung stellt. Er übernimmt zentrale Dienste wie Plotterausgabe oder Datensicherung und führt umfangreiche Berechnungen aus. Je nach Umfang kommen für solche Knotenrechner 16- bis 32-MByte-Hauptspeicher und 400-MByte- bis 3-GByte-Plattenspeicher in Betracht. Der Knotenrechner selbst kann nun wieder Bestandteil eines umfangreicheren Rechnerverbundes sein. Diese Konfiguration verbindet durch eine gute Anpassung der einzelnen Komponenten an die jeweiligen Aufgaben schnelle Antwortzeiten mit flexiblem Einsatz, weil durch die Knoten- und Netzwerkbildung Engpässen oder Ausfällen besser begegnet werden kann.

Der graphische Arbeitsplatz (Bild 2.22) wird entweder nur mit einem graphischen Sichtgerät oder mit einem zusätzlichen alphanumerischen Bildschirm ausgerüstet. Im ersteren Fall dient das graphische Sichtgerät auch zur Abwicklung nichtgraphischer Informationen. Dadurch wird die aktive graphische Darstellungsfläche dauernd oder zeitweise durch Menüs, Befehls- und Anzeigefelder eingeengt oder überschrieben. Diese Lösung hat aber den Vorteil, alle Informationen "auf einen Blick" erfassen zu können.

Die Verwendung eines zusätzlichen alphanumerischen Bildschirms gestattet dagegen die volle Nutzung der Darstellungsfläche für die operationelle Geometrie, was bei komplexeren und umfangreicheren Objekten günstig ist. Häufig wird ohnehin über eine zu kleine Bildschirmfläche geklagt, insbesondere dann, wenn zur Bearbeitung mehrere Ansichten zugleich erforderlich sind. Diese für die konstruktive Bearbeitung vorteilhafte Konfiguration wird allerdings durch den Nachteil eines häufigen Blickwechsels erkauft.

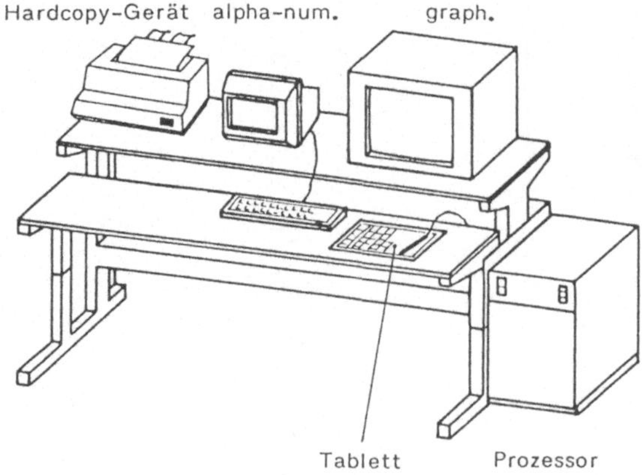

Bild 2.22 Graphischer Arbeitsplatz für konstruktive Aufgaben

Als Interaktionsmittel kommen vornehmlich das Tablett und hilfsweise die alphanumerische Tastatur in Frage, die durch Funktionstasten oder Drehgeber gegebenenfalls ergänzt werden können. Ein Hardcopy-Gerät oder ein Plotter in der Nähe des Arbeitsplatzes wird in vielen Fällen zweckmäßig sein.

3 Betrieb und Programmstruktur von CAD-Systemen

3.1 Betriebsarten

Datenverarbeitungssysteme können in folgender Weise betrieben werden:

- Stapelbetrieb (Batch Processing). Hier werden die Aufträge in Warteschlangen angeordnet und dann stapelweise nacheinander abgearbeitet.

- Dialogbetrieb (Interactive Processing, Dialog Processing). In dieser Betriebsart findet ein ständiges Wechselspiel zwischen Eingabe durch den Benutzer und Ausgabe durch das System statt. Die erneute Eingabe hängt vom ausgegebenen Teilergebnis ab und ist nicht von vornherein algorithmierbar.

Darüber hinaus wird unterschieden:

- Mehrbenutzerbetrieb (Time Sharing Processing). Bei mehreren Benutzern wird diesen im Zyklus bei Bedarf ein bestimmter Zeitabschnitt zur Bearbeitung ihrer Aufgabe zugeteilt. Im allgemeinen merkt der Benutzer die Unterbrechung und die Wiederaufnahme der rechnerinternen Bearbeitung nicht. Bei sich stark voneinander unterscheidenden Aufgaben (Jobs) können für bevorrechtigte Prozesse Prioritäten gesetzt werden.

- Echtzeitbetrieb (Real Time Processing). Er ist vergleichbar mit der Prozeßdatenverarbeitung, bei der die zeitkritischen Daten und Programme resident geladen sein müssen und der Vorgang zeitgleich am Sichtgerät abläuft, z.B. Drehen eines Objekts in der Darstellungsebene zwecks unterschiedlicher Ansichten oder Simulieren eines Bewegungsablaufes. Zur Echtzeitverarbeitung gehört auch die Eingabe eines Befehls und dessen gleichzeitig durchgeführte Überprüfung und Ausführung [EIM 85]. Ein solcher Betrieb hat Vorrang vor anderen Aufträgen und setzt damit Priorität.

CAD-Systeme sind recht komplex und in viele Programmodule gegliedert. Ihre Steuerung ist wegen der sich nur schrittweise entwickelnden konstruktiven Lösungsfindung allein durch Algorithmen nicht möglich. Ferner haben meistens mehrere Benutzter das gleiche Programmsystem in Gebrauch. Daher werden CAD-Systeme stets im Dialog und meistens im Mehrbenutzer- bzw. Echtzeitbetrieb genutzt. Länger andauernde Verarbeitungsschritte können im Stapelbetrieb erfolgen, z.B. Plotaufträge, umfangreichere Berechnungen.

3.2 Programmstruktur

Die Programmstruktur betrifft Betriebs-, Programmier- und die entsprechenden Anwendersysteme.

Das Betriebssystem ist in der Regel ein maschinenabhängiges Softwaresystem zum Betrieb der Zentraleinheit sowie der Peripherie und gliedert sich in

- Steuerprogramme: Laden und Ausführen von Programmen, Prozeßkoordination, Kommunikation mit der Peripherie, Sichern und Protokollieren des Betriebsablaufs.

- Dienstprogramme: Daten verwalten, Datensicherung, Abwickeln der Druckerausgabe.

Das Programmiersystem ist ein maschinennahes Softwaresystem und ermöglicht die Programmentwicklung. Seine wesentlichen Bestandteile sind

- Editor: Dateien erstellen, ändern und löschen.
- Interpreter: Syntaktische Prüfung und Entschlüsselung sowie Ausführung von Anweisungen bei jeder Nutzung eines Programms.
- Compiler: Programmiersprache, z.B. Fortran, in die jeweilige Maschinensprache übersetzen.
- Weitere Programme zur Unterstützung, z.B.: Quelltextverwaltung, Modulverwaltung und Testsysteme.

Das Anwendersystem überführt das Anwenderproblem in einen Algorithmus mit eindeutigen, festgelegten Schritten. Dazu ist ein Vorausdenken aller Eventualitäten nötig, um ein Versagen des Programms bei unterschiedlichen Objekten oder Parametern zu vermeiden. Solche Programme nutzen

- Folgen,
- Alternativen auf Grund von Bedingungen, z.B.: wenn - dann,
- Schleifen zur Wiederholung und iterativen Verbesserung (Näheres vgl. [GOL 86]).

Nicht nur CAD-Programmsysteme müssen eine strenge Modularisierung mit eindeutigen Schnittstellen aufweisen. Generell sollten folgende Bereiche gebildet werden (Bild 3.1):

- Kommunikationsbereich: Er dient der Datenein- und -ausgabe sowie der Dialogführung.
- Methodenbereich: In ihm werden die einzelnen Arbeitsmodule z.B. zum Modellieren, zum Berechnen, zum Informieren über Norm- und Wiederholteile bzw. -elemente und zu deren Bereitstellung, zum Bilden von Erzeugnisstrukturen und zur Stücklistenerstellung, zur Kopplung zu CAP und CAM u.a. gebildet.
- Datenverwaltungsbereich: Organisation des Datentransfers, Bildverwaltung.
- Datenbasis: Speicherung von geometrischen und nichtgeometrischen Daten. Letztere können z.B. technologische und werkstoffmäßige Daten sein. Ferner sind administrative, organisationsbezogene Daten abzulegen.

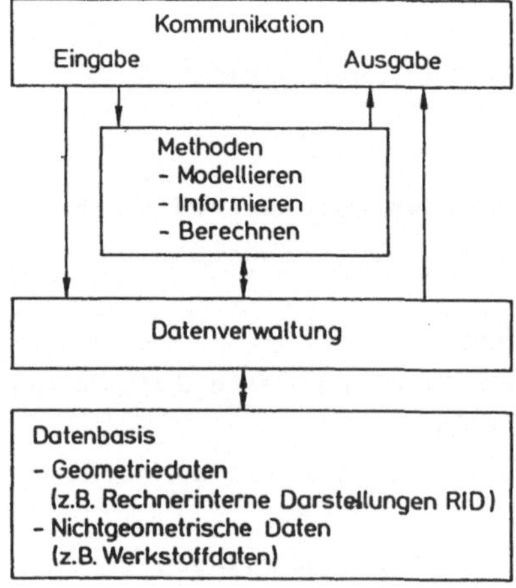

Bild 3.1 Generelle Modularisierung von CAD-Systemen

Bild 3.2 zeigt als Beispiel die Struktur des CAD-Forschungssystems IKA (Interaktiver Konstruktionsarbeitsplatz), eines 3D-Volumensystems. Die Struktur läßt eine weitere Gliederung des Kommunikationsbereichs in die

Koordinatenwandlung zwischen Geräte- und Bildkoordinaten und in die Kommandoentschlüsselung erkennen. Auch ist das Ableiten der Ansichten aus dem 3D-Objektmodell mit der Wandlung der systemeigenen Weltkoordinaten in die 2D-Bilddaten und deren weitere Wandlung in die Gerätekoordinaten

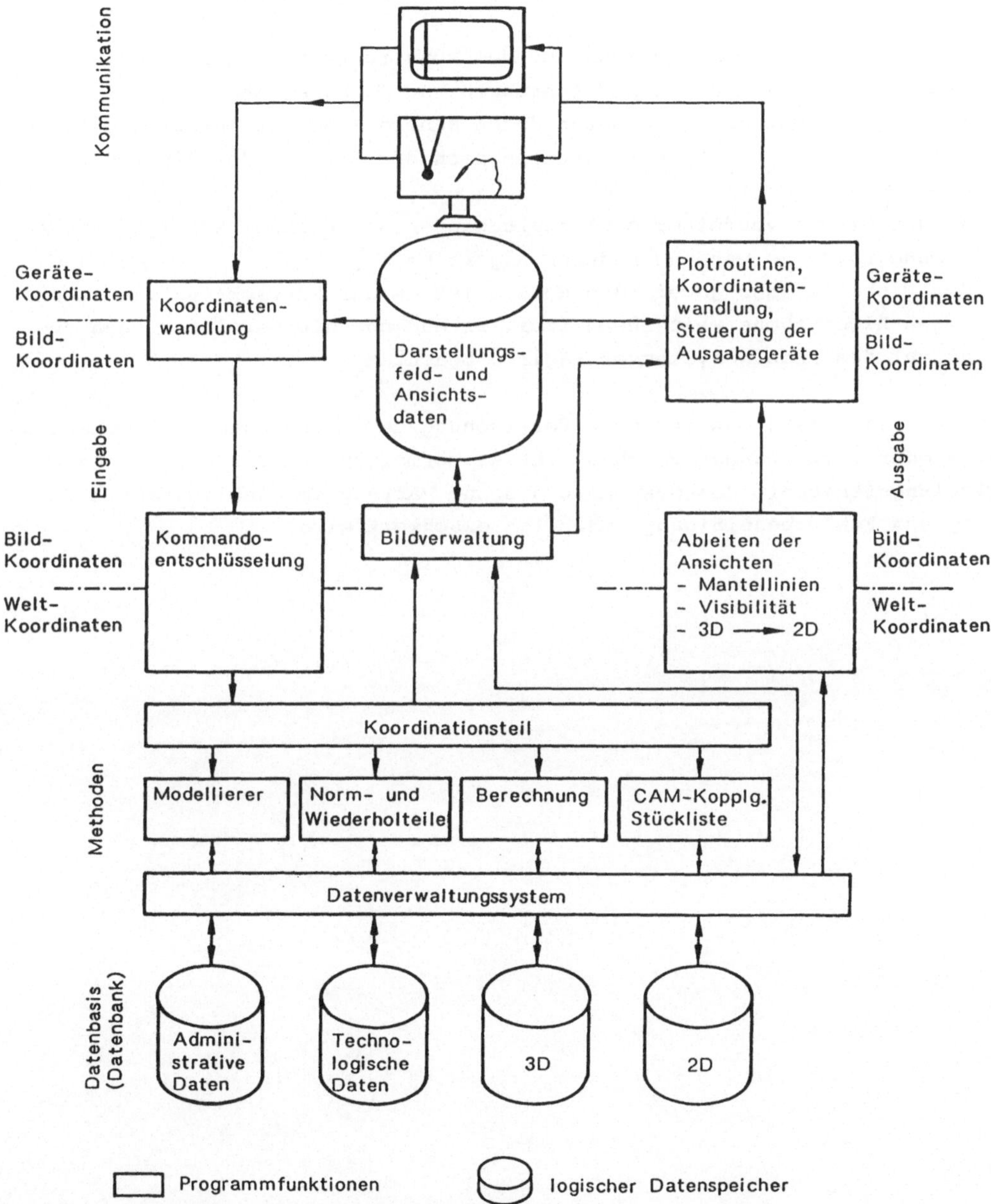

Bild 3.2 Beispiel für ein modular aufgebautes CAD-System. (Forschungssystem IKA, TH Darmstadt)

der Sicht- und sonstigen Peripheriegeräte klar von der Verwaltung der Datenbasis getrennt. Die Bildverwaltung stellt ebenfalls ein eigenes Modul dar (vgl. auch Kap. 7).

Die Vorteile einer solchen oder ähnlichen Modularisierung sind:

- Die Sprache des Dialogs kann der des Konstrukteurs angepaßt werden.
- Problemlose Erweiterung und Austausch von Methoden und Daten.
- Nutzung von Methoden und Daten durch andere Benutzer insbesondere im Zusammenhang mit CIM, Berechnungen nach der Methode der Finiten Elemente u.ä.
- Nachträgliche verfeinerte Gliederung oder Aufspaltung zur Systemverbesserung unter Verwendung anderer Algorithmen.
- Der Ersteller des jeweiligen Moduls ist in der Entwicklung des zugehörigen Algorithmus weitgehend frei, er muß nur die Vereinbarungen zum Aufruf des Moduls systemverträglich beachten.

Unter allen Umständen ist eine Vermischung der Datenbasis mit dem Methoden- oder Verwaltungsbereich strikt zu vermeiden, weil sonst die Entwicklungsfähigkeit des Systems und seine Wartung im Hinblick auf Änderung und Fehlerbeseitigung erheblich erschwert wird.

4 Beschreibung von Objekten

4.1 Modellbildung

Während des Konstruktionsprozesses entsteht eine Vorstellung vom beabsichtigten realen technischen Objekt. Die Festlegungen in konventionell erstellten Zeichnungen stellen dabei aber nur ein mehr oder weniger getreues Modell der wirklichen Ausführung dar. Bei der Beschreibung mit Hilfe von CAD-Systemen ist dies nicht viel anders. Es wird hier ebenfalls eine Modellbildung vollzogen, deren Schritte nach [POH 82, SPK 84] in Bild 4.1 wiedergegeben sind und nachfolgend näher beschrieben werden.

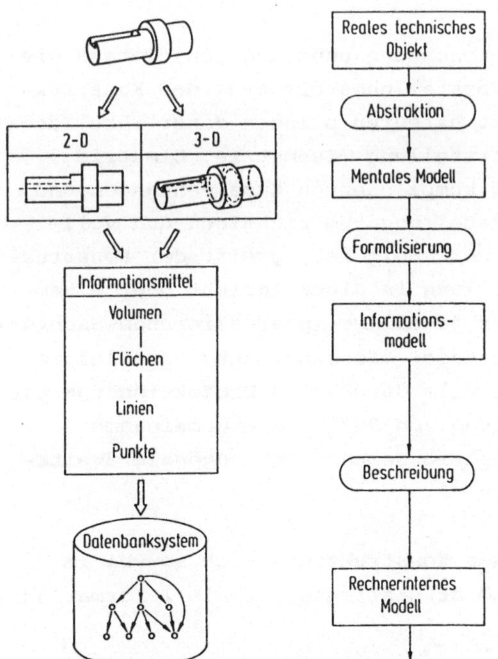

Bild 4.1 Modellbildung von technischen Objekten nach [POH 82, SPK 84]

4.1.1 Mentales Modell

Beim Konstruktionsprozeß entwickelt der Konstrukteur eine bestimmte gedankliche Vorstellung, wie die vorliegende Aufgabe real gelöst werden kann. Dabei setzt er Lösungsideen von mehr prinzipieller Art schrittweise in konkrete Gestaltungen um, die dann als Bauteile und Baugruppen zu definieren sind. Die gedanklichen Vorstellungen des Konstrukteurs bewegen sich dabei zwischen bekannten Ausführungen - die er in Form und Kontur klar vor sich sieht - und abstrakten Zusammenhängen, die sich nur an gedachten Wirklinien oder Wirkflächen orientieren. Letztere können, wenn sie dargestellt werden, durch Striche oder Mittellinien repräsentiert sein. Jegliche gedankliche (mentale) Vorstellung kann als ein vom Konstrukteur entwickeltes Modell, dem <u>mentalen Modell</u>, des späteren realen Objekts (Teil, Baugruppe, Erzeugnis) angesehen werden.

Im Laufe des Konstruktionsprozesses muß das mentale Modell sichtbar und erkennbar gemacht werden, damit der Konstrukteur selbst daran Korrekturen und Ergänzungen vornehmen und andere über seine Absichten informieren kann. Dies kann räumlich in Form eines körperhaften Modells oder nur flächenhaft in Form einer zeichnerischen Darstellung entwickelt werden (Bild 4.1).

Vielfach ist eine dreidimensionale Betrachtung unumgänglich, woraus die bekannte Forderung nach "räumlichem Vorstellungsvermögen" des Konstrukteurs resultiert. Eine Reihe von Konstrukteuren bringen daher ihre Ideen oft auch in Skizzen mit räumlicher Darstellung (Isometrie, Dimetrie, Zentralperspektive) zum Ausdruck. Bei komplizierten Zusammenhängen und besonders, wenn eine maßstäbliche Darstellung zum richtigen und vollständigen Erkennen des Zusammenhangs notwendig ist, greift der Konstrukteur auf eine zweidimensionale Darstellung in einer Ansicht oder einem Schnitt zurück, in der bzw. in dem der jeweilige interessierende Sachverhalt klarer zu erkennen ist. Er nutzt dabei die senkrechte Parallelprojektion. Ihre Darstellung entsteht jeweils durch eine Projektion von parallelen Strahlen und durch eine Klappung von 90° um die gemeinsame Schnittgerade beider beteiligten Projektionsebenen (orthogonale Zweitafelprojektion).

Hieraus geht hervor, daß das Denken des Konstrukteurs sich sowohl im Raum als auch in der Fläche bewegt und er bestimmte formale Informationsmittel zur Darstellung einsetzt.

4.1.2 Informationsmodell

Der Konstrukteur kann, wie im vorherigen Abschnitt erwähnt, sein mentales Modell sowohl räumlich, also dreidimensional (3D) als auch - wenn es ausreicht - nur flächenhaft, also zweidimensional (2D), bilden. Zur Verdeutlichung muß er seine Vorstellung zum Zwecke der Darstellung in formale Elemente (Volumen, Flächen, Linien und Punkte) überführen (Bild 4.2).

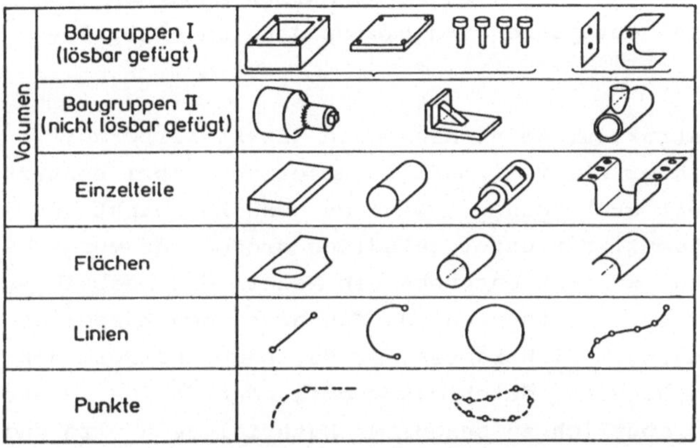

Volumen	Baugruppen I (lösbar gefügt)	
	Baugruppen II (nicht lösbar gefügt)	
	Einzelteile	
Flächen		
Linien		
Punkte		

Bild 4.2 Elemente in Informationsmodellen nach [SPK 84]

Wird die senkrechte Parallelprojektion für eine bestimmte Ansicht eines Objekts benutzt, so genügen als Informationsmittel Punkte und Linien, um Konturen, Kanten und umschlossene Flächen darzustellen. Auch jede Axonometrie (z.B. Isometrie oder Dimetrie) eines räumlichen Gegenstandes läßt sich in der Darstellung auf Punkte und Linien in einer zweidimensionalen Fläche zurückführen. Dies bedeutet, daß zwei- oder dreidimensionale Objekte mit Hilfe von Punkten und Linien zweidimensional dargestellt werden können. Der Konstrukteur nutzt eine 2D-Technik.

Nun ist der Konstrukteur nicht auf eine 2D-Technik allein angewiesen. Mancher macht sich auf eine einfache Weise ein räumliches, wenn auch nur grobes Abbild mit Hilfe eines Drahtmodells. Die Kanten (Linien) werden im Raum durch gerade oder gebogene Drahtstücke ersetzt, Punkte entstehen an den Verbindungsstellen. Das Drahtmodell, durch das man hindurchsehen kann, stellt nur die Kanten dar, gibt aber häufig schon einen guten Eindruck der räumlichen Erstreckung. Der so arbeitende Konstrukteur ist damit in eine dreidimensionale Technik (3D-Technik) eingestiegen.

Würde der Konstrukteur hingegen seine Vorstellung mit Hilfe von Papiermodellen darstellen und entwickeln, die sich auch räumlich in die Tiefe erstrecken, so sind nun sein Informationsmittel Flächen, die er im Raum anordnet. Aus den die Flächen begrenzenden Kanten und Eckpunkten können Konturen erkannt werden. Bei räumlich gekrümmten Flächen werden je nach den Umständen Sichtkanten an Mantelflächen u.ä. entstehen. Die Modellbildung erfolgt also mit an sich zweidimensionalen, begrenzten Flächen, die sich aber selbst dreidimensional im Raum erstrecken können und damit räumliche Gebilde darstellen. Mit solchen an sich zweidimensionalen Flächen wird eine 3D-Technik angewandt. (Selbstverständlich kann man Flächen auch nur zweidimensional aufspannen und bleibt dann in einer 2D-Technik.)

Schließlich könnte der Konstrukteur seine Absichten direkt körperhaft, z.B. mit Hilfe eines Holz- oder Plastilinmodells umsetzen. Dabei benutzt er Körper und definiert damit auch Volumen, wenn es zunächst nicht auf die Materialeigenschaft ankommt. Mit unterschiedlich großen und verschiedenartigen Volumina bzw. Körpern entsteht ein Modell des beabsichtigten Objekts. An ihm sind durch entsprechende Konturen, den Körperkanten und -ecken sowie entstehenden Sichtkanten, Größe, Lage und Form des Objekts erkennbar. Konkrete Schnitte durch das Modell könnten ins Innere schauen lassen, und es wäre deutlich zu sehen, wo Material sein wird und wie sich die räumliche Verträglichkeit ergibt. Auf diese Weise würde der Konstrukteur mit räumlichen, dreidimensionalen Informationsmitteln, nämlich Körper bzw. Volumina ebenfalls eine 3D-Technik anwenden.

Es ist damit zu erkennen, daß es sehr unterschiedliche Informationsmittel und mit ihnen verschiedene Informationsmodelle gibt. Je nach Zweck und Problematik wird man sie entsprechend auswählen.

CAD-Systeme erlauben nun je nach Auswahl der Informationsmittel ebenfalls eine unterschiedliche Modellbildung [GRÄ 89] von der einfachen zweidimensionalen Abbildung bis hin zur dreidimensionalen körperhaften Beschreibung eines Objekts. Es kommt auf die jeweils ausgewählten Informationsmittel und ihren Zusammenhang an, welche Nutzungsmöglichkeiten dem Konstrukteur zur Verfügung stehen. Die Struktur des Informationsmodells (Informationsmittel und ihre Verknüpfung) muß im Rechner erfaßbar sein. Dazu wird das rechnerinterne Modell gebildet.

4.1.3 Rechnerinternes Modell

Das rechnerinterne Modell (RIM) eines CAD-Systems überführt das Informationsmodell in eine vom Rechner erfaßbare, formale Struktur (beschreib-

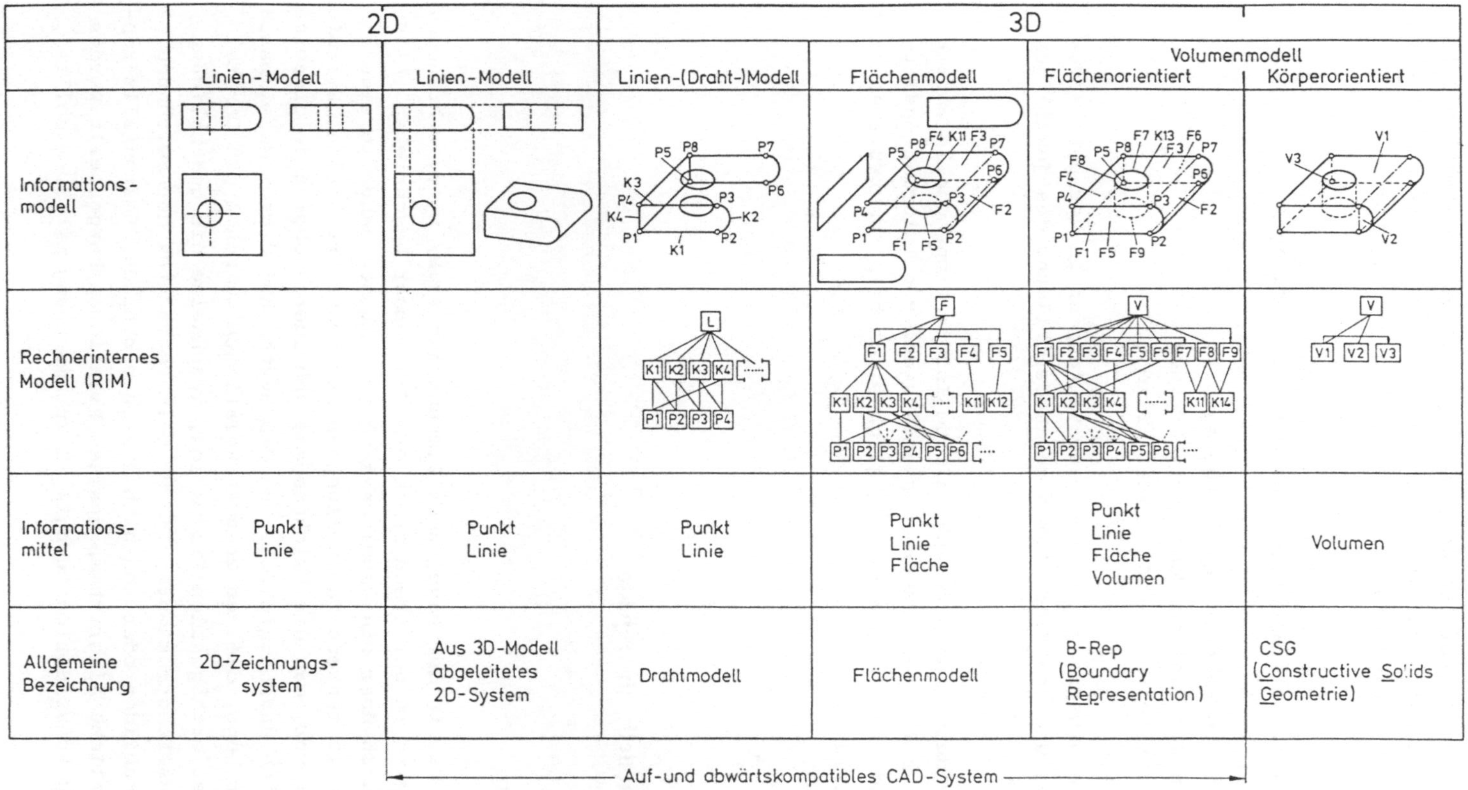

	2D		3D			
					Volumenmodell	
	Linien-Modell	Linien-Modell	Linien-(Draht-)Modell	Flächenmodell	Flächenorientiert	Körperorientiert
Informations-modell						
Rechnerinternes Modell (RIM)						
Informations-mittel	Punkt Linie	Punkt Linie	Punkt Linie	Punkt Linie Fläche	Punkt Linie Fläche Volumen	Volumen
Allgemeine Bezeichnung	2D-Zeichnungs-system	Aus 3D-Modell abgeleitetes 2D-System	Drahtmodell	Flächenmodell	B-Rep (Boundary Representation)	CSG (Constructive Solids Geometrie)

Auf- und abwärtskompatibles CAD-System

Bild 4.3 Arten von Informationsmodellen in Anlehnung an [POH 82, SPK 84] und Umfang eines vollkompatiblen CAD-Systems

bare Elemente und deren Verknüpfung) unter gleichzeitiger Umsetzung in den binären Code. Damit wird eine entsprechende rechnerinterne Verarbeitung im Prozessor und eine digitale Speicherung ermöglicht. Es werden also

- die Informationsmittel (Elemente) des Informationsmodells mathematisch formal definiert,
- ihre Relationen (Verknüpfungen) festgelegt,
- gleichzeitig in den binären Code überführt und
- in einer Blockdarstellung verdeutlicht (Bild 4.3).

Es geschieht eine Umsetzung in Daten, ihr Verknüpfen in der Datenstruktur und die Anwendung von Algorithmen zur Modellbildung des jeweiligen Objekts.

Für die CAD-Anwendung sind unterschiedliche Informationsmodelle entwikkelt worden, die auf einer entsprechenden Auswahl von Informationsmitteln basieren und die die Anwendungsmöglichkeiten beim Konstruieren ganz wesentlich beeinflussen.

4.2 Informationsmodelle für Objekte

4.2.1 2D-Modelle

2D-Modelle sind nur in der Lage, zwei Dimensionen (z.B. x, y) wahrzunehmen. Ein Punkt wird in der Ebene durch ein Zahlenpaar beschrieben. Alle Informationen, auch über ein räumliches Objekt, müssen daher in eine oder gegebenenfalls mehrere Darstellungsebenen überführt werden. Hiermit liegt ein Modell vor, das die Zeichenebene abbildet, wobei jede einzelne Abbildung für sich unabhängig ist. Das CAD-System auf dieser Modellbasis ist nicht in der Lage, die bestehenden Relationen zwischen den Darstellungsebenen einer orthogonalen Projektion, geschweige die gedanklichen Verknüpfungen des Konstrukteurs, die er beim Betrachten der Zeichnung vollzieht, nachzubilden oder von sich aus zu erstellen. Bestenfalls können durch zusätzliche Algorithmen gewisse Relationen hergestellt werden (vgl. auch die Rekonstruktionstechnik im Zusammenhang mit 3D-Modellen, Abschn. 5.2.4).

Generell gilt:

- Zwischen einzelnen Darstellungen (Ansichten, Schnitten) besteht keine Relation. Alle Ansichten oder Schnitte müssen gesondert erstellt werden (Bild 4.4).
- Eine Konsistenz (Widerspruchsfreiheit) zwischen den einzelnen Darstellungen und innerhalb einer Darstellung ist nicht automatisch gegeben, sie muß jeweils vom Konstrukteur hergestellt werden.
- Eine Integrität (Unverletzlichkeit, Fehlerfreiheit) und Vollständigkeit wird vom System weder erzwungen noch kontrolliert.

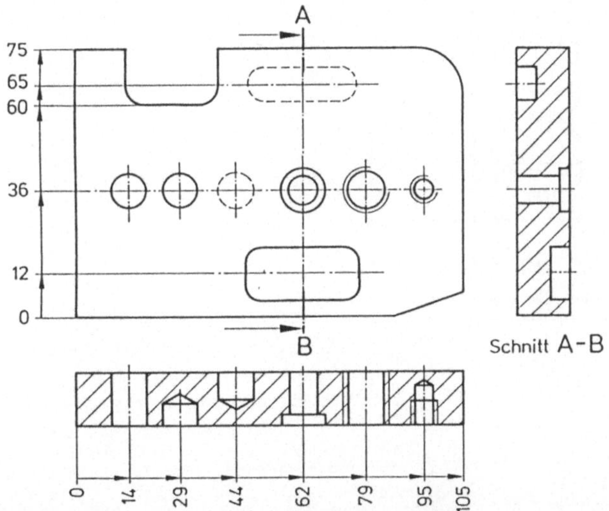

Bild 4.4 Darstellung einer Platte in orthogonaler Parallelprojektion mit Hilfe eines 2D-Modells (2D-Zeichnungssystem)

Damit werden CAD-Systeme mit 2D-Modellen zu Zeichnungssystemen mit den aus konventioneller Arbeit bekannten Vor- und Nachteilen. Ungeachtet dessen ist ihr Einsatz aber stark verbreitet und eine wichtige Stufe in der CAD-Anwendung auch im Zusammenhang mit CIM.

2D-Modelle werden vorteilhaft angewendet bei der Erstellung von

- Schaltplänen,
- Leiterplattenkonstruktionen,
- Flußdiagrammen,
- Zeichnungen als orthogonale Risse und
- Rotations- und Blechteilen, bei denen nur zwei Dimensionen gestaltbestimmend sind und die dritte Dimension sich entweder gleichbleibend oder als rotationssymmetrisch ergibt.

Bild 4.5 zeigt die Darstellung der Kontur eines Drehteils. Zur Definition der Gestalt ist eine ebene Kontur (zwei Dimensionen) und die Angabe einer Symmetrieachse, hier Rotationsachse, ausreichend. Eine dritte Dimension wird zur näheren Beschreibung nicht benötigt. Auch zur Informationsweitergabe zum Zwecke der Arbeitsvorbereitung (CAP) und für die eigentliche Drehoperation (CAM) sind keine weiteren geometrischen Informationen über die jeweilige Ebene hinaus erforderlich. Das 2D-Modell genügt vollauf.

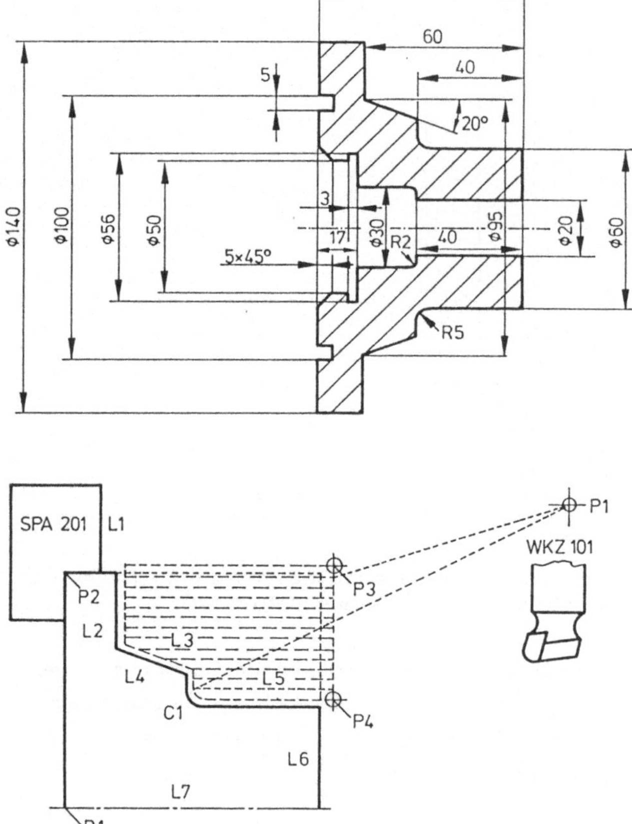

Bild 4.5 Drehteil, beschrieben in einem 2D-Modell und dargestellt durch die Kontur in der x-y-Ebene. Darstellung der Drehoperation im Zuge der Arbeitsvorbereitung.

4.2.2 2 1/2D-Modelle

Modellbasis ist auch hier die zweidimensionale Ebene. In ihr kann wie beim 2D-Modell eine Fläche mit Hilfe von Punkten und Linien erzeugt werden. Dieser Fläche wird ein Transformationsvektor zugeordnet, wodurch es möglich ist, auch ein Volumen zu definieren (Bild 4.6)

V = F x T	Translationsmodell,
V = F x R	Rotationsmodell,
V = F x K	Trajektionsmodell.

Das Trajektionsmodell läßt sich noch in ein orthogonales (Fläche bleibt stets senkrecht zur Leitkontur) und in ein nicht orthogonales Modell (Fläche bleibt in ihrer Lage und ändert nur die Position längs der Leitkontur) unterscheiden.

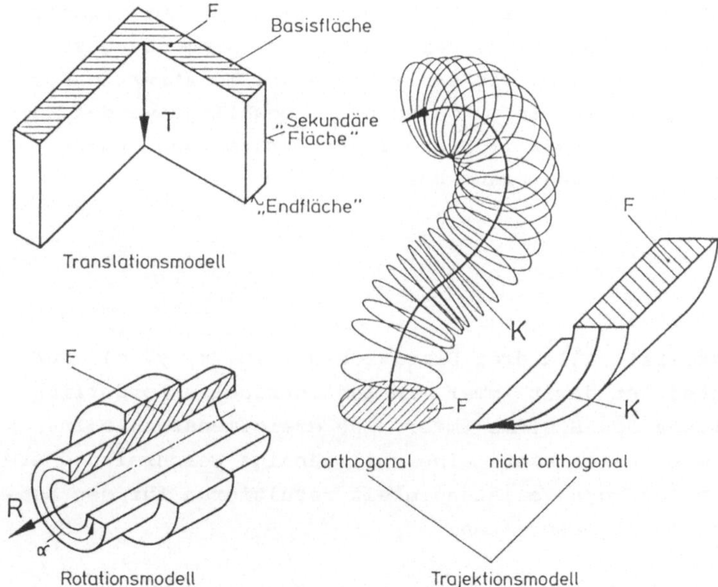

Bild 4.6 2 1/2D-Modelle (Produktionsmodelle) mit Basisfläche und Transformationsvektor für Translation, Rotation bzw. Trajektion längs einer Leitkontur

Mit den 2 1/2D-Modellen lassen sich räumliche Objekte beschreiben, die ihre charakteristische Gestalt nur in einer Ebene haben und bei denen die dritte Dimension lediglich eine einfache translatorische oder rotatorische Erstreckung bzw. eine solche längs einer Leitkontur aufweist (vgl. Bild 4.6). Die räumliche Erstreckung wird rechnerintern nur durch einen Wert (Real-Zahl) festgehalten.

<u>Vorteilhafte Anwendung</u>: Rotations- und profilförmige Teile.

Die Nachteile sind aber folgende:

- Rechnerintern sind keine Körper (Volumen) beschrieben und als solche nicht ansprechbar.
- An die "Endfläche" der dritten Dimension lassen sich keine weiteren Körper anschließen.
- Es sind keine Manipulationen (Veränderungen) an den "sekundären", begrenzenden Flächen möglich.
- Das "Volumen" darf sich nicht schneiden oder kreuzen. So kann es z.B. in dem in Bild 4.6 gezeigten orthogonalen Trajektionsmodell zu rechnerinternen Schwierigkeiten kommen, wenn die dort gezeigten Flächen sich schneiden.

Aus Vorstehendem folgt, daß in dem 2 1/2D-Modell praktisch nur relativ einfache Einzelteile behandelbar sind. Der Baugruppenzusammenhang sowie eine Änderung der Sekundärflächen, wie es im Laufe des Konstruktionsprozesses immer wieder erforderlich ist, können nicht bewältigt werden. Die räumliche Erstreckung ist hier nur im Sinne einer Darstellung, nicht aber zur konstruktiven Gestaltung brauchbar.

4.2.3 3D-Modelle

3D-Modelle erfassen explizit alle drei Dimensionen (z.B. x, y, z). Zur Definition eines Punktes ist damit immer ein Zahlentripel erforderlich. Dadurch wird auch seitens des Systems immer eine dreidimensionale Information erzwungen, womit sich stets eine vollständige Beschreibung ergibt. Aus dieser zwangsläufigen Vollständigkeit resultieren für den Konstruktionsprozeß wichtige Eigenschaften:

- Der dargestellte Körper ist grundsätzlich vollständig beschrieben, wenn er auch nicht immer den Gestaltungsabsichten entspricht.
- Die generierte Geometrie ist modellierungsfähig, d.h. ergänz- und veränderbar.
- Es sind Aussagen über Volumen und den davon abgeleiteten Größen, z.B. Gewicht, Massen, Massenträgheitsmoment, möglich.
- Schon zu einem frühen Stadium sind konsistente Vorinformationen (z.B. Grobgestalt oder Rohabmessungen betreffend) erkennbar und für die Arbeitsvorbereitung oder Fertigungsplanung abrufbar.
- Aus dem rechnerinternen Modell sind alle Bild-, Ansichts- und Schnittdarstellungen sowohl in orthogonaler Projektion als auch in beliebiger perspektivischer Darstellung (z.B. Isometrie, Dimetrie, Zentralperspektive) automatisch ableitbar.

- Es besteht eine strenge Relation zwischen den einzelnen Darstellungen, weil sie aus einem 3D-Modell als 2D-Bild abgeleitet sind (vgl. Bild 4.3).

Innerhalb der 3D-Modelle muß in Linien-, Flächen- und Volumenmodelle unterschieden werden (vgl. Bild 4.3):

Das Linienmodell, auch Drahtmodell (Wire frame model) genannt, nutzt als Informationsmittel nur Punkte und Linien, welche die begrenzenden Kanten darstellen. Es hat damit einen einfachen, inneren strukturellen Aufbau, verhilft zu kurzen Antwortzeiten und benötigt wenig Speicherplatz. Wie auch in Bild 4.3 zu ersehen ist, vermag das Linienmodell aber keine Sichtkanten, etwa Mantellinien, wiederzugeben. Wie bei einem realen Drahtmodell befinden sich auch keine Flächen oder Volumen im Modell, und es wird nicht festgelegt, wo Material ist und wo nicht. Dies alles muß der Betrachter selbst ableiten. Das Linienmodell stellt lediglich den Umriß auf Grund der Kantendefinition dar. Dadurch können bei Linienmodellen Mehrdeutigkeiten auftreten, die einer näheren Interpretation bedürfen [GRÄ 89].

Vom konstruktiven Standpunkt ist das Linienmodell nicht geeignet, die Gestalt eines Objekts vollständig zu beschreiben. Ungeachtet dessen gibt es aber viele Situationen, in denen die Information durch ein Linienmodell zur Beurteilung von Form, Lage, Position und räumlicher Verträglichkeit völlig ausreicht, so daß es angesichts des schnellen Antwortverhaltens für Echtzeitsimulation sowie für Zwischenergebnisse außerordentlich hilfreich sein kann. So benutzen höhere Informationsmodelle (Flächen- und Volumenmodelle) zur Ergebnisdarstellung häufig lediglich Linienmodelle.

Das Flächenmodell (Surfaces in space) gestattet die Beschreibung von sich im Raum erstreckenden Flächen. Auch hier findet keine Volumendefinition statt, d.h. es ist nicht festgelegt, wo sich Material befindet. Mit Vorteil findet dieses Modell in den Bereichen Anwendung, wo gerade oder gekrümmte Flächen im Raum angeordnet werden, z.B. zur Beschreibung der Oberfläche einer Karosserie eines Fahrzeugs, eines Flügels oder Rumpfs eines Flugzeugs. Die Informationen aus einem solchen dreidimensionalen Flächenmodell sind oft wichtige Grundlage für die weitere Konstruktion, z.B. den Entwurf von Heckleuchten eines Kraftfahrzeugs (vgl. Bild 4.7).

Volumenmodelle (Volume model) sind in der Lage, Volumen vollständig zu beschreiben und im Zusammenhang mit einer Materialkennung so auch Körper

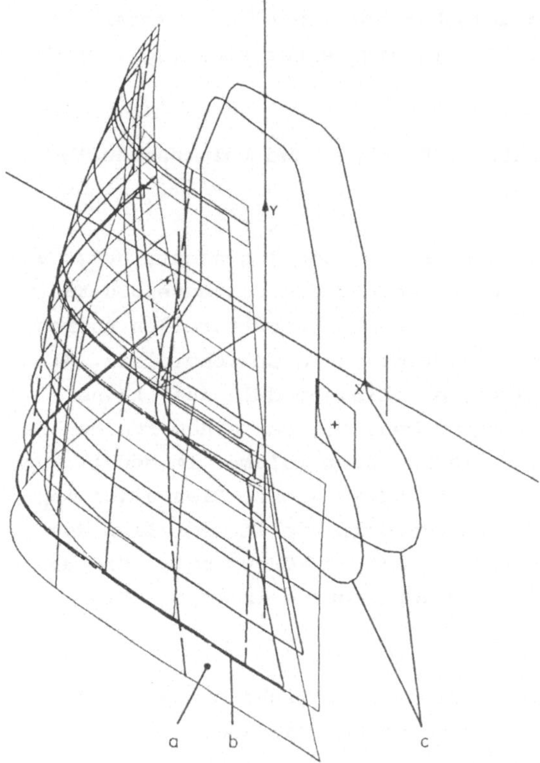

Bild 4.7 Mit einem 3D-Flächenmodell definierte Fläche an einem Fahrzeugheck als Ausgangsbasis für die Anordnung und den Entwurf von Heckleuchten. Im Vordergrund Karosserieoberfläche (a) mit markierten Leuchtenfeldern (b), dahinter Ausschnitte der inneren Karosseriebleche (c) als Montageraumbegrenzung. CAD-System CATIA. (Quelle: HELLA)

vollständig zu definieren. Es sind grundsätzlich zwei Arten von Volumenmodellen zu unterscheiden (vgl. Bild 4.3):

- Körperorientiertes Volumenmodell, auch CSG-Modell (Constructive Solids Geometry) genannt, und
- Flächenorientiertes Volumenmodell, auch als B-Rep-Modell (Boundary Representation) bezeichnet.

Beim körperorientierten Volumenmodell (CSG-Modell) wird das Objekt aus einzelnen einfachen Grundelementen (Primitives) zusammengesetzt. Dazu werden die Grundelemente, wie Quader, Zylinder, Kegel, Kugel, mathematisch definiert und nach den Regeln der BOOLEschen Algebra zu einem Gebilde verknüpft (vgl. Abschn. 5.2.1). Die angewandte Verknüpfungsvorschrift, nach der die Grundelemente zu einem komplexen Körper zusammengeführt und dann verschmolzen werden, ist bei diesem Modell unverzichtbarer Bestandteil der Datenstruktur.

Die Verknüpfung wird in einem sogenannten BOOLEschen Baum (vgl. Bild 5.22) festgehalten, wodurch die Entstehungsgeschichte eines komplexeren Körpers übersichtlich dokumentiert wird. In diesem BOOLEschen Verknüpfungsbaum können Grundkörper nachträglich eleminiert oder hinzugefügt werden. Zur Aktualisierung auf den jeweils neuen Modellzustand muß dann dieser Baum mindestens von der Wurzel des Astes aus, der von der Veränderung betroffen wurde, zwecks Generierung neu durchlaufen werden.

Zur Beschreibung des Objekts werden also lediglich die verwendeten Grundelemente und die Verknüpfungsvorschrift eingetragen und nicht der erreichte geometrische Endzustand. Man spricht daher auch von einem generativen Modell, weil zu seiner Darstellung der Endzustand immer wieder erneut berechnet werden muß.

Die Darstellung des Endzustands erfolgt durch eine Ableitung der jeweils sichtbaren Flächen und Kanten unter Beachten der betreffenden Ansichtsrichtung (vgl. Kap. 7). Häufig werden zur Darstellung des Endzustands nur Linien-(Draht-)Modelle verwendet oder bei Erzeugung farbschattierter Bilder die Ray-tracing-Methode [GRÄ 89] herangezogen: In jedem einzelnen Bildpunkt (Pixel) des graphischen Bildschirms wird senkrecht zur Bildebene ein Sehstrahl generiert. Dieser durchstößt alle Grundelemente des Objekts und die errechneten Durchstoßpunkte werden hinsichtlich der Sichtbarkeit ausgewertet. Voraussetzung für dieses Verfahren ist das Vorhandensein eines Rasterbildschirms (vgl. Abschn. 2.3.3).

Körperorientierte Volumenmodelle (CSG) haben folgende Vorteile:

- Geringer Speicherbedarf,
- einfache Generierung, wenn die Geometrie einfach durch definierte Grundelemente beschreibbar ist,
- Konsistenz des Objekts ist durch die mathematische Definition der Grundelemente gewährleistet,
- die Entstehungsgeschichte der Geometrie ist im BOOLEschen Verknüpfungsbaum erkennbar.

Als Nachteile insbesondere hinsichtlich der konstruktiven Anwendung ergeben sich:

- Ein partielles Ändern einer Fläche oder Kontur eines Körpers ist ausgeschlossen, da diese Informationsmittel im Modell fehlen.

- Das körperorientierte Volumenmodell erfordert praktisch die vorherige gedankliche Zerlegung des beabsichtigten Objekts in entsprechende Grundelemente (Körper), was nicht der Denk- und Arbeitsweise des Konstrukteurs entspricht, denn die Gestalt entsteht erst schrittweise während des Konstruktionsprozessses und ist nicht vorher bekannt.
- Ein gesonderter Zugriff auf Punkte, Linien (Kanten) oder Flächen zum Zwecke der Identifikation oder Positionierung weiterer Körper ist nicht direkt möglich, weil diese Elemente als Informationsmittel nicht zu Verfügung stehen.
- Es stellen sich relativ lange Antwortzeiten ein, weil bei jeder Änderung der BOOLEsche Verknüpfungsbaum aufgelöst und erneut vollständig, mindestens aber im betroffenen Ast, durchlaufen werden muß.

Das flächenorientierte Volumenmodell (B-Rep) geht von definierten Flächen aus, die in ihrer Verknüpfung als umschließende Grenzflächen das Volumen beschreiben. Eine Materialkennung in Form eines senkrecht auf ihnen stehenden Vektors läßt auch den Raum erkennen, der mit Material gefüllt sein soll. Die Flächen ihrerseits werden mit Hilfe von Kanten und Punkten definiert.

In diesem Modell können gleichermaßen vordefinierte Grundkörper genutzt werden, die aber systemkonform jeweils als flächenorientierte Volumenmodelle aufgebaut sind. Selbstverständlich können Körper aus einer Fläche mit anschließender Sweep-Operation (vgl. Abschn. 5.2.2) erzeugt werden und alle lassen sich miteinander nach den Regeln der BOOLEschen Verknüpfung verschmelzen. Nach einem solchen Verschmelzungsvorgang ist dann allerdings die Entstehungsgeschichte verlorengegangen. Der neue Komplexkörper besteht nämlich nur noch aus einer Vielzahl von miteinander verknüpften Einzelflächen. Eine Bohrung, die z.B. durch Subtraktion eines Zylinders entstanden ist, wird nach der Verknüpfung nur noch durch die zugehörige Zylindermantelfläche beschrieben. Die Entstehungsgeschichte ist bestenfalls nur noch aus einer Aufzeichnung der begleitenden Kommandofolge festzustellen (vgl. Abschn. 6.2.1). In der Datenstruktur wird lediglich der erreichte Endzustand festgehalten. Man spricht daher auch von einem akkumulativen Modell.

Die Beschreibung des Endzustands erfolgt durch die einzelnen begrenzenden Objektflächen mit ihren Kanten und Punkten sowie ihren Relationen (vgl. Abschn. 4.3.3). Zur Darstellung des Endzustands können die vorhandenen Informationsmittel (Flächen, Kanten, Punkte) direkt genutzt werden. Es brauchen also keine besonderen sichtbaren Flächen wie beim CSG-Modell erst noch erstellt zu werden.

Wie aus Bild 4.3 zu entnehmen ist, sind die Informationsmengen bei diesem Modell erheblich größer, wodurch sich ein relativ hoher Speicherbedarf ergibt. Für die konstruktive Anwendung bietet dieses Volumenmodell aber wichtige, ja entscheidende Vorteile:

- Die Definition von Flächen als Basis entspricht der Gestaltentstehung beim Konstruieren. Die Festlegung einer die Funktion erfüllenden Wirkfläche nach Art, Form und Lage ist sehr oft ein grundlegender Ausgangspunkt der Überlegungen. Erst anschließend erfolgt eine weitere Gestaltung und Komplettierung durch weitere Flächen zu einem vollständigen Bauteil.
- Es ist bei Vorliegen einer definierten Wirkfläche leicht möglich, diese als Paß- oder Gegenfläche für ein weiteres gepaartes Teil zu übernehmen, das selbst insgesamt nicht die gleiche Gestalt des ersteren Teils haben muß.
- Bei diesem Volumenmodell ist es möglich, auf einzelne Flächen, Kanten (Linien) oder Punkte zuzugreifen und damit am generierten Körper oder Volumen partielle Änderungen vorzunehmen, ohne den gesamten, möglicherweise schon recht komplexen Körper auflösen und neu aufbauen zu müssen. Dadurch werden Modellierungsoperationen schnell und einfach durchführbar.
- Den Flächen oder Kanten können Attribute zugeordnet werden, was z.B. für technologische Informationen, wie Toleranzen, Welligkeit, Rauhigkeit u.a. eine wichtige Voraussetzung ist.
- Das flächenorientierte Volumenmodell enthält alle Informationsmittel der Flächen- und Linienmodelle, so daß aus ihm bei Bedarf die anderen Modelle durch entsprechende Algorithmen abgeleitet und deren Vorteile genutzt werden können. Diese Tatsache ermöglicht eine auf- und abwärts kompatible Nutzung von verschiedenen Informationsmodellen (vgl. Bild 4.3).

Selbstverständlich bestehen auch Nachteile:

- Relativ großer Speicherbedarf.
- Durch besondere, z.T. aufwendige Maßnahmen muß die Konsistenz des Modells insbesondere bei lokaler Änderung, d.h. Änderung einzelner Flächen und Kanten sichergestellt werden. Dies geschieht einmal durch Beachten des Eulerschen Polyedersatzes [GRÄ 89] und durch eine sogenannte "Mitziehintelligenz" zur topologiegerechten Erhaltung des Körpers durch besondere Algorithmen und Regeln [FAH 89].

Eine gewisse Einschränkung können flächenorientierte Volumenmodelle (B-Rep) mit sich bringen, wenn sie keine gekrümmtem Flächen verarbeiten können und so ausschließlich facettenhafte Oberflächen haben. Bei ihnen werden die gekrümmten Oberflächen durch aneinandergesetzte ebene Flächen (Facetten) ersetzt (vgl. Abschn. 4.3.3). Es liegen dann Polyedermodelle vor [GRÄ 89, SEI 85]. Die Zahl der Facetten pro gekrümmtes Element kann in der Regel vom Benutzer beeinflußt werden. Eine große Zahl von Facetten bewirkt eine höhere Verarbeitungszeit bei den rechnerinternen Vorgängen, hat aber eine bessere Anpaßbarkeit an die gewollte Form zur Folge. Hier müssen dann entsprechende Kompromisse eingegangen werden.

Vergleichsweise seien die beiden grundsätzlich unterschiedlichen Volumenmodelle in Tab. 4.1 gegenübergestellt.

Tab. 4.1 Eigenschaften von CSG- und B-Rep-Modellen

	CSG Generatives Modell	B-Rep Akkumulatives Modell
Informationsmittel in der Datenstruktur	Volumen	Flächen, Kanten, Punkte
Beschreibung des Objektmodells	Verknüpfte Grundelemente (Primitives)	Durch Grenzflächen beschriebene, beliebige Körper
Entstehung	Entstehungsvorschrift ist Bestandteil der Datenstruktur und bleibt erhalten	Entstehungsgeschichte geht bei Erreichen des jeweiligen Endzustands verloren
BOOLEsche Verknüpfung	obligatorisch	fakultativ
Ergänzung und Änderung	Totaler oder partieller Neuaufbau des BOOLEschen Baums	Lokale Gestalt- bzw. Topologieänderung
Darstellung	aus jeweils neu berechnetem Modell und ergänzendes Erzeugen von Drahtmodellen oder sichtbaren Flächen	direkt aus der vorliegenden Datenstruktur unter Nutzung vorhandener Flächen und Kanten

Selbstverständlich versuchen die einzelnen Systementwickler die jeweils bestehenden Nachteile des zugrunde gelegten Volumenmodells durch Übernahme günstigerer Eigenschaften des anderen Modells auszugleichen (vgl. auch Abschn. 4.5). Dies gelingt aber nicht vollkommen, weil die jeweilige originäre "Primärstruktur" [GRÄ 89] maßgebend bleibt. Man kommt in der Praxis zu sogenannten Hybriden.

So werden einerseits die körperorientierten Volumenmodelle (CSG) durch eine zusätzliche B-Rep-Datenstruktur ergänzt, die nach Bildung eines Komplexkörpers aufgesetzt wird. Dadurch kann z.B. der Zugriff auf Kanten ermöglicht werden. Vor allem gestattet diese Ergänzung eine schnellere Visualisierung, weil der ganze BOOLEsche Baum zur Darstellung des Endzustands nicht immer wieder neu durchgerechnet werden muß. Für die Modellbildung und für die Erhaltung der Konsistenz bleibt aber die CSG-Datenstruktur maßgebend. Man spricht dann von einem CSG-Hybrid.

Anderseits können reine flächenorientierte Volumenmodelle (B-Rep) den BOOLEschen Baum als Eingabeprotokoll aus Gründen der Übersichtlichkeit mitführen. Mit seiner Hilfe ist ein Neugenerieren schnell möglich, was insbesondere dann zweckmäßig erscheint, wenn das flächenorientierte Volumenmodell nur facettierte Oberflächen enthält und zwecks Erhöhung der Genauigkeit das Objektmodell mit feinerer Facettierung verbessert werden soll [GRÄ 89]. Man spricht dann von einem B-Rep-Hybrid. Das Mitführen des BOOLEschen Baums ist allerdings dann nicht mehr hilfreich, wenn z.B. kanten- und flächenorientierte Operationen genutzt werden, die im BOOLEschen Baum nicht darstellbar sind. Reine B-Rep-Modelle mit den beschriebenen Operationen verzichten daher auf solche Möglichkeiten.

Angesichts der Tatsache, daß Rechner in zunehmendem Maße größere Speicherkapazität und kürzere Verarbeitungszeiten bei sinkenden Preisen bieten, tritt der erwähnte Nachteil einer aufwendigen rechnerinternen Struktur mit größerem Speicherbedarf in den Hintergrund. Die konstruktiv nutzbaren Vorteile des flächenorientierten Volumenmodells sind so hoch, daß für umfangreiche und komplexe Konstruktionsarbeiten nur dieses Modell in Frage kommt, zumal es den Vorteil bietet, das Flächen- und Linienmodell integrieren zu können. Diese Wertung wird inzwischen allgemein anerkannt; vgl. [GRA 85, GRÄ 89, MYE 82, SEI 85].

4.3 Datenstrukturen

In Abschn. 4.2 sind verschiedene Informationsmodelle erläutert worden. Je nachdem, welche Informationsmittel verwendet werden, ergeben sich auch entsprechende Speicherungsstrukturen. Sie beeinflussen Aufbau und Umfang der Datenstruktur.

4.3.1 Organisationseinheiten und Relation von Daten

Daten müssen sinnvoll zusammengefaßt und in eine Relation zueinander gebracht werden. Dazu ist es zweckmäßig, sie organisatorisch bestimmten Einheiten zuzuordnen. Diese Einheiten entsprechen dann Elementen oder Informationsmitteln des Informationsmodells. Bei Übernahme von gebräuchlichen Einheiten der Datenverarbeitung kann beispielsweise folgende Zuordnung getroffen werden (Bild 4.8):

- Bits: Digitale Informationselemente,
- Worte: Feste Zusammenfassung von Bits, z.B. x-Wert eines Punkts,
- Feldzeile: z.B. Punkte, von denen zwei vektoriell eine Gerade definieren können: (x_1, y_1, z_1) ; (x_2, y_2, z_2),
- Feld: z.B. alle Geraden oder alle gekrümmten Linien,
- Segment: z.B. alle Flächen,
- Satz: z.B. alle Teile bzw. Körper,
- Datei: z.B. abgeschlossene Baugruppe oder Erzeugnis,
- Datenbank: z.B. alle Erzeugnisse einer Erzeugnisart.

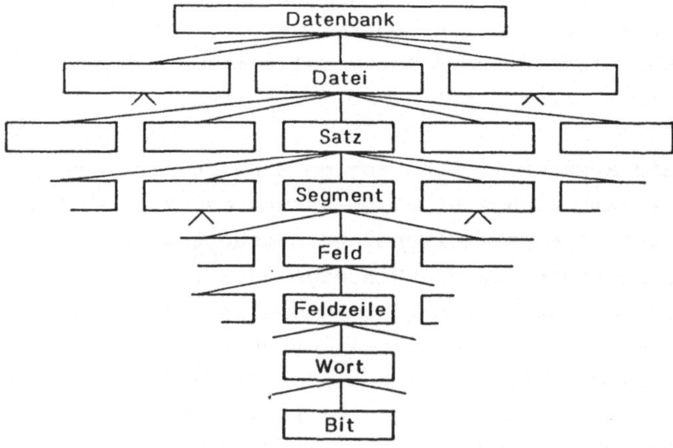

Bild 4.8 Organisationseinheiten von Daten

Es ist zu erkennen, daß damit eine hierarchische Ordnung dem Aufbau aus den Informationsmitteln des Informationsmodells gemäß und gleichzeitig die Überführung in eine Baustruktur erzielt werden kann.

Daneben sind aber auch noch die Relationen zwischen den Daten bzw. ihren Einheiten (s. oben) zu bilden. Hier wird nun von einer strikten hierarchischen Zuordnung nach einer Baumstruktur abgesehen, um Redundanzen in der Datenablage zu vermeiden. Angestrebt wird eine allgemeine Netzwerkstruktur, in der jede Informationseinheit nur einmal vorkommt (Bild 4.9). In dem dargestellten Beispiel wird die Fläche aus den beiden geraden Linien und einer gekrümmten Linie gebildet. Die Linien ihrerseits werden durch Punkte begrenzt, wobei ein Punkt durchaus zu verschiedenen Linien gehören kann. In einer strikt hierarchisch aufgebauten Zuordnung müssen die Punkte mehrmals mit dem gleichen Informationsinhalt aufgeführt werden, was zu unnötigem Aufwand und zahlreichen Fehlermöglichkeiten insbesondere bei Änderungen führt. Die allgemeine Netzwerkstruktur vermeidet diese Nachteile und wird daher bevorzugt [EIM 85].

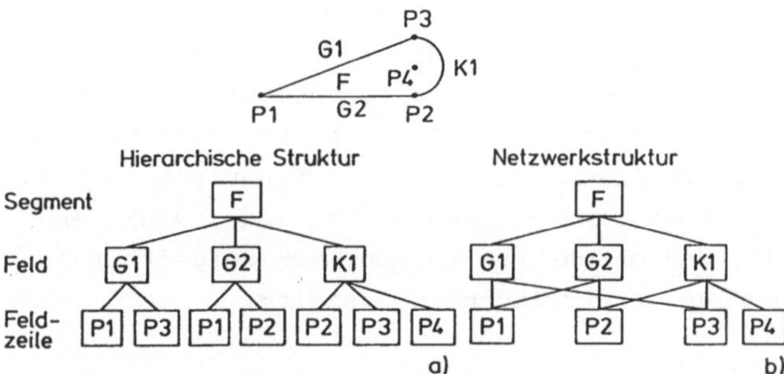

Bild 4.9 Beschreibung einer Fläche. a) hierarchische Struktur, b) allgemeine Netzwerkstruktur, F Fläche, G gerade Linie, K gekrümmte Linie, P Punkt

4.3.2 Speicherungsstrukturen

Die Daten müssen im Speicher zugreifbar und änderbar abgelegt werden. Dies geschieht in sogenannten Listen. In ihnen werden die Datenelemente oder -einheiten nacheinander eingetragen, es entsteht eine Reihung. Der Zugriff erfolgt über die fortlaufenden Adressen des Speichers. Die Listen können unterschiedlich organisiert und gleichzeitig zu einer nach Ordnungsgesichtspunkten unterteilten Datenablage genutzt werden.

Bei linearen Listen sind alle Informationseinheiten so nacheinander eingetragen, wie sie entstanden sind, denn die Reihenfolge ist durch den vorangegangenen bzw. nachfolgenden Nachbarn bestimmt. Bild 4.10 zeigt die Ablage der Informationseinheiten zur Beschreibung einer Geraden, die durch zwei Punkte definiert ist. Es können nun weitere Punkte für andere Geraden folgen.

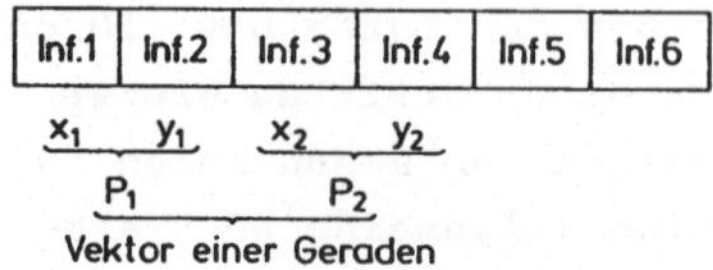

Bild 4.10 Eintrag der Informationseinheiten für eine Gerade, die durch zwei Punkte definiert ist (2D)

Innerhalb einer Liste können Gruppen gebildet werden, indem diese nur bestimmten Adressenbereichen zugeordnet werden, z.B. Platz 1 bis 2000 nur für Geraden, 2001 bis 3000 nur für Kreise. Der Vorteil linearer Listen ist, daß innerhalb der jeweiligen Gruppe alle Speicherplätze nacheinander belegt sind und dazwischen keine Leerräume auftreten. Ihr Nachteil besteht darin, daß die Reihenfolge implizit festliegt, wodurch lineare Listen nur mit großem Aufwand geändert werden können.

Ein einfaches Beispiel in einem 2D-Modell soll dies verdeutlichen: Bild 4.11 zeigt die Darstellung eines Hauses mit Spitzdach. Das Bild wird in der Reihenfolge nach der linearen Liste erzeugt. Eine Kennung K gibt an, ob der Plotter einen Strich ziehen oder nur den betreffenden Punkt anfahren soll. Zu beachten ist, daß manche Punkte mehrfach aufgeführt werden müssen, um eine vollständige Beschreibung zu erzielen.

Es soll nun das Spitzdach in ein Walmdach geändert werden. Dazu muß der Punkt 5 verlegt und ein neuer Punkt 12 eingefügt werden. Alle Informationen ab Punkt 5 müssen verändert oder in ihrem Platz verschoben werden, die Liste wird praktisch neu erstellt.

Werden hingegen verkettete Listen als Kombination von Zeigerlisten und Parameterlisten verwendet, ergeben sich bedeutende Vorteile.

- Zeigerlisten beschreiben die Relationen zwischen den einzelnen Informationseinheiten im Sinne einer Verzeigerung auf den Nachfolger und eventuell mit zusätzlichem Rückverweis auf den Vorgänger bzw. auf das Oberelement (doppelte Verkettung). Sie zeigen gleichzeitig auf die benötigten Parameter (untergeordenete Informationseinheiten) zu ihrer eigenen Beschreibung.
- Parameterlisten nehmen die Parameter der übergeordneten Informationseinheit auf, wodurch diese näher beschrieben werden.

In dem in Bild 4.11 gezeigten Beispiel umfaßt die Zeigerliste alle beteiligten Geraden und gibt an, in welcher Reihenfolge die Geraden anzuordnen sind (letzte Spalte "Nachfolger"). Die beiden mittleren Spalten

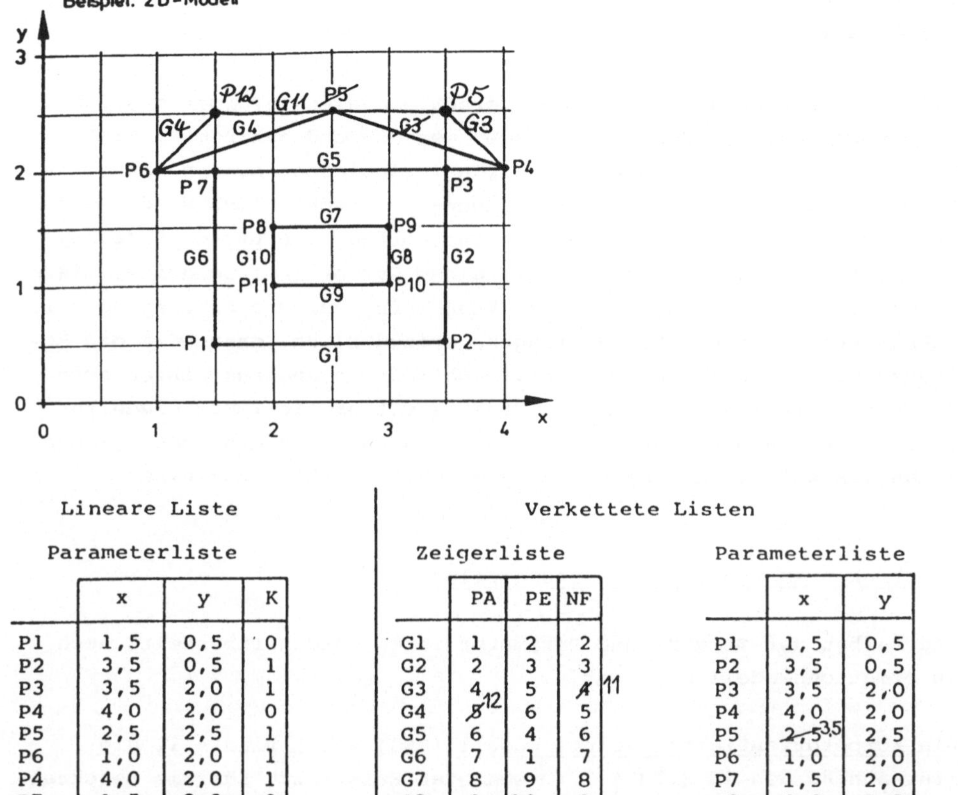

Lineare Liste

Parameterliste

	x	y	K
P1	1,5	0,5	0
P2	3,5	0,5	1
P3	3,5	2,0	1
P4	4,0	2,0	0
P5	2,5	2,5	1
P6	1,0	2,0	1
P4	4,0	2,0	1
P7	1,5	2,0	0
P1	1,5	0,5	1
P11	2,0	1,0	0
P10	3,0	1,0	1
P9	3,0	1,5	1
P8	2,0	1,5	1
P11	2,0	1,0	1

K:0≙Kein Strich; 1≙Strich

a)

Verkettete Listen

Zeigerliste

	PA	PE	NF
G1	1	2	2
G2	2	3	3
G3	4	5	~~4~~ 11
G4	~~5~~ 12	6	5
G5	6	4	6
G6	7	1	7
G7	8	9	8
G8	9	10	9
G9	10	11	10
G10	11	8	0
G11	5	12	4

„Geraden"

Parameterliste

	x	y
P1	1,5	0,5
P2	3,5	0,5
P3	3,5	2,0
P4	4,0	2,0
P5	~~2,5~~ 3,5	2,5
P6	1,0	2,0
P7	1,5	2,0
P8	2,0	1,5
P9	3,0	1,5
P10	3,0	1,0
P11	2,0	1,0
P12	1,5	2,5

„Punkte" b)

Bild 4.11 Darstellung eines Hauses in einer Ansicht (2D) mit a) linearer Liste, b) verketteter Liste. Änderung vom Spitzdach zum Walmdach hier handschriftlich markiert

geben an, welcher der Anfangs- und welcher der Endpunkt der jeweiligen Geraden ist. Die Parameter der Punkte (untergeordnete Informationseinheit) befinden sich in der Parameterliste. Dabei ist nun im Gegensatz zur linearen Liste jeder Punkt nur einmal definiert, es bestehen keine Redundanzen. Zur Änderung des Dachs in der erwähnten Weise wird in der Zeigerliste lediglich die neue Gerade 11 mit ihren Anfangs- und Endpunkten nachgetragen, die Reihenfolge angepaßt, in der Parameterliste der neue Punkt 12 nachgetragen und die nunmehr veränderten Koordinatenwerte des Punkts 5 korrigiert. Weitere Änderungen oder Verschiebungen sind nicht erforderlich.

Die einzelnen Listen können mit den verschiedensten Informationseinheiten belegt werden. CAD-Systeme mit z.B. geraden und gekrümmten Linien werden für diese beiden Linienarten auch verschiedene Listen haben, da die beteiligten Parameter zur Beschreibung unterschiedlich sind. Beim Anlegen dieser Listen muß häufig auch ihr Umfang, die Listenlänge, systemintern festgelegt werden. Wird in einem System in irgendeiner Liste ihre Listenlänge voll ausgenutzt, so kann keine weitere Eintragung erfolgen. Würde aber eine weitere Eintragung erforderlich, dann wäre die Modellgrenze des CAD-Systems erreicht, auch wenn in anderen Listen noch freier Speicherraum vorhanden ist. Objekte mit häufig immer wiederkehrenden gleichen Informationsmitteln können daher eher die Modellgrenze erreichen als solche, die eine mehr gemischte Struktur aufweisen.

4.3.3 Strukturen von Informationsmodellen

Art und Aufbau der Zeiger- und Parameterlisten werden ihrerseits auch vom Informationsmodell bestimmt.

Für ein körperorientiertes Volumenmodell (CSG) zeigt Bild 4.12 die Struktur anhand des in Bild 4.3 verwendeten Beispiels. Für die Beschreibung des komplexen Körpers genügen eine Körperliste mit den zugeordneten Informationen über Position und Lage sowie eine Parameterliste für Abmessungen. Durch Gruppenbildung sind die verschiedenen Parameter der Einzelkörper abgegrenzt. Die Verknüpfungsvorschrift ist in der Körperliste durch Typ und Nachfolger (NF) festgehalten und kann durch einen BOOLEschen Baum visualisiert werden.

Ein Linien-(Draht-)Modell (Wire frame model) benötigt eine andere Struktur: Da das Modell nur gerade und gekrümmte Linien und Punkte kennt, sind auch nur entsprechende Listen gebildet worden. Das Beispiel in Bild 4.13 kennt für gekrümmte Linien nur Kreise. Die Vorgänger- und Nachfolgereinträge regeln die Reihenfolge bei der Entstehung des Objektmodells. Die Lage der Punkte ergibt die Parameterliste.

In ähnlicher - nur weit komplexerer Weise - ist ein flächenorientiertes Volumenmodell (B-Rep) aufgebaut. Bild 4.14 zeigt die Struktur des hierarchischen Aufbaus, wobei das Informationsmittel Fläche die zentrale Informationsgröße ist. Darüber stehende Einheiten können gleichzeitig die einer Baustruktur sein, darunter liegende sind Informationsmittel zur

Körperorientiertes Volumenmodell (CSG)

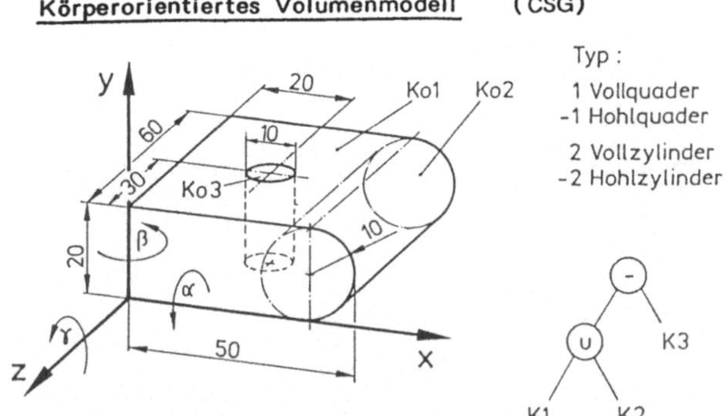

Typ :
1 Vollquader
-1 Hohlquader
2 Vollzylinder
-2 Hohlzylinder

(-)
(∪) K3
K1 K2

Körper - (Volumen) - Liste:

	Typ	PARZ	DX	DY	DZ	α	β	γ	NF	IRU
Ko 1	1	1	0	0	0	0	0	0	2	1
Ko 2	2	4	40	10	0	-90	0	0	3	1
Ko 3	-2	6	20	0	-30	0	0	0	nil	1

Position und Lage (DX, DY, DZ, α, β, γ)

Parameterliste:

	Parameter	
1	B = 40	Gruppe
2	H = 20	
3	T = 60	
4	D = 20	
5	H = 60	
6	D = 10	
7	H = 20	
8		
9		

PARZ	Zeiger auf Startzeile des Parameterblocks
DX,DY,DZ	Verschiebungen des Grundkörpers aus der Generierungslage in Koordinatenrichtung
α,β,γ	Winkel
NF	Nachfolger
IRU	Rückzeiger
nil	Ende der Verkettung

Bild 4.12 Speicherungsstruktur eines körperorientierten Volumenmodells (CSG)

Flächenbeschreibung. Verschiedene Flächenarten müssen definiert werden (Bild 4.15):

- Trägerflächen sind im Raum aufgespannte Flächen mit endlich oder unendlich großer Erstreckung (Surfaces), auf denen dann begrenzte Teilflächen (Faces) definiert werden können. Solche Trägerflächen dienen z.B. zur Bestimmung von Ebenen, in denen eine weitere Beschreibung statt-

Linienmodell

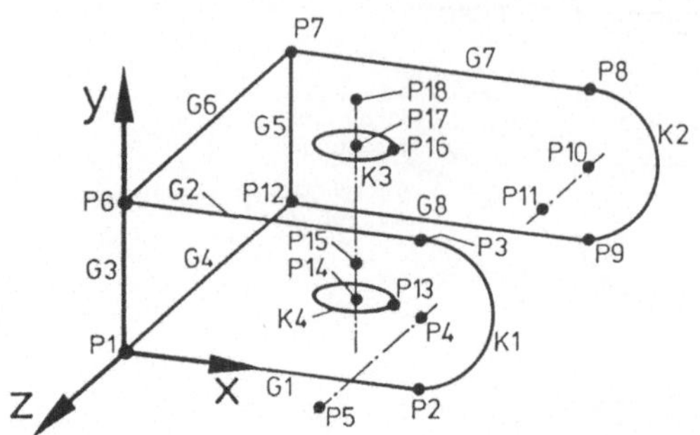

Zeigerliste: Gerade Linien

G	VG	IPA	IPE	NF
1	OBE	1	2	2001
2	2001	3	6	3
3	2	6	1	4
4	3	1	12	5
5	4	7	12	7
6	8	6	7	2003
7	5	7	8	2002
8	2002	9	12	6

Zeigerliste: Gekrümmte Linien (Nur Kreise)

K	VG	IPA	IPE	IPM	IPD	R	NF
2001	1	2	3	4	5	10	2
2002	7	9	8	10	11	10	8
2003	6	16	16	17	18	5	2004
2004	2003	13	13	14	15	5	nil

Parameterliste: Punkte

P	X	Y	Z
P1	0	0	0
P2	40	0	0
P3	40	20	0
P4	40	10	0
P5	40	10	50
P6	0	20	0
P7	0	20	-60
P8	40	20	-60
P9	40	0	-60
P10	40	10	-60
P11	40	10	-55
P12	0	0	-60
P13	25	0	-30
P14	20	0	-30
P15	20	5	-30
P16	25	20	-30
P17	20	20	-30
P18	20	25	-30

G Gerade

VG Zeiger auf Vorgänger

NF Zeiger auf Nachfolger

IPA Anfangspunkt

IPE Endpunkt

IPM Mittelpunkt

IPD Lage Achsenvektor

R Radius

P Punkt

Bild 4.13 Speicherungsstruktur für ein Linienmodell (Wire-frame)

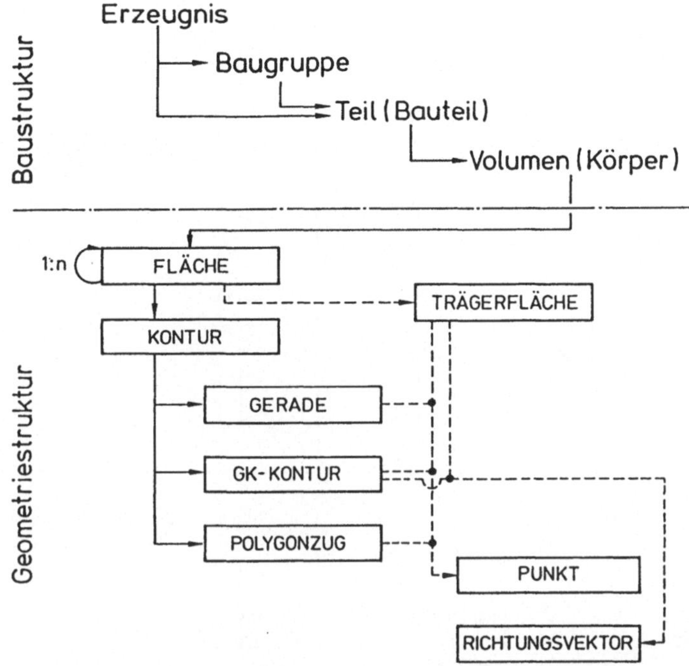

Bild 4.14 Hierarchisch geordnete Datenstruktur eines flächenorientierten Volumenmodells (B-Rep) des CAD-Systems IKA, TH Darmstadt. GK gekrümmte Kontur

finden soll, wie z.B. die Festlegung lokaler Koordinatensysteme, die Beschreibung von Schnittebenen oder von Einzelflächen an Objekten. Trägerflächen können in analoger Weise auch durch gekrümmte Flächen, z.B. Zylinder, gebildet werden.

- Objektflächen sind Einzelflächen des Körpers (Faces) und benötigen zur Beschreibung des von ihnen umschlossenen Volumens noch eine Materialkennung, damit dieses Volumen als Körper erkannt werden kann. Diese wird durch einen Normalenvektor an den Flächen erreicht, und je nach Materiallage ergeben sich gemäß Bild 4.15 ebene oder gekrümmte normale oder inverse Objektflächen. Subflächen sind weitere Flächen innerhalb einer schon definierten geschlossenen Flächenberandung.

Die Definition von Trägerflächen, die in der Regel größer sind als die eigentliche Einzelfläche am Objekt, bietet folgende Vorteile:

- Einzelflächen, die in einer Ebene liegen sollen, werden bezüglich ihrer Lage mit Hilfe der Trägerfläche eindeutig bestimmt.
- Verschneidungen lassen sich besser beherrschen, wenn die jeweiligen Trägerflächen statt der Einzelflächen zum Schnitt gebracht werden.

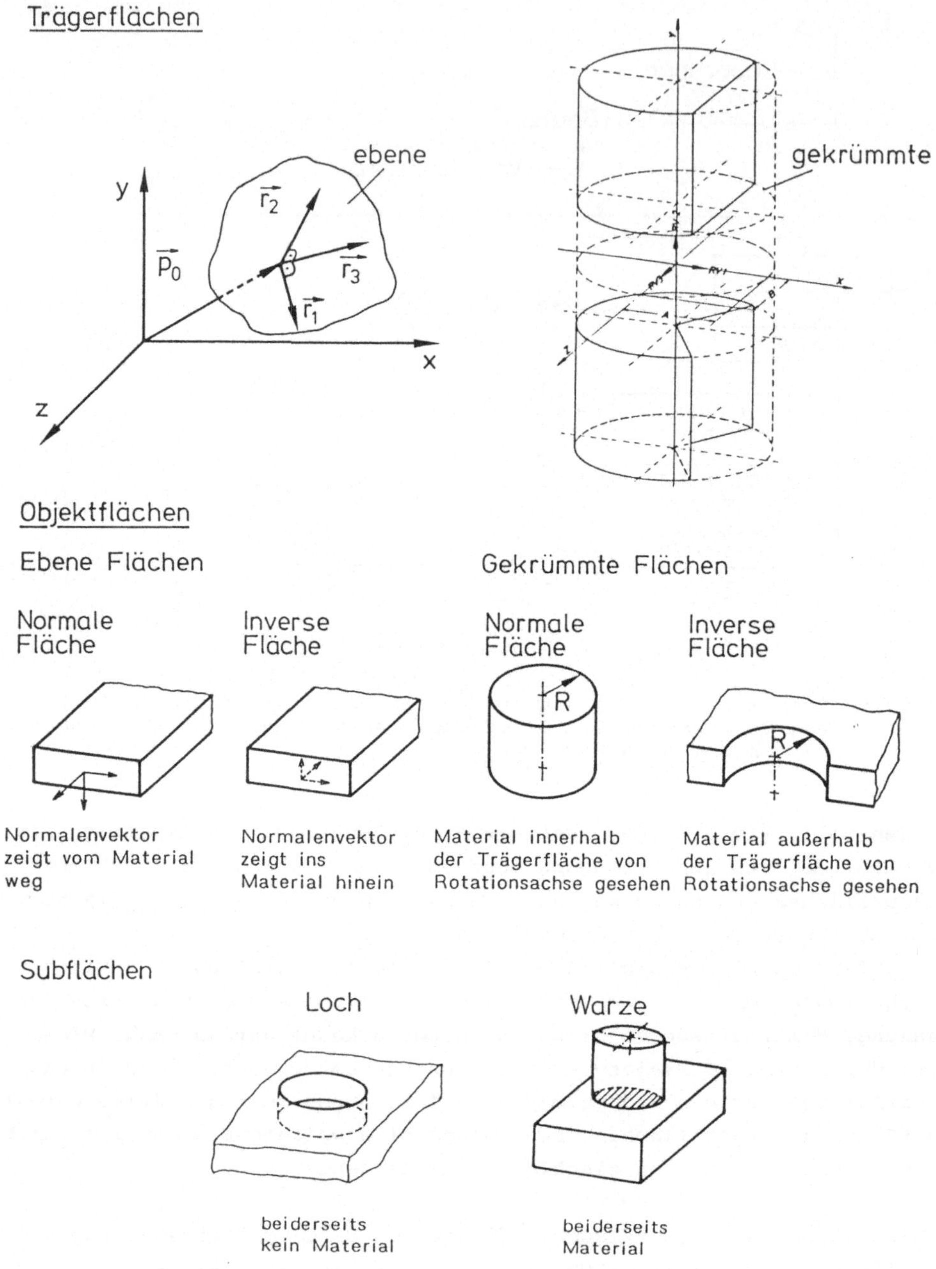

Trägerflächen

ebene

gekrümmte

Objektflächen

Ebene Flächen

Gekrümmte Flächen

Normale Fläche

Inverse Fläche

Normale Fläche

Inverse Fläche

Normalenvektor zeigt vom Material weg

Normalenvektor zeigt ins Material hinein

Material innerhalb der Trägerfläche von Rotationsachse gesehen

Material außerhalb der Trägerfläche von Rotationsachse gesehen

Subflächen

Loch

Warze

beiderseits kein Material

beiderseits Material

Bild 4.15 Definition der Flächen der nach Bild 4.14 beschriebenen Datenstruktur

In beiden Fällen werden nämlich numerische Genauigkeitsprobleme entschärft, die auftreten würden, wenn die beteiligten, begrenzten Objektflächen verwendet würden und dann sehr genau "passen" müßten.

Die Körper<u>konturen</u> in Form von <u>Kanten</u> werden durch gerade und gekrümmte Linien beschrieben, die ihrerseits durch Punkte begrenzt sind. Bild 4.16 zeigt den Listenaufbau der verketteten Struktur.

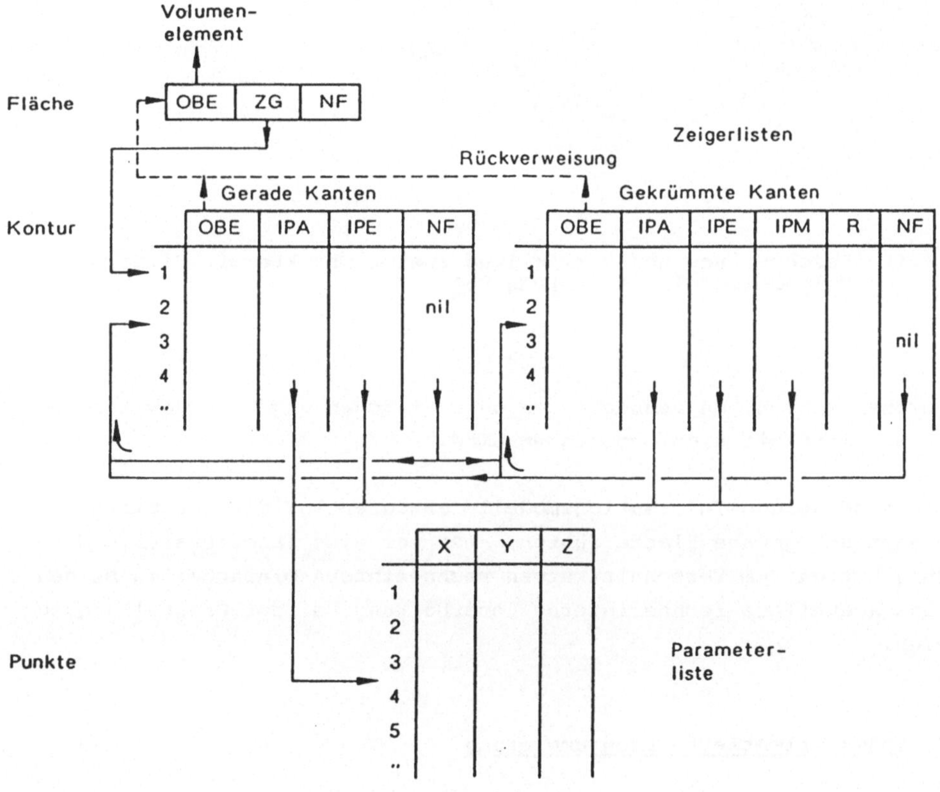

Bild 4.16 Speicherungsstruktur der nach Bild 4.14 beschriebenen Datenstruktur mit verkettteten Listen

Es gibt aber auch in diesem Zusammenhang Informationsmodelle, die auf gekrümmte Linien verzichten und diese durch Polygone annähern, wodurch sogenannte <u>Facetten</u>- oder <u>Polyedermodelle</u> [GRÄ 89, SEI 85] entstehen (Bild 4.17). Ihr innerer Aufbau wird dadurch einfacher, die gekrümmte Oberfläche ergibt sich nämlich nur aus einer bestimmtem Anzahl gerader Flächen. Dieser Umstand kann aber auch zu Einschränkungen im Modellie-

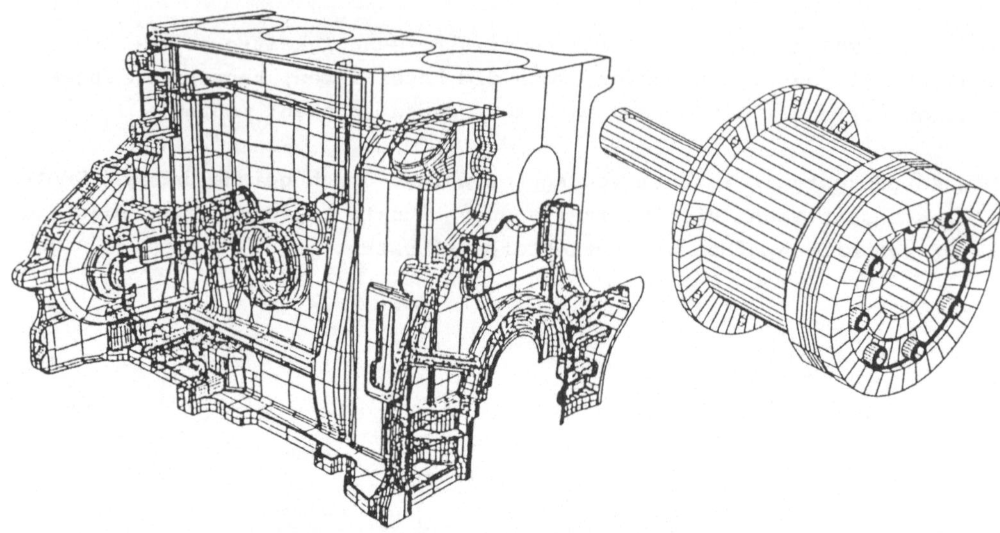

Bild 4.17 Beschreibung und Darstellung zweier Objekte mit Hilfe eines Polyedermodells nach [PAB 86]

rungsprozeß führen, da Pseudokanten oder -flächen angesprochen werden, die in Wirklichkeit nicht vorhanden sind.

Dagegen sind solche Informationsmodelle abzugrenzen, die rechnerintern die analytisch genaue Fläche führen, aber nur eine facettenartige Darstellung nutzen, um Verschnittkurven rechnerintern einfacher zu bilden und eine schnellere rechnerinterne Verarbeitung bei der Darstellung zu erzielen.

4.3.4 Objektorientierte Programmierung

Die zuvor beschriebenen Datenstrukturen ermöglichen es, die Informationselemente Fläche, Linie und Punkt in Listen abzulegen und ihre Relationen untereinander durch Folge- und Rückzeiger festzulegen. Durch weitere "Verzeigerung" kann auch auf Attribute und Bedingungen hingewiesen werden, womit diese Datenstrukturen aber schon recht komplex werden.

Durch Einführen neuer objektorientierter Programmiersprachen, wie z.B. C++ [STR 87], und durch schnellere, leistungfähigere Rechner ist es möglich, den Objekten bestimmte Eigenschaften oder Verhaltensregeln zuzuordnen. Erst wenn solche das Objekt betreffende Festlegungen getroffen sind, wird das jeweilige Informationselement zum verarbeitbaren Objekt.

So läßt sich z.B. einer bestimmten Linie die Eigenschaft zuordnen, daß sie stets zu einer anderen bestimmten Linie parallel bleiben möge. Ein weiteres Beispiel könnte sein, daß eine bestimmte Fläche sich nur längs einer bestimmten Kontur bewegen darf.

Diese einmal verliehenen Eigenschaften können untergeordneten Elementen "vererbt" werden, so daß entstehende Objektkomplexe ebenfalls entsprechende Eigenschaften aufweisen. Das jeweilige Objekt reagiert nur im Rahmen der ihm zugewiesenen Eigenschaften, womit ein bestimmtes "intelligentes" Verhalten erzeugt werden kann, welches mit Hilfe konventioneller Programmierung - wenn überhaupt - nur mit erheblich höherem Aufwand zu erzielen wäre. Das System I/EMS von INTERGRAPH nutzt solche Fähigkeiten.

Mit Hilfe der problemorientierten Programmiersprache LISP, die sich besonders für die Eingabe von Regeln und logischen Zusammenhängen eignet, lassen sich wissensbasierte Konstruktionssysteme entwickeln, die nicht den Endzustand beschreiben, sondern die Prozedur, wie man zu einem Endzustand unter gegebenen Bedingungen funktionaler oder räumlicher Art gelangt. Der Konstrukteur formuliert seine Absicht, die sich dann nicht nur auf geometrische Zusammenhänge beschränken muß. Mit diesem Vorgehen und unter Verwendung bestimmter zu erlernender Anweisungen entsteht ein Programm zur Erzeugung des Objekts, das im Bedarfsfall mit entsprechend eingegebenen Parametern genutzt wird. Damit ist die Erzeugung von Varianten in hervorragender Weise möglich, wobei die Erzeugungsprozedur immer wieder erneut durchlaufen wird.

Das System ICAD [BRE 88] ist auf dieser Basis aufgebaut und bietet Vorteile auf konzeptioneller Ebene und solange nicht in die geometrische Feingestaltung eingedrungen werden muß. Bei geometrischer Feingestaltung ist die Programmierung im Detail aufwendig. Es ist dann vorteilhaft, auf schon in konventionellen CAD-Systemen erstellte Komplexe zurückzugreifen und diese in das wissensbasierte System durch entsprechenden Aufruf einzufügen.

Wenn diese Systeme hinsichtlich der Gestaltungsmöglichkeiten noch vielfache Grenzen aufweisen, so ist ihr grundsätzlich anderer Ansatz in der Datenstruktur doch wegweisend. Sie werden in Zukunft CAD-Systeme merklich erweitern oder verändern.

4.4 Beschreibung von Flächen

4.4.1 Vektorielle Beschreibung und Basisoperationen

Da der Schwerpunkt des Buches auf der konstruktiven Anwendung liegt und nicht in der Beschreibung rechnerinterner graphischer Operationen, die der Benutzer bei der Anwendung nicht verfolgt, wird das Gebiet nur soweit behandelt, um ein gewisses Grundverständnis zu vermitteln. Für Interessenten, die sich in diesem Gebiet vertiefen wollen, wird auf die einschlägige Literatur verwiesen [ENS 86, GRÄ 89, SPK 84].

Wie vorher gezeigt, hat das flächenorientierte Volumenmodell für den Konstruktionsvorgang eine herausragende Bedeutung. Bei diesem Volumenmodell ist das zentrale Informationsmittel die Fläche. Eine Fläche wird ihrerseits durch Linien berandet, die wiederum durch Punkte begrenzt sind. Ein Punkt als Bestandteil einer Fläche kann durch einen Ortsvektor ausgehend vom Ursprungspunkt des systemeigenen Koordinatensystems beschrieben werden (Bild 4.18; dort Koordinatensystem x, y, z). Ein solches Koordinatensystem ist in der Regel das Weltkoordinatensystem (vgl. Abschn. 5.3.1).

Die vektorielle Beschreibung gestattet nun die relativ einfache Manipulation von Punkten, die hier als <u>elementare Basisoperationen</u> betrachtet werden können:

- Translation: Verschieben,
- Rotation: Drehen um eine Koordinatenachse oder um eine beliebige Raumachse,
- Skalierung: Vergrößern oder verkleinern, d.h. Maßstabsänderung,
- Projektion: 3D in 2D wandeln, d.h. Ansichten erzeugen.

Eine Vektoraddition zweier Punktvektoren kann sowohl als Translation als auch als Streckenbeschreibung von A nach B genutzt werden, eine Subtraktion als solche von B nach A (Bild 4.18). Die Skalierung ist lediglich eine Änderung durch einen Faktor und kann geometrisch ähnlich oder halbähnlich vorgenommen werden. Die Rotation ist schon aufwendiger (Bild 4.19), aber mit Hilfe von Matrizen noch gut überschaubar.

Eine Kombination von Translation und Rotation ergibt sich häufig beim Plazieren von Körpern im Raum. Jede beliebige Lage im Raum läßt sich - mindestens theoretisch - durch eine Translation und zwei Rotationen erreichen. Dabei ist es für die Beträge der Translations- und Rotations-

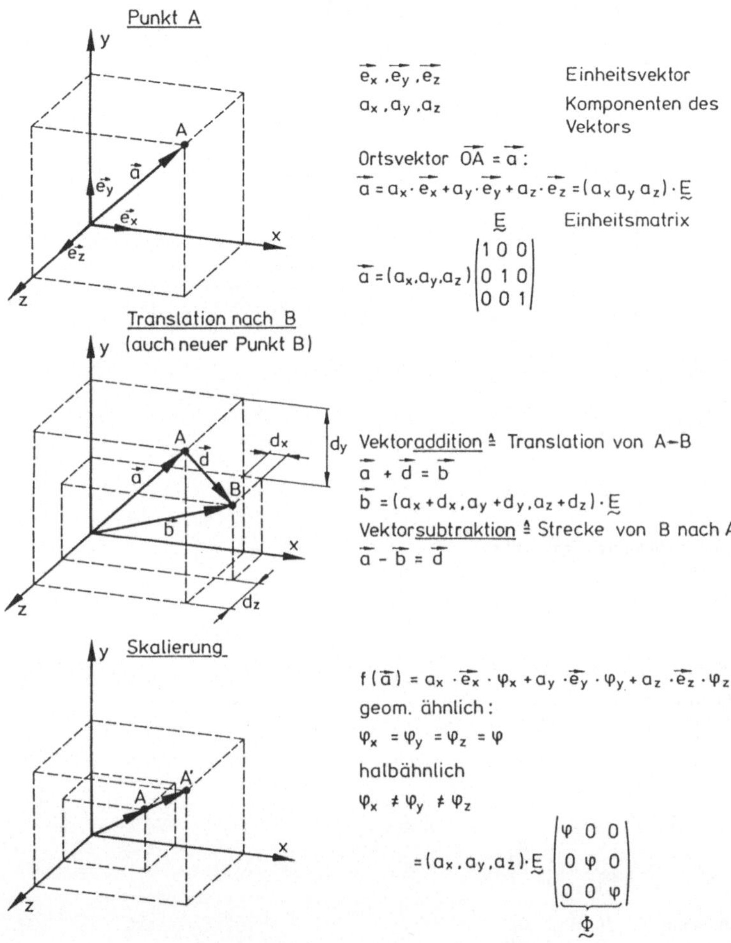

Bild 4.18 Beschreibung von Punkten und Linien im Raum mit Hilfe von Vektoren

vektoren nicht gleichgültig, in welcher Reihenfolge die Operationen vorgenommen werden. Bild 4.20 verdeutlicht diesen Umstand. Bei gleichem Transformationsziel müssen andere Beträge gewählt werden, je nach dem, ob mit der Rotation oder mit der Translation begonnen wurde. Deshalb muß bei Anwendung natürlicher Koordinaten die Reihenfolge aus Rotationen und Translationen beachtet und entsprechend nacheinander ausgeführt werden. Bei homogenen Koordinaten können sämtliche Transformationen zu einer resultierenden Transformation zusammengefaßt werden, ohne das Ergebnis zu verfälschen.

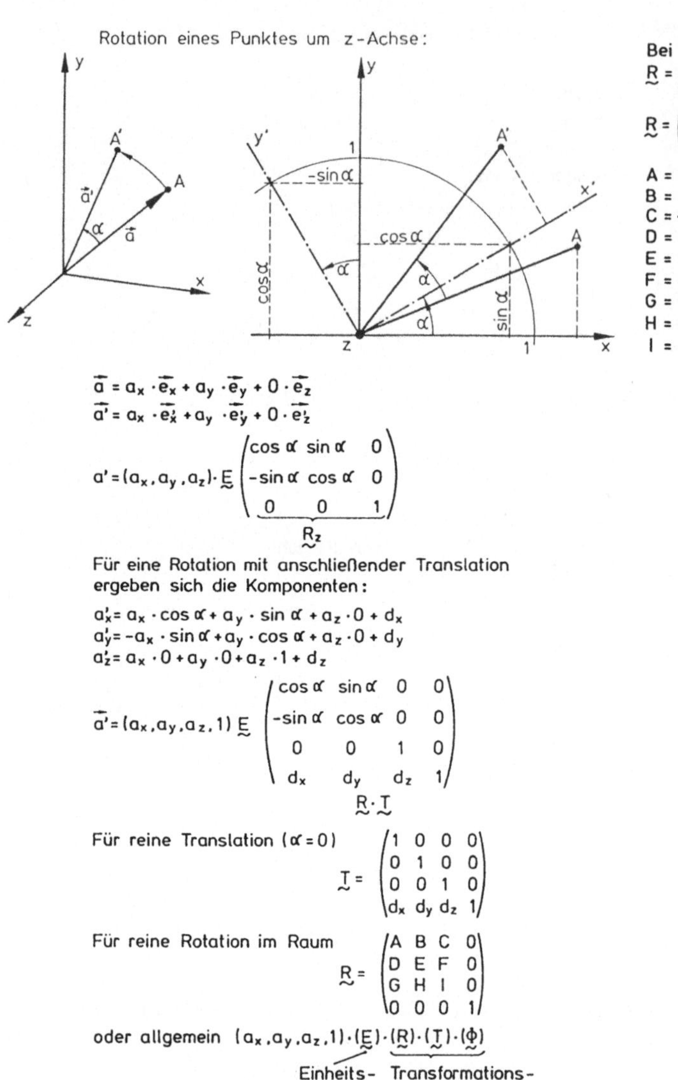

Bild 4.19 Rotation von Punkten und Linien mit Hilfe von Vektoren und zugehörige Transformationsmatrix

4.4.2 Analytisch beschreibbare Flächen

Nach Bild 4.21 läßt sich mit Hilfe von definierten Vektoren durch drei Punkte eine Fläche im Raum aufspannen. Ein in dieser Fläche liegender Punkt kann dann allein durch Verändern der Koeffizienten der betreffenden Vektoren manipuliert werden. Analytisch beschreibbare Flächen, z.B. solche von Zylindern, Kegeln, Kugeln, Ellipsoiden, lassen sich vektori-

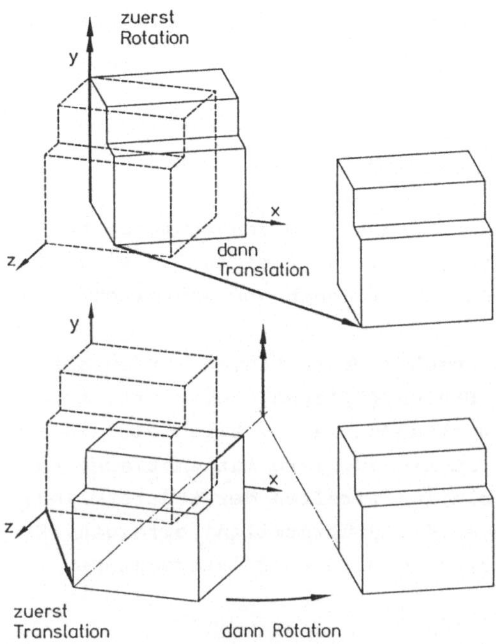

Bild 4.20 Gleiches Transformationsziel, aber unterschiedliche Reihenfolge von Translation und Rotation: Unterschiedliche Beträge und Lage bzw. Richtung der Transformationsvektoren

Ebene Fläche im Raum

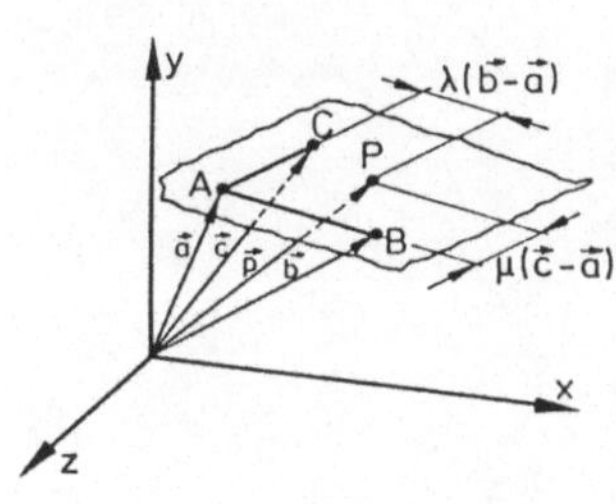

3 Punkte A,B,C bestimmen die Lage der Fläche im Raum

Ortsvektoren a,b,c

Ein in dieser Fläche liegender Punkt p

$\vec{p} = \vec{a} + \lambda(\vec{b} - \vec{a}) + \mu(\vec{c} - \vec{a})$

Bleibt man in dieser Fläche, so muß nur λ und μ manipuliert werden:

$p_1 = \vec{a} + \lambda_1(\vec{b} - \vec{a}) + \mu_1(\vec{c} - \vec{a})$

$p_2 = \vec{a} + \lambda_2(\vec{b} - \vec{a}) + \mu_2(\vec{c} - \vec{a})$

Zylinderfläche im Raum

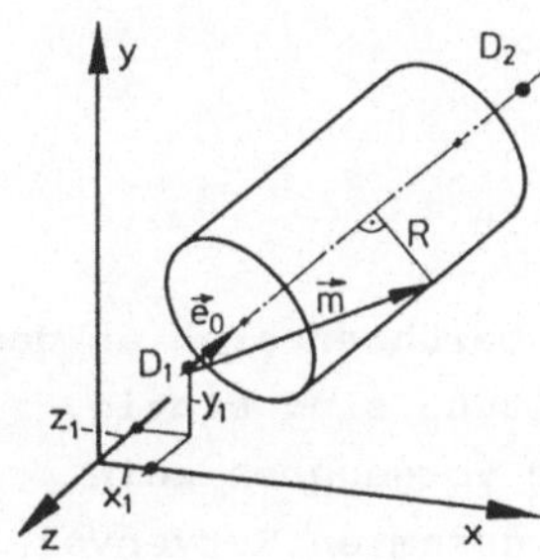

Drehachse ist durch Punkt D_1 und Rotationsachsenvektor $\vec{e_0}$ definiert

- $\vec{D_2} = \vec{D_1} + x \cdot \vec{e_0}$
- Zylinderradius R
- Zylinderfläche

$\vec{m}^2 - (\vec{m} \cdot \vec{e_0})^2 = R^2$

$|\vec{e_0}| = 1$

Bild 4.21 Beschreibung von Flächen im Raum

ell oder als kanonische Gleichung für die verschiedenen Oberflächenformen einbringen.

4.4.3 Nicht analytisch beschreibbare Flächen

Neben analytisch beschreibbaren Flächen kommen beim Konstruieren häufig auch nicht analytisch beschreibbare vor, z.B. von Freihandlinien abgeleitete Flächen, Strömungsprofilformen, Oberflächen von Gußteilen.

Freihandkurven oder nicht analytisch beschreibbare Linien werden als durch Stützstellen (-punkte) gelegte Linien (Splines) definiert, so als wenn sie mit Hilfe einer Straklatte entstanden wären. Beispiele sind im Schiff-, Flugzeug- und Karosseriebau zu finden. Ihre mathematische Beschreibung kann mit Hilfe von Interpolation (Treffen der Stützstellen) oder durch Approximation (Annäherung an die Stützstellen) erfolgen. Es wird nach [ENS 86, SPK 84] und entsprechend Bild 4.22 unterschieden in

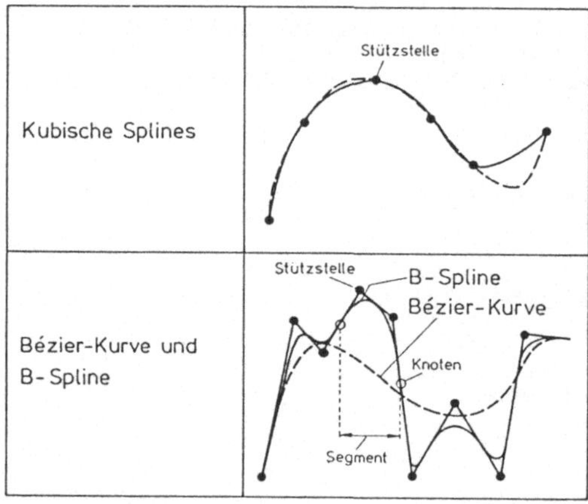

Bild 4.22 Freihandkurven (Splines)

Kubische Splines
- Polynome 3.Grades durch die Stützstellen.
- Die einzelnen Segmente zwischen den Stützstellen berühren sich an den Stützstellen ohne Knick, d.h. die 1. und 2. Ableitung sind stetig.
- An den Randpunkten müssen die 1. und 2. Ableitung vorgegeben sein.
- Das Verschieben einer Stützstelle beeinflußt den gesamten Kurvenverlauf.

Bezier-Kurven

- Sie stellen eine Approximation an ein Polygon dar, das durch die Stützstellen geht.
- Der Polynomgrad ist gleich der Anzahl der Polygonseiten.
- Die Eckpunkte des Polygons liegen mit Ausnahme der Anfangs- und Endpunkte nicht auf der erzeugten Kurve.
- Das Anfangs- bzw. Endsegment des Polygons stellt die Tangente an die Kurve am Anfang bzw. am Ende dar.

B(asis)-Splines

- Die Kurve wird aus einzelnen Segmenten gebildet.
- Jedes Segment wird durch eine Anzahl k Stützstellen unterteilt. Für dieses Segment ist der Polynomgrad k - 1.
- Jedes Kurvensegment liegt innerhalb der konkaven Hülle der Stützstellen.
- Bei Änderung der Stützstelle ändert sich nur das entsprechende Segment.
- Gerade Kurvenstücke sind möglich.

Aus den vorgenannten Kurven können im Raum angeordnete Flächen beschrieben werden, wie Bild 4.23 zeigt, das eine aus Bezier-Kurven gebildete Fläche wiedergibt.

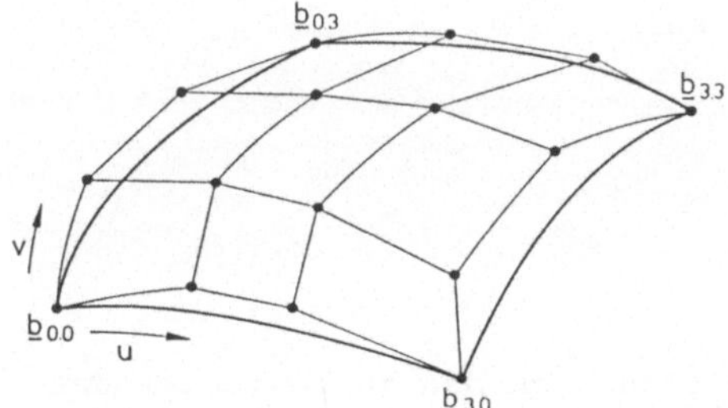

Bild 4.23 Eine aus Bezier-Kurven gebildete Fläche

Besonders vorteilhaft sind Non-Uniform-Rational-B-Splines (NURBS). Bei ihnen ist der Knotenabstand (Knoten = Stelle des Anfangs bzw. Endes eines Segments) gemessen als Parameterwert nicht gleich, sondern variabel. So können Knoten stellenweise ein- oder aneinandergefügt werden. Dadurch kann eine lokale Veränderung bis hin zu einer scharfen Ecke erreicht werden. Weiterhin erlaubt eine Gewichtung der Stützstellen eine nähere oder entferntere Anpassung des Kurvenverlaufs. Schließlich ist es möglich, mit Hilfe von rationalen B-Splines auch Kreise, Ellipsen und Hyperbeln exakt darzustellen und Kegelschnitte einheitlich zu behandeln

[EGS 88]. Angesichts dieser Vorteile nutzt z.B. das CAD-System I/EMS von INTERGRAPH durchgängig NURBS zur Geometriebeschreibung aller Elemente.

Bild 4.24 zeigt eine sogenannte Regelfläche. Bei ihr wird eine Gerade an einer oder zwei Raumkurven geführt. Die Verbindung zwischen Anfang und Ende einer solchen Fläche ist also immer gerade.

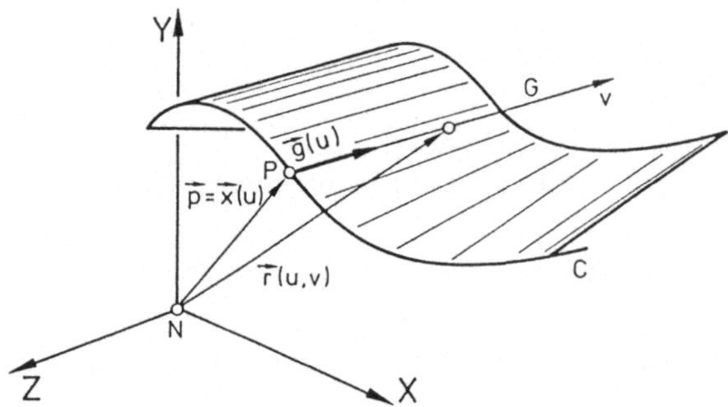

Bild 4.24 Regelfläche

Schließlich ist eine Äquidistante (offset curve, offset surface) eine Linie oder Fläche mit stets gleichbleibendem Normalenabstand zu einer anderen. Eine solche Definition ist sehr zweckmäßig, um z.B. Blechteile mit nur wenig Aufwand beschreiben zu können.

4.5 Auswahl geeigneter Informationsmodelle

Art und Umfang eines CAD-Systems richten sich nach den zu bearbeitenden Objekten und Produktarten. So kann bei Rotationsteilen ein 2D-Modell ausreichend sein, wenn zusätzliche Algorithmen für weitere Fähigkeiten, z.B. Gewichtsermittlung, sorgen. Sind allein räumliche Oberflächeninformationen zu verarbeiten oder lediglich räumliche Blechteile mit konstanter Wanddicke zu konstruieren, kann ein 3D-Flächenmodell genügen. Liegen komplexere Teile, z.B. Frästeile, vor oder sollen bei Guß- oder Kunststoffteilen Druck- bzw. Spritzgußformen abgeleitet werden oder sind aus räumlichen Flächeninformationen anschließend konturgerechte Geräte mit räumlicher Erstreckung zu entwickeln oder werden Berechnungen nach der Methode der Finititen Elemente beabsichtigt oder Massen- bzw. Massenträgheitsberechnungen verlangt, so wird ein flächenorientiertes Volumenmodell notwendig sein.

Betrachtet man die Informationsmodelle angebotener CAD-Systeme, so ist festzustellen, daß sie häufig aus bestimmten Anwendungsbereichen heraus entwickelt worden sind und daher mehr oder weniger daraus resultierende spezifische Eigenschaften haben. Bei ihrer Weiterentwicklung erreichten sie dann eine höhere allgemeine Anwendbarkeit, indem ihre Entwickler den Umfang der angebotenen Funktionen erweiterten und auch versuchten, die Nachteile einzelner ursprünglich gewählter Informationsmodelle auszugleichen. So sind aus ihrer Entstehung bestimmte Eigenarten zu erklären. Einige Beispiele mögen dies verdeutlichen:

Das CAD-System CATIA gestattet in seinem Funktionsbereich SOLID, das primär auf einem flächenorientierten Volumenmodell (B-Rep) mit facettierten Oberflächen gründet und an sich alle Kanten- und Flächenmanipulationen ermöglichen könnte, nur die BOOLEschen Verknüpfungen wie bei CSG-Modellen und führt den BOOLEschen Verknüpfungsbaum (vgl. Abschn. 5.2.1) entsprechend mit. Man kann hier deshalb von einem B-Rep-Hybrid sprechen.

Das CAD-System MATRA-EUCLID beruht auf einem körperorientierten Volumenmodell (CSG). Die Benutzerschnittstelle läßt aber wegen der mitgeführten sekundären B-Rep-Struktur Zugriffe auf Punkte, Kanten und Flächen der Darstellungsdatenbasis zu. Diese Möglichkeit wird im wesentlichen nur zur Positionierung, Lokalisierung und Weiterverarbeitung zwecks Bildung von Verschnittkurven zwischen Flächen sowie für Sweep-Operationen genutzt, ohne die sonst typischen Flächenmanipulationen bei B-Rep-Modellen zu gestatten. So kann man dieses System als CSG-Hybrid einordnen.

In diesem Buch wird das Forschungs-CAD-System IKA (Interaktiver Konstruktionsarbeitsplatz) an einigen Stellen zitiert. Dieses System beschränkt sich im Gegensatz zu den meisten anderen CAD-Systemen nur auf analytisch beschreibbare Flächen, weil es bei seiner Entwicklung auf konstruktionsgerechte Generierungs- und Änderungsfunktionen bei B-Rep-Modellen ankam und im Rahmen einer Hochschulforschung eine Erweiterung aus Kapazitätsgründen unmöglich war.

Manche CAD-Systeme weisen nur eine facettenartige Beschreibung der Oberflächen (Polyedermodelle) auf. Zu ihrer Beurteilung muß unterschieden werden, ob schon das Informationsmodell nur in der Lage ist, die gekrümmten Flächen durch gerade Abschnitte zu beschreiben, oder ob bei korrekter rechnerinterner Beschreibung aus Gründen der einfacheren Bildung von Verschnittkurven oder wegen schnellerer rechnerinterner Verarbeitung die Facetten lediglich für die Darstellung gebildet werden.

Im ersteren Fall kann eine sinnvolle Informationsverarbeitung insbesondere hinsichtlich der CNC-Fertigung, z.B. Fräsen von Oberflächen, nicht ohne weiteres gegeben sein. Im zweiten Fall leidet die Verständlichkeit der Darstellung, weil der Benutzer unsicher ist, ob es sich um gewollte Polyederflächen handelt (z.B. Sechskant- oder Achtkantflächen bei grober Auflösung) oder um eine angenäherte Kreisfläche. Andererseits können die Pseudokanten einer facettenartigen Darstellung besonders bei feiner Auflösung das Bild so überladen, daß es unverständlich wird. Je nach Anwendungszweck ist zu prüfen, ob diese Pseudokanten nicht überhaupt vermieden werden sollten.

Der Benutzer von CAD-Systemen muß also angesichts seiner vorliegenden speziellen Aufgaben sorgfältig prüfen, welches System seinen Anforderungen am besten entsprechen kann.

Im Zusammenhang mit CIM ist die Auswahl des geeigneten Informationsmodells eines CAD-Systems von wesentlicher Bedeutung:

Eine wichtige Forderung für alle Modelle ist die strenge Trennung der Datenbasis des Objekts vom Methodenbereich (Modellierer, Berechner, Informierer), Kommunikations- und Darstellungsbereich, damit auch außerhalb des Konstruktionsbereichs die Objektdaten von anderen Tätigkeitsbereichen genutzt werden können (vgl. Kap. 3).

Das Informationsmodell und damit das rechnerinterne Modell muß über alle Informationsmittel verfügen, die im Laufe des Produktionsprozesses genutzt werden sollen, damit alle Informationen homogen verarbeitet werden können. Anderenfalls sind erneute Eingaben über zusätzliche Dialoge und ergänzende Hilfsprogramme nötig (vgl. Kap. 4).

Das rechnerinterne Modell und seine Algorithmen müssen die Voraussetzungen zum benutzerfreundlichen Ändern und Anpassen des Objektmodells bieten, wobei gleichzeitig Konsistenz und Integrität des Objektmodells von sich aus sichergestellt werden muß (vgl. Kap. 5).

Ein 3D-CAD-System muß auf- und abwärtskompatibel sein, d.h. es muß problemlos möglich sein, zwischen einzelnen Funktionsbereichen, z.B. zwischen 2D und 3D, zwischen Volumen-, Flächen- und Linien-(Draht)modell, während der konstruktiven Arbeit je nach Erfordernis wechseln zu können (vgl. auch Bild 4.3).

Grundsätzlich werden Bilder und Zeichnungen vom Objektmodell für den jeweiligen Zweck abgeleitet. Sie sind nicht wie in einem 2D-Zeichnungssystem originäre Ausgangsbasis (vgl. Kap. 7).

Das CAD-System muß die Einbindung von Norm- und Wiederholteilen, bzw. Wiederholzonen in Form von parametrierbaren Makros gestatten, die auf den gleichen Informationsmitteln aufgebaut sind, wie die originär generierte Geometrie. Gestaltmakros auf der Basis von 2D-Modellen nützen in einem 3D-System nur sehr wenig (vgl. Kap. 8).

5 Modelliertechnik

5.1 Modellierfunktionen

Ziel des CAD-Einsatzes ist es, ein vollständiges rechnerinternes Modell, nämlich das Objekt-Modell der zu entwickelnden Teile, Baugruppen oder Erzeugnisse, zu gewinnen. Das Objektmodell wird auch als Produktmodell bezeichnet. Aus ihm werden dann alle Informationen für den nachgeschalteten Produktionsprozeß gewonnen oder verträglich hinzugefügt.

5.1.1 Geometrische Modellierung

In einem 3D-CAD-System werden durch unterschiedliche Informationsmittel verschiedene Informationsmodelle gebildet (vgl. Kap. 4.2), wobei nur ein 3D-Volumenmodell in der Lage ist, ein Volumen vollständig und korrekt zu beschreiben. Linien-(Draht-) oder Flächenmodelle vermögen eine solche Beschreibung nur hilfsweise oder unvollständig vorzunehmen.

Das flächenorientierte Volumenmodell (B-Rep) ist besonders geeignet, allen Forderungen nach

- Integrität: Vollständigkeit des Modells,
- Konsistenz: Widerspruchsfreiheit im Modell,
- Flexibilität: einfache Änder- und Anpaßbarkeit bei geringem Generierungsaufwand und
- Kompatibilität: aufsteigende und absteigende Nutzung verschiedener Informationsmodelle (Linien- bis Volumenmodell)

zu entsprechen.

Den nachfolgenden Ausführungen wird ein solches Informationsmodell zu Grunde gelegt. Modelle mit anderen oder geringeren Informationsmitteln (z.B. körperorientiertes Volumenmodell CSG, CSG-Hybride bzw. Linien- oder Flächenmodelle) lassen im Vergleich nur eingeschränkte Fähigkeiten zu. Es sind dann in der Anwendung entsprechende Beschränkungen oder Umwege in Kauf zu nehmen.

Wird ein 3D-Volumenmodell genutzt, ergeben sich folgende Modellierfunktionen, die als gewollte Fähigkeit in einem CAD-System zur Verfügung stehen und die dann als Operationen genutzt werden:

Grundfunktionen zum Erzeugen der Gestalt:
- Generieren (Erzeugen),
- Positionieren,
- Ändern,
- Löschen,
- Mengentheoretische Verknüpfung (BOOLEsche Operationen wie Vereinigen, Trennen u.a.).

Manipulationsfunktionen bei Erhalt der betreffenden Gestalt zwecks Weiterbearbeitung oder Vervollständigung des Objektmodells:
- Spiegeln,
- Verschieben und/oder Verdrehen,
- Anordnen im Rechteck oder im Kreis.

Die beiden zuerst genannten Manipulationsfunktionen können mit oder ohne Vervielfältigen vorgenommen werden, während die letztere unter gleichzeitigem Vervielfältigen dienlich ist.

Die vorgenannten Funktionen werden durch den geometrischen Modellierer wahrgenommem und dem geometrischen Partialmodell hinzugefügt. In diesem Bereich wird eine Geometriestruktur (vgl. Bild 4.14) aufgebaut. So wird z.B. eine beabsichtigte Bohrung als Hohlzylinder, eine Fase an einer Welle als Kegelstumpf beschrieben.

Bei der Anwendung der angeführten Modellierfunktionen sind grundsätzlich Kommunikationsfunktionen wie "Kommando eingeben" und "Identifizieren" (vgl. Kap. 6) erforderlich.

5.1.2 Technische Modellierung

Für die Beschreibung eines technischen Produkts ist die geometrische Modellierung allein nicht ausreichend, da neben der Beschreibung der Geometrie auch noch technische Eigenschaften und Zusammenhänge festgelegt werden müssen. Sie werden unter Bezug auf die erstellte Geometrie festgelegt und haben vielfach Rückwirkungen auf die Geometrie. Im allgemeinen werden die technischen Aspekte durch nachstehende Elemente oder Komplexe (auch als Feature bezeichnet) näher beschrieben:

Formelemente, wie z.B. Fasen, Rundungen, Nuten, Sacklöcher, die die Geometrie des Objektmodells mindestens hinsichtlich der Feingestalt beeinflussen und häufig gleichzeitig auch noch fertigungsabhängig oder -bedingt sind (vgl. Abschn. 5.4.3).

Wirkelemente, wie z.B. Gewinde, Keilwellenprofile, Verzahnungen, sind in der Regel bezüglich Nennmaß und Einzelausprägung genormt und können einer bestimmten Fläche des Objektmodells zugeordnet werden. Sie beeinflussen lediglich bestimmte Abmessungen der Grobgestalt, z.B. den Außendurchmesser, brauchen aber sonst im einzelnen nicht generiert zu werden. Bei ihnen kommt man mit einer Kennung der entsprechenden Oberfläche aus. Zu ihrer Darstellung dienen dann lediglich Symbole, die ganz bestimmte Gestaltformen für die Fertigung festlegen.

Wirkkomplexe, wie z.B. Schrauben- oder Sicherungsringverbindungen, die in der Regel aus Normteilen, Form- und Wirkelementen und Zonen der Objektgeometrie bestehen und in ihrer Paarung einen wirkungsmäßigen Zusammenhang bilden. Ihre Modellierung (Generierung und Änderung) im einzelnen wäre viel zu aufwendig und möglicherweise dann auch fehlerhaft, so daß ihre geschlossene Behandlung erforderlich ist (vgl. Abschn. 5.4.4).

Norm- und Wiederholteile werden in der Regel als Makros zur Verfügung gestellt und nicht erneut generiert. Ihre Beschreibung in einem Objektmodell ist nur insoweit erforderlich, wie der Konstrukteur funktionelle Eigenschaften und die wahren Hauptabmessungen erkennen kann (vgl. Kap. 8).

Daneben sind aber noch nichtgeometrische Informationen in ein Objektmodell einzubringen, die betreffenden Flächen zugeordnet werden können:

- Maß-, Form- und Lagetoleranzen,
- Passungen,
- Oberflächenrauheit und
- Oberflächenbehandlung, wie Härten, Verchromen, Lackieren.

Diese werden meist als Attribute den einzelnen Flächen zugeordnet und sind aus entsprechenden, rückverzeigerten Listen abrufbar [NIN 87].

Der technisch-orientierte Zusammenhang wird durch den technischen Modellierer beschrieben und im technischen Partialmodell abgelegt.

5.1.3 Baustruktur-orientierte Modellierung

Weiterhin betreffen nichtgeometrische Informationen auch noch

- die Baustruktur als Zusammenhang zwischen Teilen, Baugruppen und Erzeugnis (vgl. Kap. 9),
- eine automatische Stücklistenerstellung während des Konstruktionsprozesses und
- Fertigungs- und Montageanweisungen.

Bild 5.1 zeigt, daß je nach Situation ein Zugriff auf die Modellierfunktionen über den baustruktur-orientierten Modellierer (baustrukturverändernde Maßnahmen), über den technisch-orientierten oder direkt über den geometrisch-orientierten Modellierer erfolgen kann oder muß [FAH 89].

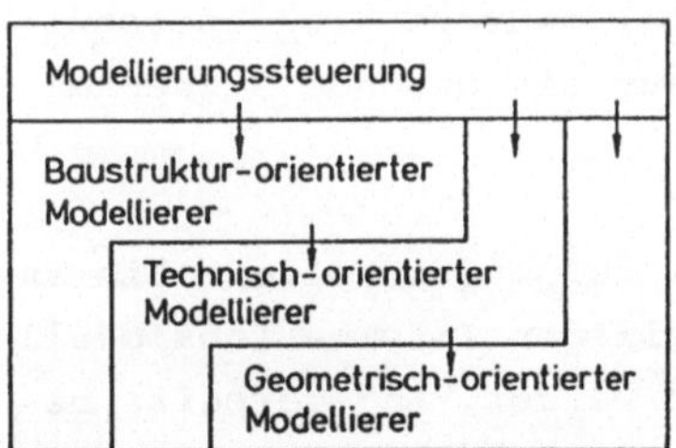

Bild 5.1 Zugriffsmöglichkeiten zu den Modellierbausteinen. System IKA

Der jeweilige Modellierer verändert das betreffende Partialmodell, wobei das entsprechend übergeordnete Partialmodell bestimmt, was für das nachfolgende zulässig oder notwendig ist (vgl. Abschn. 5.4.3 und 5.4.4 sowie Kap. 9).

Während in derzeitigen CAD-Systemen die geometrischen Modellierungsfähigkeiten schon recht weit fortgeschritten sind, lassen die technischen und baustrukturellen Modellierungsmöglichkeiten vielfach noch zu wünschen übrig. Dies ist einer der Gründe, weswegen 3D-Modellierungen noch keine sehr breite Anwendung gefunden haben und der Konstrukteur deshalb in der Vermittlung seiner Absichten noch auf die Zeichnung angewiesen ist. Es ist aber damit zu rechnen, daß entsprechende Fähigkeiten sich relativ rasch entwickeln und auch marktfähig angeboten werden. Neue weg-

weisende Ansätze ergeben sich auch durch die objektorientierte Programmierung (vgl. Abschn. 4.3.4).

Nachfolgend wenden wir uns zunächst der geometrischen Modellierung zu, die im rechnergestützten Konstruktionsprozeß im ersten Schritt die Grobgestalt erstellt.

5.2 Generieren der Grobgestalt

Unter Generieren wird das Erzeugen der Geometrie verstanden. Diese Geometrie beschreibt in erster Linie ein Volumen, das aber durch entsprechende Materialkennung (vgl. Abschn. 4.4.3) zum Körper erhoben wird. Der oder die Körper können dann im Sinne der Erzeugnis- oder Baustruktur ein Teil bilden. Mehrere Teile ergeben eine Baugruppe, mehrere Baugruppen ein Erzeugnis.

Bei Nutzung eines flächenorientierten Volumenmodells sind unter Rückgriff auf die dort vorhandenen Informationsmittel mehrere Arbeitstechniken gleichermaßen anwendbar, die dem Konstrukteur ein besonders zweckmäßiges und flexibles Vorgehen ermöglichen.

Es ist zwischen einer 2D- und 3D-Arbeitstechnik zu unterscheiden. Die angewandte Arbeitstechnik darf nicht mit dem jeweiligen Informationsmodell nach Abschn. 4.2 gleichgesetzt oder verwechselt werden. Andererseits bestimmt aber das Informationsmodell den Umfang und die Möglichkeiten von Arbeitstechniken.

- Bei der 2D-Arbeitstechnik arbeitet der Konstrukteur unabhängig vom jeweiligen Informationsmodell nur in einer Ebene und zieht nur die dort jeweils gegebenen zwei Koordinaten in Betracht. Dazu werden orthogonale Projektionen in Form von Ansichten und/oder Schnitten genutzt, so wie er es von der konventionellen Arbeit am Reißbrett her kennt.
- Bei der 3D-Arbeitstechnik arbeitet der Konstrukteur im Raum und muß alle drei Koordinaten zugleich betrachten. Dies geschieht in der Regel in Isometrien, Dimetrien oder sonstigen Axonometrien. Letztere können dabei so gedreht werden, daß auch dort nur eine orthogonale Ansicht sichtbar ist. Der Konstrukteur arbeitet also an einem Modell, das nicht körperlich vorhanden, sondern nur rechnerintern beschrieben ist.

Unter Nutzung der genannten Arbeitstechniken stehen ihm im Hinblick auf Generierungstechniken mehrere Vorgehensweisen zur Verfügung, die er wiederum im allgemeinen unabhängig vom rechnerinternen Informationsmodell je nach Zweckmäßigkeit einsetzt.

5.2.1 Grundkörperorientiertes Vorgehen

Im Modellierer des CAD-Systems werden sogenannte Grundkörper vordefiniert, die aus einem Menü abrufbar sind. In einem flächenorientierten Volumenmodell (B-Rep) sind diese Grundkörper aus Grenzflächen zusammengesetzt und mit entsprechender Materialkennung versehen. Beim körperorientierten Volumenmodell (CSG) werden die Grundkörper (Primitives) lediglich aus mathematisch definierten Volumen gebildet. Sie verfügen daher nicht über die Informationsmittel Fläche, Linie oder Punkt.

Zur Beschreibung von Grundkörpern wird von möglichst allgemein definierbaren Körpern ausgegangen, damit aus ihnen durch entsprechende Parameterwahl auch einfachere leicht abgeleitet werden können (Beispiele gemäß Bild 5.2):

- Kegelstumpf: Aus ihm lassen sich Zylinder oder Kegel bilden
- Pyramidenstumpf: Hieraus können Quader oder Pyramiden entstehen.
- Torus: Durch Wahl unterschiedlicher Querschnitte ergeben sich verschiedene Ringkörper.

Diese allgemeinere Definition hindert nun nicht, in einem Menü dem Benutzer die jeweils einfachere oder häufigere Form zuerst anzubieten, also

- Zylinder, Kegel, Kegelstumpf.
- Quader, Pyramide, Pyramidenstumpf.

Grundsätzlich muß die Beschreibung umfassen:

- Art des Körpers (z.B.: Quader, Zylinder);
- Parameter (z.B.: Breite, Höhe, Tiefe bzw. Durchmesser, Höhe);
- Positions- und Lagebeschreibung, d.h. Orts- und Richtungsfestlegung (vgl. Abschnitt 5.3).

Der Umfang eines solchen Menüs, d.h. Anzahl und Art der Körper, richtet sich nach dem Informationsmodell, aber auch nach der zu behandelnden Produktart, nach Häufigkeit der Anwendung sowie nach dem Komfort im Zugriff. Bild 5.3 zeigt beispielsweise einen Ausschnitt aus dem Grundkörpermenü des Forschungssystems IKA, Bild 5.4 einen Ausschnitt aus dem Menübaum des Systems CATIA.

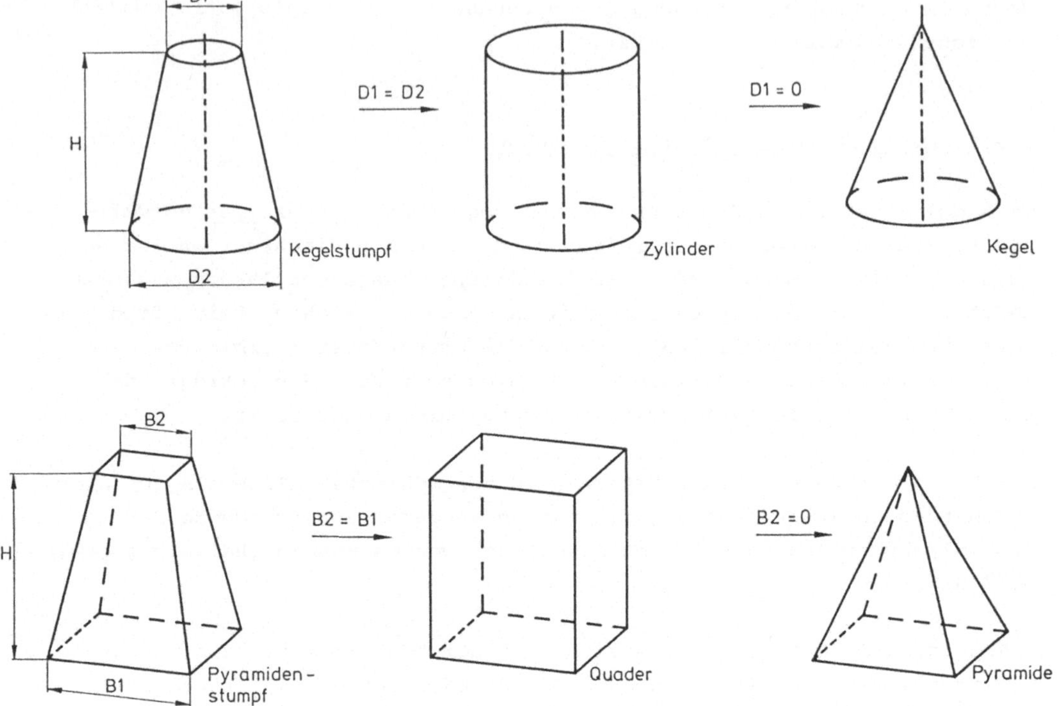

Bild 5.2 Definition von allgemeinen Grundkörpern und Ableitung von häufigen "Sonderfällen"

Nach Wahl solcher Grundkörper können mit Hilfe <u>mengentheoretischer Verknüpfungen</u> (BOOLEsche Verknüpfung, BOOLEsche Operationen) kompliziertere Körper gewonnen werden. Entsprechend Bild 5.5 sind folgende Operationen möglich:

- Vereinigung: Beide Körper bleiben grundsätzlich erhalten, sie werden über ihre gemeinsame Menge zu einem Körper verschmolzen.
- Durchschnitt: Nur die gemeinsame Menge bleibt erhalten.
- Differenz 1-2: Der 2. Körper ist negativ, er vernichtet im 1. Körper die gemeinsame Menge.
  2-1: Der 1. Körper ist negativ, er vernichtet im 2. Körper die gemeinsame Menge.

Bei CSG-Informationsmodellen (vgl. Abschn. 4.3.3) wird die mengentheoretische Verknüpfung im sogenannten <u>BOOLEschen Baum</u> festgehalten. Der BOOLEsche Baum ist die Beschreibung und Darstellung des Zusammenhangs (Verknüpfung) von in sich integren und konsistenten Körpern, die zu ei-

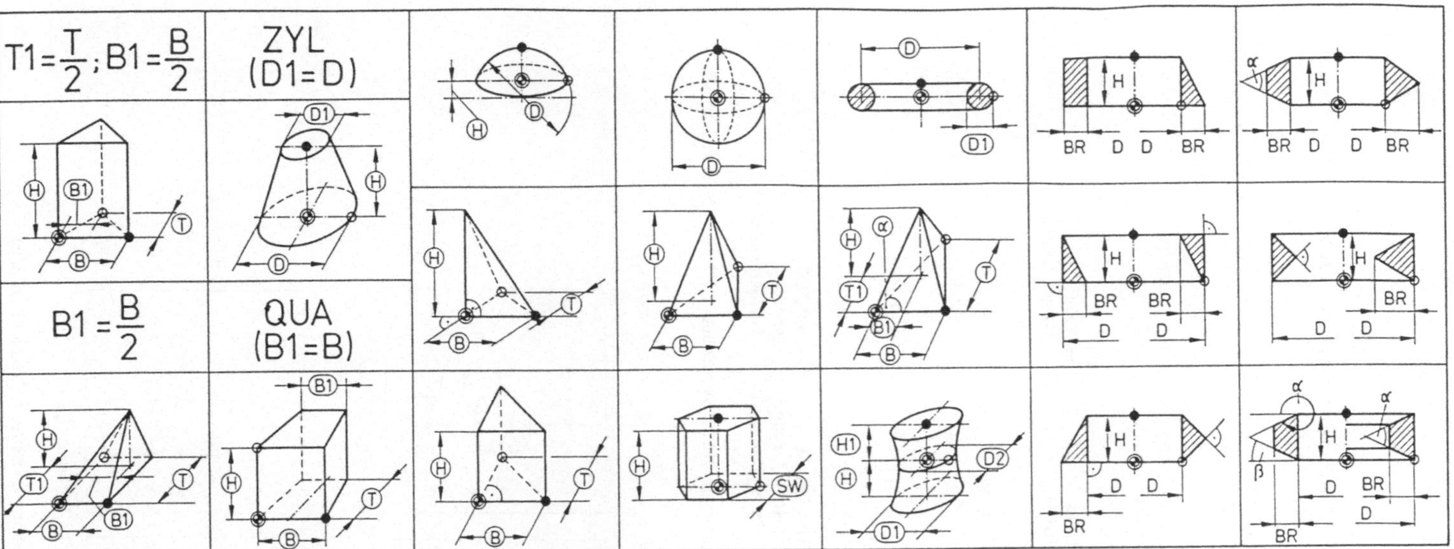

Bild 5.3 Ausschnitt aus dem Grundkörpermenü des Systems IKA

nem Komplexkörper vereinigt werden, und läßt dabei auch noch die Entstehungsgeschichte erkennen. Er ist als Verknüpfungsanweisung unentbehrlich. Ein Beispiel befindet sich in Bild 5.24. Bei Änderungen muß der BOOLEsche Baum mindestens im betroffenen Ast erneut durchlaufen werden.

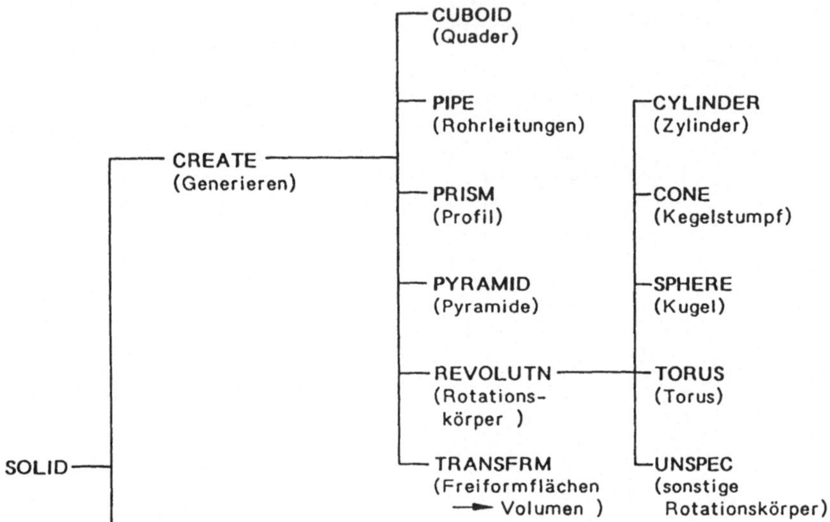

Bild 5.4 Ausschnitt aus dem Menübaum des Systems CATIA, Funktionsbereich SOLID

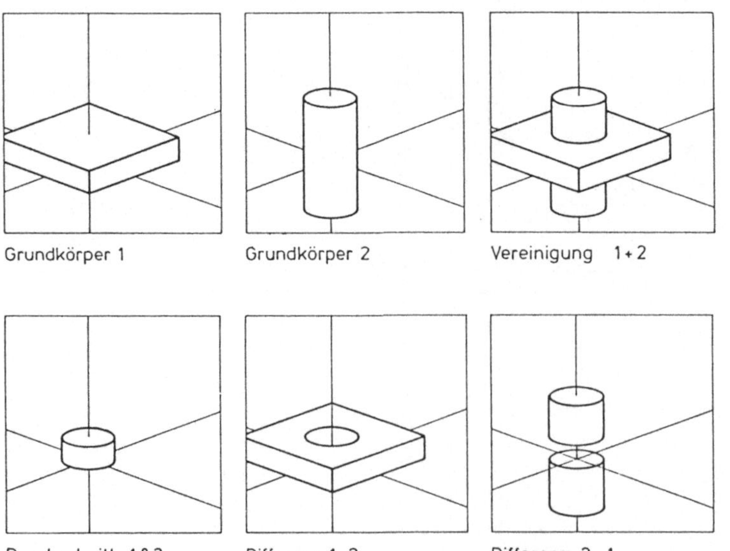

Bild 5.5 Möglichkeiten mengentheoretischer Verknüpfung

Bei B-Rep-Informationsmodellen kann bei Verwendung von Grundkörpern der BOOLEsche Baum ebenfalls zur Darstellung der Entstehungsgeschichte mitgeführt werden. Werden allerdings flächen- oder kantenorientierte Modellierungsverfahren (vgl. Abschn. 5.2.2 und 5.4.2) angewandt, die bei B-Rep-Informationsmodellen vorteilhaft einsetzbar sind, kann eine solche lokale Veränderung an einem Körper oder Komplexkörper nicht mehr durch den BOOLEschen Baum vermittelt werden. Deswegen ist er bei solchen CAD-Systemen nicht vorgesehen. Die Entstehung kann dann nur noch durch die abgelaufene Kommandofolge (vgl. Abschn. 8.3.2) ermittelt werden.

Allerdings ist es bei der Kombination von grundkörper- und flächenorientierten Verfahren grundsätzlich möglich, die Entstehung durch einen Graph ähnlich dem BOOLEschen Baum darzustellen. Diese Möglichkeit nutzt z.B. das System I/EMS von INTERGRAPH, und im Abschn. 5.2.2 ist in Bild 5.8 ein Beispiel wiedergegeben.

Bild 5.6 zeigt die Generierung einer Riemenscheibe nach der grundkörperorientierten Vorgehensweise. Wie in Abschnitt 5.2.4 noch näher erläutert wird, sollte eine solche Verschmelzung (mengentheoretische Verknüpfung) grundsätzlich jeweils so spät wie möglich erfolgen. Das so beschriebene grundkörperorientierte Vorgehen entspricht einer 3D-Arbeitstechnik.

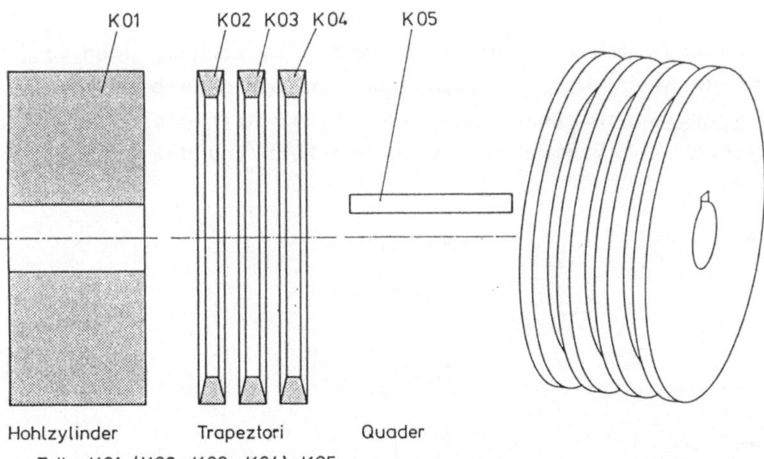

Bild 5.6 Generierung einer Riemenscheibe nach grundkörperorientiertem Vorgehen mit mengentheoretischer Verknüpfung

Die Generierung von Teilen mit Hilfe des grundkörperorientierten Vorgehens setzt voraus, daß der Konstrukteur sich die beabsichtigte Gestalt bereits vorstellen und diese in entsprechende Grundkörper zerlegen kann

(Umkehrung des Modelliervorgangs). Diese Situation wird in der Regel nur bei relativ einfachen Teilen oder bei Vorliegen eines schon skizzenmäßig entwickelten Gestaltentwurfs gegeben sein. Vielfach muß der Konstrukteur jedoch anders vorgehen:

5.2.2 Flächenorientiertes Vorgehen

Beim Entwerfen geht der Konstrukteur vielfach von der zu erfüllenden Funktion und der dazu notwendigen Wirkgeometrie (Wirkkörper, Wirkfläche oder Wirklinie) aus. Die Gestaltung der Teile beginnt mit der Kontur, an der das Wirkgeschehen erzwungen werden muß. Beispiele: Kolben und Kolbenraum einer Verbrennungskraftmaschine, Schaufelkanal einer Turbine, Querschnitt und Sitz eines Regelventils, Reibflächenpaarung einer reibschlüssigen Kupplung.

Kinematisch bedingte Konturen, Querschnitts- oder Durchtrittsflächen sind häufig Ausgangsgeometrien der konstruktiven Gestaltung. Hieraus wird dann erst der reale Körper oder das Teil durch Vervollständigen mit weiteren das Volumen schließenden Flächen entwickelt. Nur in bestimmten Fällen ist es daher zweckmäßig, sogleich mit Grundkörpern nach Abschn. 5.2.1 zu beginnen.

Dem Denken des Konstrukteurs wird besonders gut entsprochen, wenn er, von einzelnen Punkten ausgehend, mittels eines Polygonzugs oder mit Hilfslinien eine Kontur entwickeln kann (Bild 5.7). Hilfreich ist es auch, wenn er die Kontur "skizzenhaft" vorgeben kann und das CAD-System

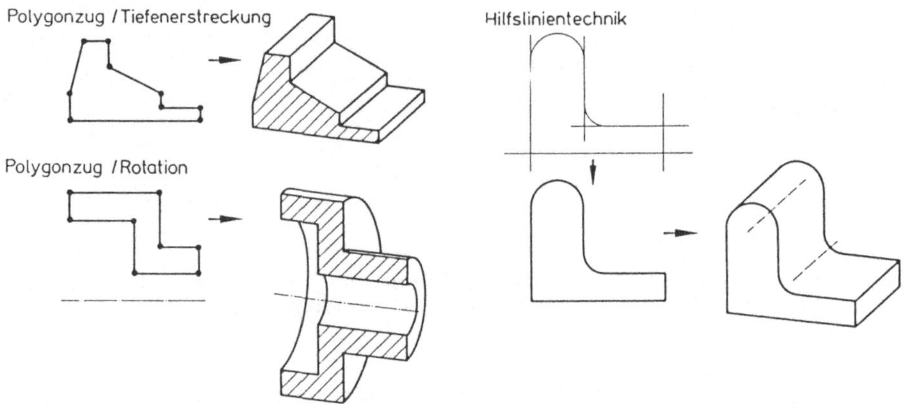

Bild 5.7 Flächenorientiertes Vorgehen beim Generieren von Körpern

selbst den Konturzug durch automatische Konturverfolgung bestimmt. Bei Uneindeutigkeiten in der Konturverfolgung muß der Konstrukteur dem System im Dialog entsprechende Hinweise geben. Aus einem solchen Konturzug läßt sich dann eine Fläche, die vielfach Wirk- oder Querschnittsfläche ist, in einer 2D-Arbeitstechnik beschreiben.

Die so entstandene Fläche ist das Profil für einen beabsichtigten Körper und bildet nun die Grundlage zur Generierung des Körpers durch Sweeping d.h. durch eine Translations- oder durch eine Rotationsoperation. Mit diesem Schritt begibt sich der Konstrukteur in die 3D-Arbeitstechnik.

Bei der Volumenerzeugung durch die Translation (Tiefenerstreckung) ist die Festlegung einer entsprechenden dritten Dimension oder Koordinate erforderlich, womit über das entstehende Volumen der profilförmige Körper beschrieben ist. Für die Rotation ist die Festlegung einer Rotationsachse und eines Rotationswinkels nötig, wodurch entweder ein vollständiges Rotationsvolumen oder nur ein Rotationssegment entsteht. Daneben ist aber auch die Erstreckung des Volumens längs einer beliebigen Konturform denkbar.

Zur Bildung der genannten Fläche benutzt der Konstrukteur unter Verwendung des dahinter stehenden 3D-Volumenmodells zunächst eine 2D-Arbeitstechnik, die sich prinzipiell zunächst nicht von der gewohnten Zeichentechnik unterscheidet. Anschließend werden in der benutzten Darstellungsebene alle Informationen aufbereitet, die dann zur vollständigen Beschreibung des 3D-Objektmodells benötigt werden.

Eine solche Arbeitstechnik ist nicht mit der in Abschn. 4.2.2 erwähnten Technik unter Nutzung eines 2 1/2D-Modells gleichzusetzen, obwohl die Operationen gleich bzw. ähnlich sind. Das in diesem Abschnitt behandelte Vorgehen im Rahmen eines 3D-flächenorientierten Volumenmodells führt im Gegensatz zu 2 1/2D-Modellen zu Körpern, die vollständig, in jeder Weise konsistent, weiter modellierbar und auch mengentheoretisch verknüpfbar sind (vgl. Abschn. 5.2.1).

Bild 5.8 zeigt ein weitgehend flächenorientiertes Vorgehen mit Sweep-Operationen und Flächenteilung und -versetzung (vgl. Abschn. 5.4.2) bei der Generierung eines Teils. Zur Erzeugung des Durchbruchs wurde zunächst grundkörperorientiert mit anschließender Kantenmanipulation vorgegangen, um dann die Verschmelzung (mengentheoretische Verknüpfung durch Subtraktion) vorzunehmen. Der geschilderte Ablauf wird in dem System I/EMS von INTERGRAPH durch einen Graph ähnlich dem BOOLEschen Baum festgehalten.

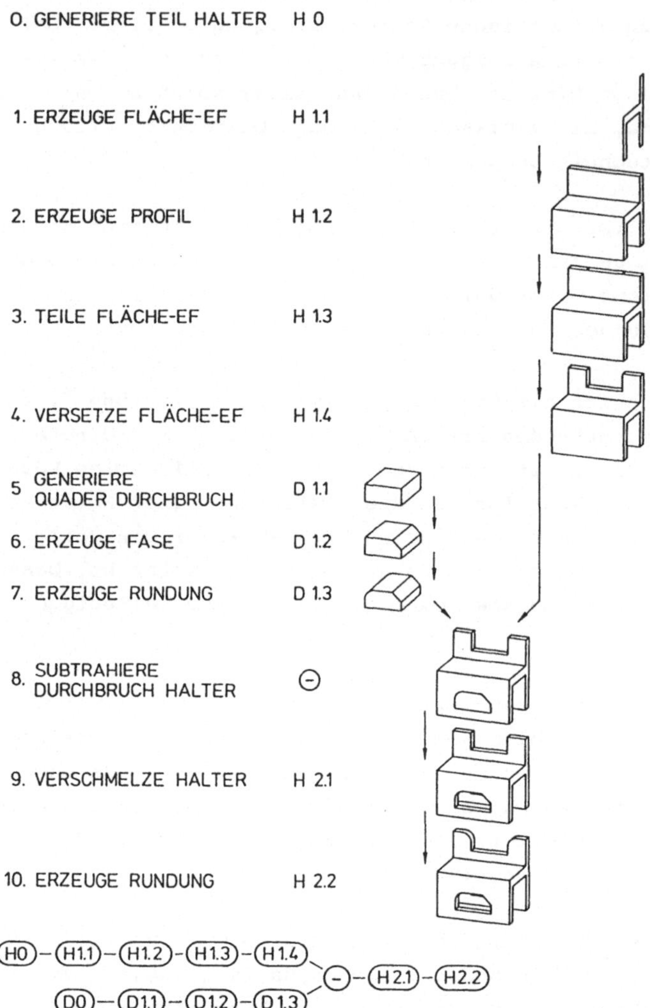

Bild 5.8 Generierung eines Teils (Halter) durch kanten-, flächen- und grundkörperorientiertes Vorgehen mit BOOLEscher Verknüpfung und Darstellung der Entstehungsgeschichte in einem Graph. In Anlehnung an ein Beispiel des Systems I/EMS von INTERGRAPH

5.2.3 Hilfslinientechnik

Wie in Abschn. 5.2.2 erläutert, kann eine Hilfslinientechnik zur Vorbereitung einer Generierung sehr nützlich sein. Sie wird besonders dann angewandt, wenn konkrete Formen zu entwickeln und wahre Abmessungen festzulegen sind. Daraus folgt, daß Hilfslinien vornehmlich in Darstellungen angewandt werden, die die wahren Verhältnisse auch abbilden können, d.h. nur in orthogonalen Tafelprojektionen. Somit handelt es sich bei Anwendung von Hilfslinien um eine 2D-Arbeitstechnik, aus der folgt:

- Die Erzeugung und Manipulation von Hilfslinien erfolgt sinnvollerweise jeweils nur in einer Ansicht (z.B. Vorderansicht, Draufsicht).
- Die Ansichten müssen orthogonale Tafelprojektionen sein, weil sonst keine wahren Formen und Abmessungen festlegbar sind.
- Hilfslinien können in einigen CAD-Systemen auch so genutzt werden, daß sie Projektionslinien von einer Ansicht in eine andere sind. Damit bieten sie Hilfen, um die jeweils gewünschten Punktkoordinaten des Objekts in eine andere Ansicht übertragen zu können (Bild 5.9). Es müssen dann aber gleiche Maßstäbe und eine kompatibel zugeordnete Fixpunktlage gegeben sein. Anderenfalls muß das System von sich aus eine entsprechend angepaßte Lage der Projektionslinien herstellen.
- Anwenden von handskizzenhaft erstellten Hilfslinien, die durch nachfolgende automatische Verfahren, z.B. Schablonenvergleichsverfahren [JAT 87], zu einer eindeutig definierten Gestalt in einer Ebene entwikkelt werden. Sie bilden damit eine verbindliche Ausgangsgeometrie zur Generierung von Körpern.

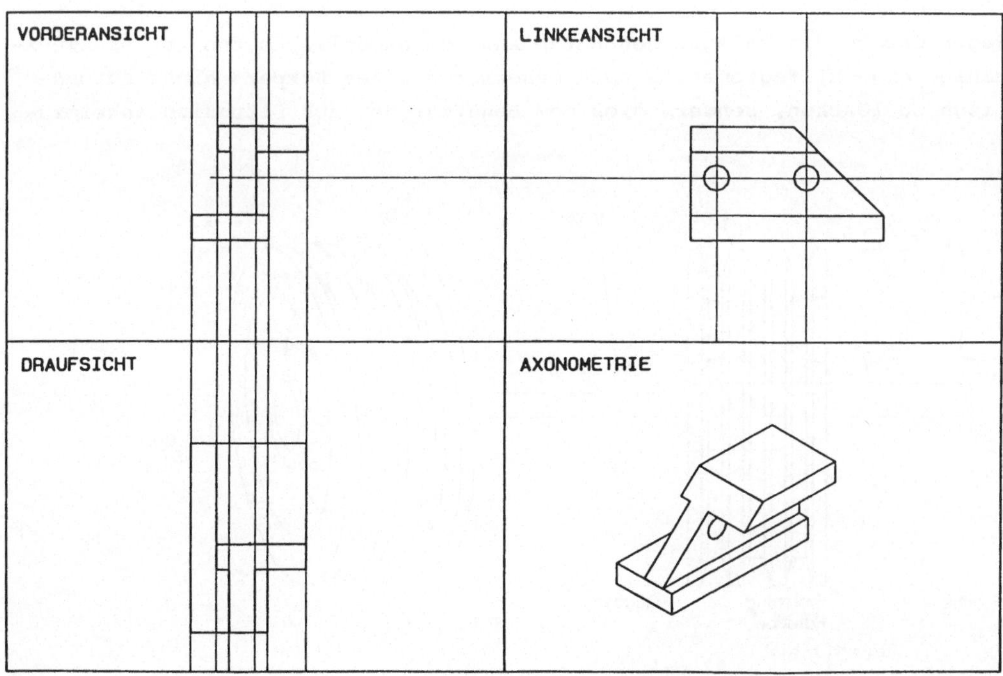

Bild 5.9 Nutzung von Hilfslinien zwischen Ansichten

In Anlehnung an die konventionelle Zeichentechnik bieten sich unterschiedliche Linienarten an:

- Vollinie ———,
- Strichpunktierte Linie ——·—— und
- Strichlinie — — — — —.

Weiterhin ist es zweckmäßig, die Hilfslinien durch entsprechende Farbgebung (z.B. grün) von den Körperkanten (z.B. weiß) zu unterscheiden.

Hilfslinien können darüberhinaus sehr vorteilhaft genutzt werden:

- Darstellen der konstruktiven Absicht durch vorläufige Geometrieelemente, z.B. Geraden, Kreise, die dann durch Trimmen oder automatische Verfahren zur Grobgestalt in einer Ebene entwickelt und anschließend zur Flächendefinition verwendet werden.
- Darstellen von räumlichen Randbedingungen, z.B. Grenzen, die bei der Gestaltung nicht überschritten werden dürfen oder eingehalten werden müssen.
- Elemente der durch Hilfslinien gebildeten Hilfsgeometrie können mehrfach zur Erzeugung von angrenzenden Teilen dienen.

Wegen der beiden zuletzt genannten Anwendungsmöglichkeiten ist es zweckmäßig, eine Hilfsgeometrie nach Generieren eines Körpers nicht automatisch zu löschen, sondern dies dem Benutzer je nach Situation anheimzu-

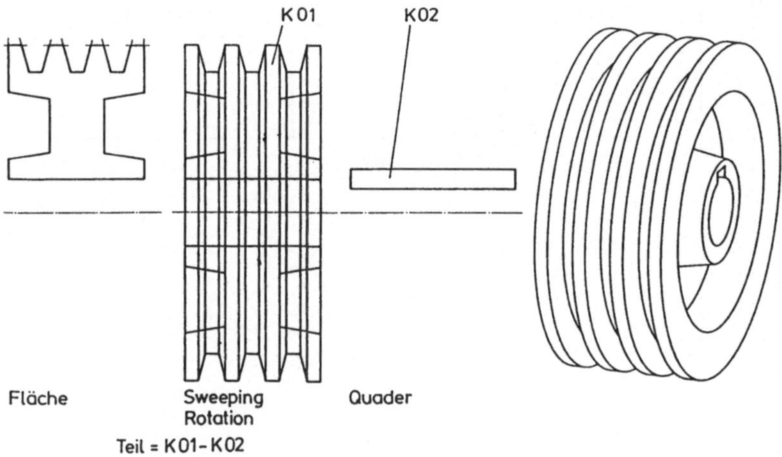

Bild 5.10 Generierung einer Riemenscheibe mit Hilfslinientechnik und flächenorientiertem Vorgehen

stellen. Andererseits sollten wegen der Übersichtlichkeit nur noch weiter benötigte Hilfslinien in der Darstellung verbleiben.

Die bereits in Bild 5.6 vorgestellte Riemenscheibe kann einfacher durch ein flächenorientiertes Vorgehen (Bild 5.10) erzeugt werden. Die Ausgangsfläche wird entweder durch einen Polygonzug (vgl. Abschn. 5.2.2) oder mittels Hilfslinientechnik gewonnen. Die Erzeugung der Paßfedernut erfolgt zweckmäßigerweise nach wie vor grundkörperorientiert.

Bild 5.11 zeigt eine Übersicht der Möglichkeiten bei flächenorientiertem Vorgehen unter Nutzung von Polygonzügen und/oder Hilfslinien, das je nach Fall durch grundkörperorientiertes Vorgehen ergänzt werden kann.

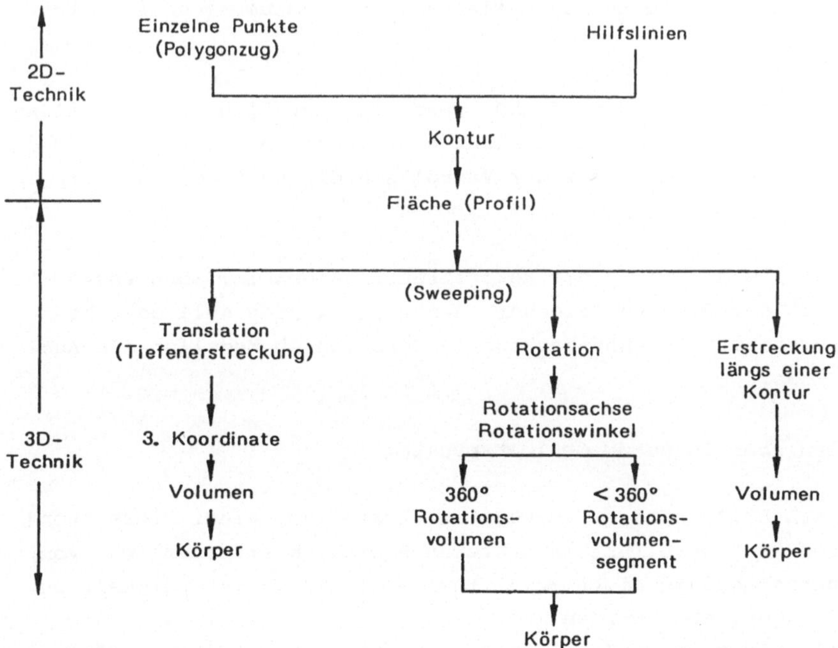

Bild 5.11 Möglichkeiten des flächenorientierten Vorgehens unter Nutzung von Polygonzügen oder Hilfslinien

5.2.4 Rekonstruktionstechnik

Die Tatsache, daß der Konstrukteur konventionell in senkrechten Tafelprojektionen seine Vorstellungen entwickelte und darstellte, sich also überwiegend einer 2D-Arbeitstechnik bediente, führte zur Entwicklung von Generierungstechniken, die es erlaubten, die konventionelle Betrachtungs- und Arbeitsweise beizubehalten.

Die Rekonstruktionstechnik geht von handskizzenmäßig [JAT 87] oder von maßstäblich in 2D-Arbeitstechnik erstellten Ansichten aus und verfolgt dann eine automatische Generierung des 3D-Objektmodells [FAR 85, SKJ 87]. Die Rekonstruktion verläuft, vereinfacht wiedergegeben, wie folgt ab:

Zuerst erfolgt in den einzelnen Ansichten eine Erfassung der vorhandenen Punkte und der Versuch einer gegenseitigen Zuordnung und eindeutigen Identifikation durch ein Koordinatenvergleichsverfahren. Nach Bildung von jeweiligen Zweierkombinationen von Punkten werden sinnvoll verbindende Linien, getrennt nach geraden und gekrümmten Kanten, zwischen den einzelnen Punkten gesucht und durch Rückvergleich mit den 2D-Ansichten bestätigt. Daraus wird dann ein 3D-Linien-(Draht-)Modell generiert. Gegebenenfalls wird der Aufbau zu einem Flächen- oder Volumenmodell fortgesetzt (Bild 5.12).

Die Rekonstruktion versagt naturgemäß, wenn die erstellte 2D-Darstellung nicht ausreichend vollständig oder nicht hinreichend eindeutig ist. Das System fordert dann den Benutzer zur Vervollständigung in der 2D-Darstellung auf.

Vorteilhaft ist die Anwendung der Rekonstruktionstechnik, wenn ausschließlich nach der 2D-Arbeitstechnik generiert werden soll oder bereits früher erstellte Zeichnungssätze in Form von 2D-Modellen die Ausgangsbasis bilden.

Nachteilig sind aber folgende Gesichtspunkte:

- Es ist ein erheblich höherer Aufwand zur Erstellung einer hinreichend vollständigen 2D-Darstellung in mehreren Ansichten erforderlich, von der der Benutzer häufig nicht weiß, inwieweit die Vollständigkeit und Eindeutigkeit getrieben werden muß.
- Ein ebenfalls nicht unbeträchtlicher rechnerinterner Aufwand muß zur Rekonstruktion selbst getrieben werden, wobei die Operationen der Zurückweisung und des erneuten Generierungsversuchs nicht unterschätzt werden dürfen.
- Nicht alle Formen oder Körper lassen sich je nach Stand des Systems rekonstruieren. Eine Beschränkung auf Geraden und Kreise ist vielfach gegeben.
- Nicht jedes CAD-System bietet eine Rekonstruktionstechnik an.

Aus arbeitsökonomischen Gründen ist es nicht vorteilhaft, bei Vorhandensein eines 3D-flächenorientierten Volumenmodells erst in einer mehr oder

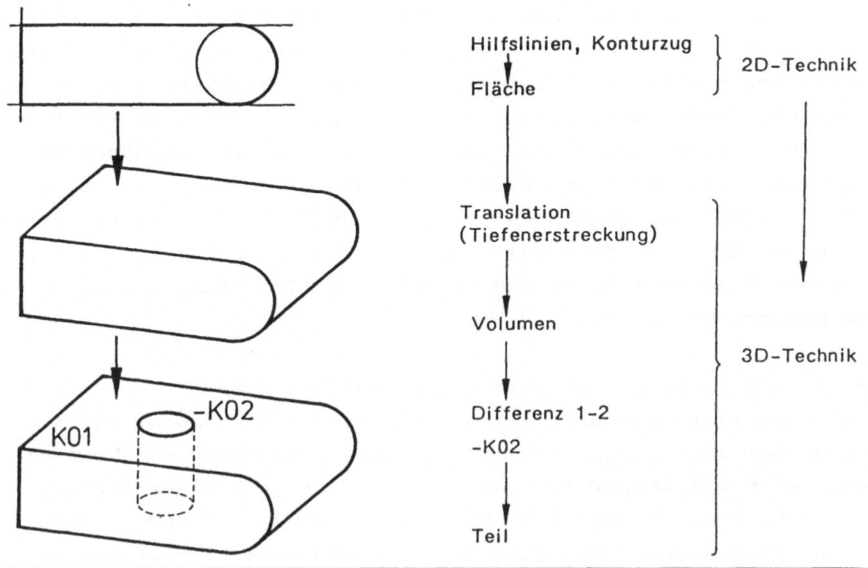

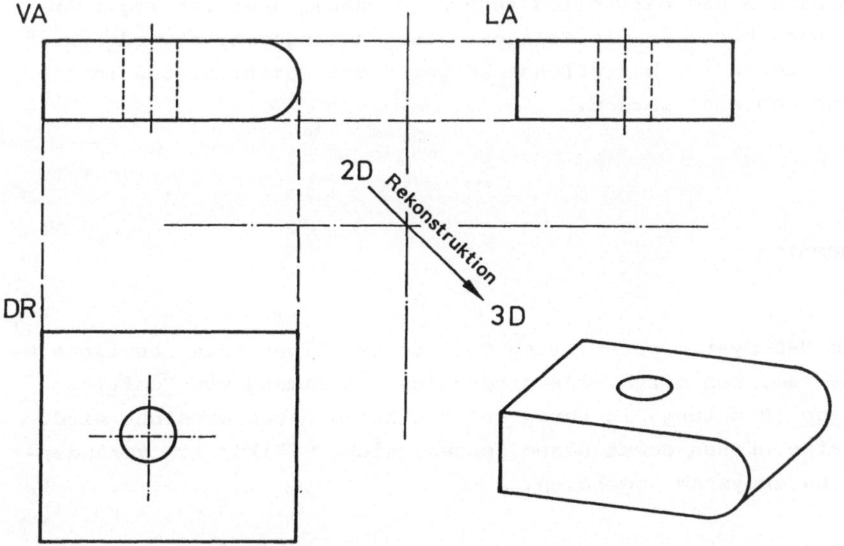

Bild 5.12 Vergleich zwischen flächenorientiertem Vorgehen und Rekonstruktionstechnik

weniger vollständigen 2D-Arbeitstechnik zu arbeiten und dann durch das CAD-System zu rekonstruieren, wenn der Benutzer unter Verwendung von Hilfslinientechnik und der beschriebenen flächenorientierten oder grundkörperorientierten Vorgehensweise (vgl. vorhergehende Abschnitte) in der Lage ist, dem CAD-System unmittelbar alle benötigten 3D-Informationen zweifelsfrei und vollständig mitzuteilen. Es scheint ein unzulässiges Vorurteil zu sein, daß der Konstrukteur ausschließlich nur nach seiner konventionell erworbenen, gewohnten Zeichentechnik ein CAD-System nutzen könne oder solle. Er würde dann auf bedeutende Vorteile der unmittelbaren 3D-Arbeitstechnik verzichten und veranlaßt gleichzeitig unnötige Operationen mit entsprechenden CPU-Zeiten.

Das nach einer der vorbeschriebenen Vorgehensweisen erzeugte Teil wird in der Regel noch nicht die endgültige Gestalt erreicht haben, die aus funktionellen oder fertigungs- und montagetechnischen Gründen notwendig ist. Vielmehr wird ein Körper entstanden sein, der eher einer Grobgestalt entspricht. Diese Grobgestalt kann schon endgültige Abmessungen aufweisen. Ihr fehlen aber noch alle Ausprägungen einer detaillierten Durcharbeitung, wie Fasen, Rundungen, Absätze u.ä.. Die gewünschte Feingestalt läßt sich erst in einem weiteren Konstruktionsprozeß entwickeln, der durch Anpassen und partielles Ändern gekennzeichnet ist (vgl. Abschn. 5.4). Doch bevor an die Feingestaltung herangegangen werden kann, muß beim Generieren der betreffende Körper durch Positionieren in die Funktionslage gebracht werden.

5.3 Positionieren

Die in einem CAD-System generierten Objekte benötigen eine räumliche Relation im System, was durch eine eindeutige Bestimmung von Position (Ort) und Lage (Richtung) in bezug auf die Koordinaten erreicht wird. Die Koordinaten müssen dabei einem festen, nicht willkürlich veränderbaren Koordinatensystem angehören.

5.3.1 Koordinatensysteme

Das Weltkoordinatensystem ist das 3D-Koordinatensystem der rechnerinternen Beschreibung und bildet damit den gemeinsamen Bezug der Geometrie. Es ist das absolute Koordinatensystem [KLA 87]. Seine Festlegung ist nach Bild 5.13 als Rechtssystem gewählt.

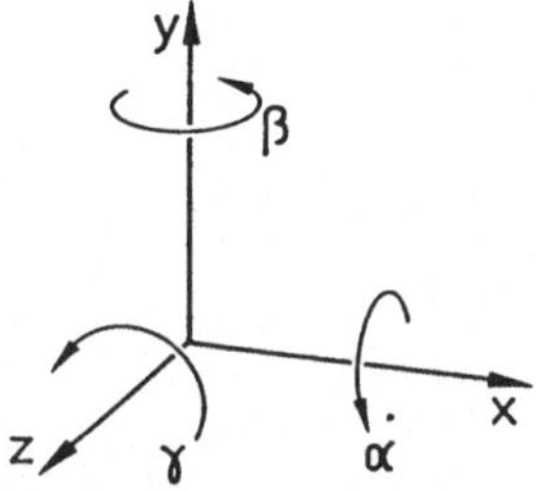

Bild 5.13 Weltkoordinatensystem (Absolute Koordinaten)

Bei einfachen Teilen und übersichtlichen kleineren Baugruppen ist das Weltkoordinatensystem direktes Bezugssystem. Die Lage des Körpers zum Ursprungspunkt und die Koordinatenbelegung werden so festgelegt, daß Generierung und Positionierung einfach und mit wenig Aufwand vorgenommen werden können, z.B. an einer Wirkfläche der Hauptfunktion, auf einer Symmetrieachse oder an einer Bezugsfläche. Der Fixpunkt ist dann der Repräsentant des Weltkoordinatenursprungs im jeweiligen Darstellungsfeld (Bild 5.14).

Bei komplexeren Situationen und/oder umfangreicheren Objekten stellen lokale Koordinatensysteme eine bedeutende Hilfe dar, die je nach der jeweiligen Situation zweckmäßig gewählt werden und die dabei die Relation zum Weltkoordinatensystem aufrechterhalten. Dadurch kann der Konstrukteur in einfacherer Weise die Positionierung vornehmen. Ein Beispiel stellt Bild 5.15 dar, bei dem anläßlich der Konstruktion einer Heckleuchte eines Kraftfahrzeugs für diesen Bereich ein lokales Koordinatensystem definiert wurde, um nicht immer auf die Weltkoordinaten des gesamten Fahrzeugs bei der Entwurfsarbeit Bezug nehmen zu müssen. Ein solches Koordinatensystem muß hinsichtlich der Achsenlage nicht mit dem Weltkoordinatensystem identisch sein.

5.3.2 Grundkörperorientiertes Vorgehen

Grundkörper werden entweder im Ursprungspunkt des Weltkoordinatensystems oder sogleich in der Funktionslage erzeugt. Im ersteren Fall befinden sie sich dann in der Generierungslage (Bild 5.16). Sie müssen ihrer Verwendung entsprechend in die Funktionslage gebracht werden. Aber auch wenn die Funktionslage sogleich erreicht werden kann, ist ihre Beschreibung erforderlich.

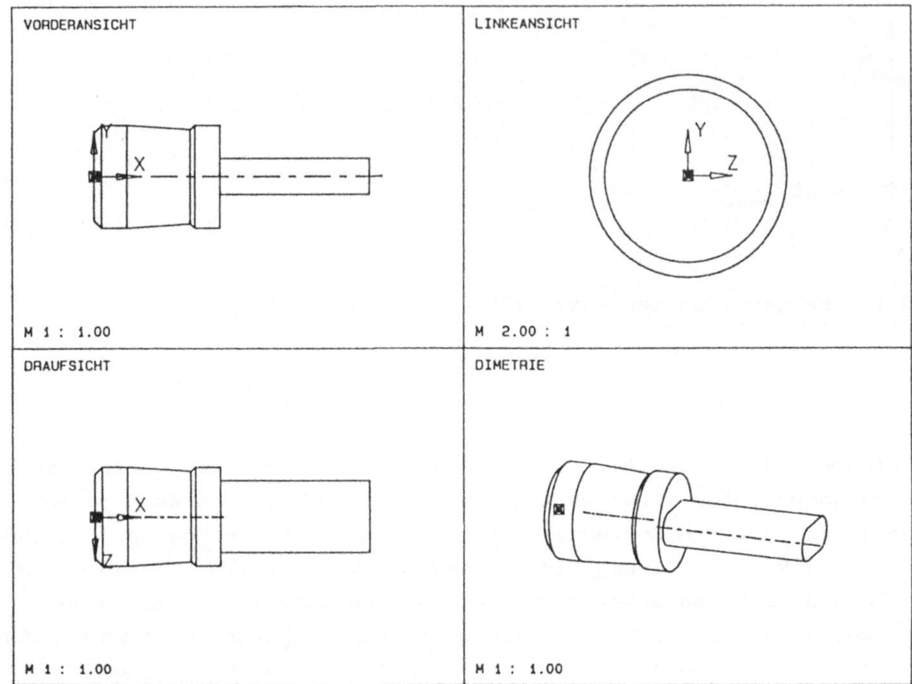

⊠ Fixpunkt

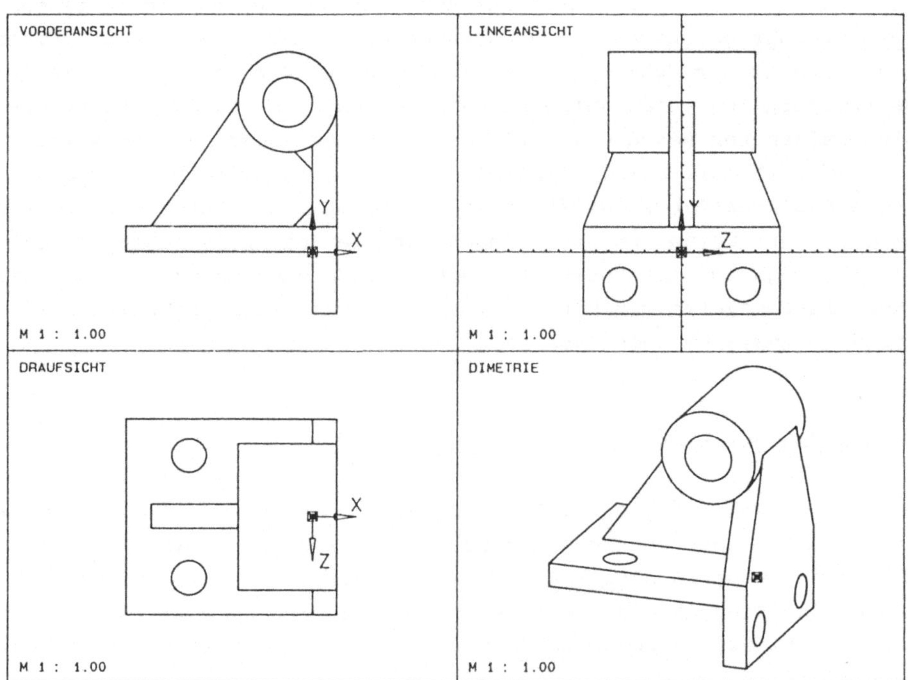

Bild 5.14 Beispiele der Zuordnung im Weltkoordinatensystem: a) Linke Bezugsfläche; b) Symmetrieachse

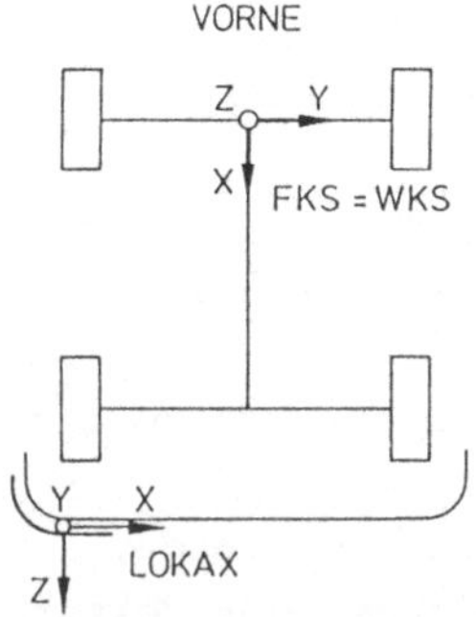

Bild 5.15 Anwendung aus dem Fahrzeugbau: Das Weltkoordinatensystem (WKS) wurde identisch mit dem Fahrzeugkoordinatensystem (FKS) gewählt. Im Bereich der Heckpartie Festlegung eines lokalen Koordinatensystems (LOKAX) zur Konstruktion der Heckleuchte (Z-Achse ist Hauptlichtrichtung). Quelle: HELLA

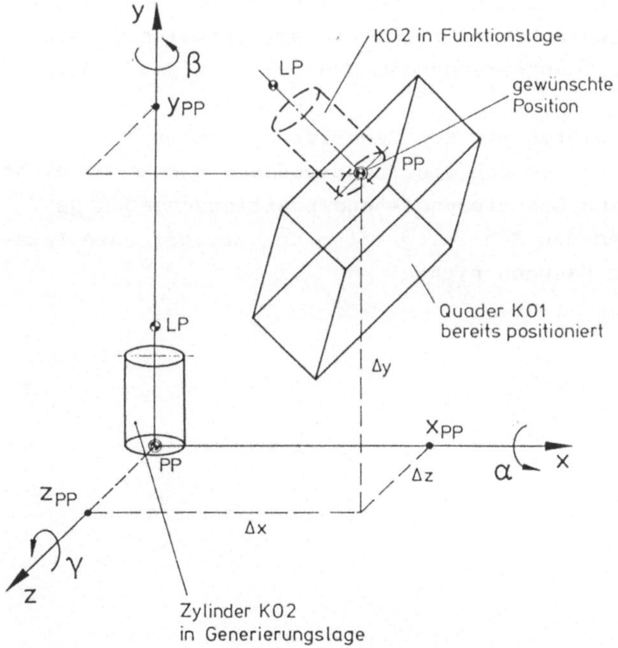

Bild 5.16 Generierter Zylinder in Generierungslage. Erreichen der Funktionslage durch Verschieben und Schwenken

Die gewünschte Funktionslage nach Position (Ort) und Lage (Richtung) ist nur durch eine Reihe von Manipulationen erreichbar, die der Benutzer vornehmen oder das System intern durchführen muß:

- VERSCHIEBEN: Translation mit dem Verschiebeweg Delta x, Delta y, Delta z jeweils längs einer Koordinatenachse.
- SCHWENKEN: Rotation mit den Winkeln Alpha, Beta, Gamma jeweils um eine Koordinatenachse.
- VERDREHEN: Rotation mit einem bestimmten Winkel um eine beliebige, aber zu definierende Achse im Raum. Dabei ist in der Regel der Vektor der Drehachse im Sinne eines Rechtssystems nach Bild 5.17 festgelegt.

Es ist möglich, die Operationen VERSCHIEBEN und SCHWENKEN in eine Operation ANORDNEN zusammenzufassen, die die Parameter beider enthält. Eine solche Manipulation läßt sich aber nur dann praktisch handhaben, wenn es sich um zwei - maximal drei - Parameterzuweisungen in überschaubarer Form in bezug auf das Koordinatensystem handelt. Sonst werden nämlich an das räumliche Vorstellungsvermögen des Benutzers zu hohe Ansprüche gestellt, die einzelnen Parameter nach Größe und Richtung korrekt zu erkennen und zu definieren. Vielfach bleibt nur ein schrittweises, nacheinanderfolgendes Vorgehen mit entsprechendem Manipulieraufwand übrig.

Eine Reihe von CAD-Systemen bieten mit der Generierung sogleich auch die Anordnung in einem Kommando an, so daß die Funktionslage direkt erreicht werden kann. Dabei müssen dann Generierungs- und Positionsangaben gemeinsam eingegeben werden. An den Schwierigkeiten der zutreffenden Parameterangabe ändert sich aber dadurch nichts.

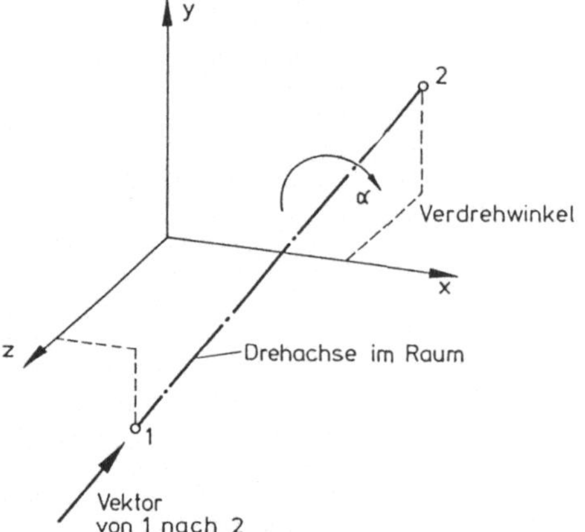

Bild 5.17 Definition einer Achse im Raum, um die ein Körper gedreht werden soll. Der Vektor von 1 nach 2 bestimmt in dem Rechtssystem das Vorzeichen des Verdrehwinkels

Um die Funktionslage zu erreichen oder sie gegebenenfalls zu ändern, eröffnen sogenannte <u>Referenzsysteme</u> andere, oft einfachere Möglichkeiten. Ein Referenzsystem ist ein relatives Koordinatensystem, das dem jeweilig zu manipulierenden Körper zugeordnet wird (Objektkoordinatensystem nach [EIM 86]). Vordefinierte Grundkörper können ein solches Referenzsystem bereits enthalten. Aber auch anders erzeugten Körpern oder komplexeren Teilen kann ein Referenzsystem nachträglich zugeordnet werden. Es kann an einer beliebigen Stelle des Körpers oder Teiles angeordnet sein.

Das Referenzsystem legt durch seinen Koordinatenursprungspunkt den <u>Positionspunkt</u> und durch die Lage seiner Koordinatenachsen R; S; T die entsprechenden <u>Lagepunkte</u> bzw. Lagerichtungen fest (Bild 5.18). Dabei be-

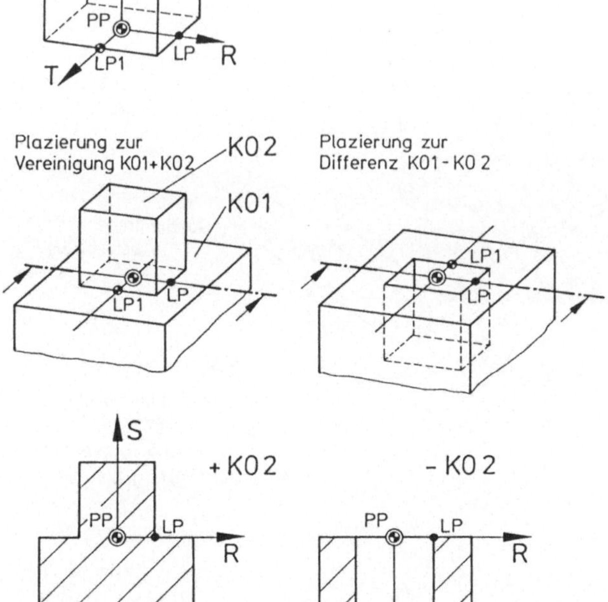

Bild 5.18 Bildung eines körpereigenen Referenzsystems. Wahl des Positionspunkts PP und der Lagepunkte LP und LP1 nach jeweiligem Zweck. Unterschiedliche Gestaltungsmöglichkeit je nach Wahl des Lagepunkts LP1 auf der Anschlußfläche

finden sich die Lagepunkte in der Bezugsebene R-T, und der Vektor an der S-Koordinate bildet in dem Rechtssystem die Normale zur Bezugsebene.

Mit einer solchen oder ähnlichen Festlegung kann auf einfache Weise ein so gekennzeichneter Körper an jeden beliebigen Punkt in jede Lage plaziert werden. Je nach Anordnung sind unterschiedliche Gestaltungsvarianten denkbar (vgl. Bild 5.18). Der Positionspunkt bestimmt den Ort, die Lagepunkte die Richtung, in welche der Körper sich z.B. von einer Anschlußfläche aus erstrecken soll. Ein Kommando, z.B. PLAZIERE mit den Parametern PP, LP, LP1, genügt zur einfachen räumlichen Anordnung, denn bei deren Kenntnis ist das Referenzkoordinatensystem selbst für den Benutzer nicht mehr von Bedeutung.

Zum Plazieren werden zweckmäßigerweise bereits vorhandene Punkte der zu bearbeitenden Geometrien bzw. Bauteile, z.B. Eckpunkte, oder mittels

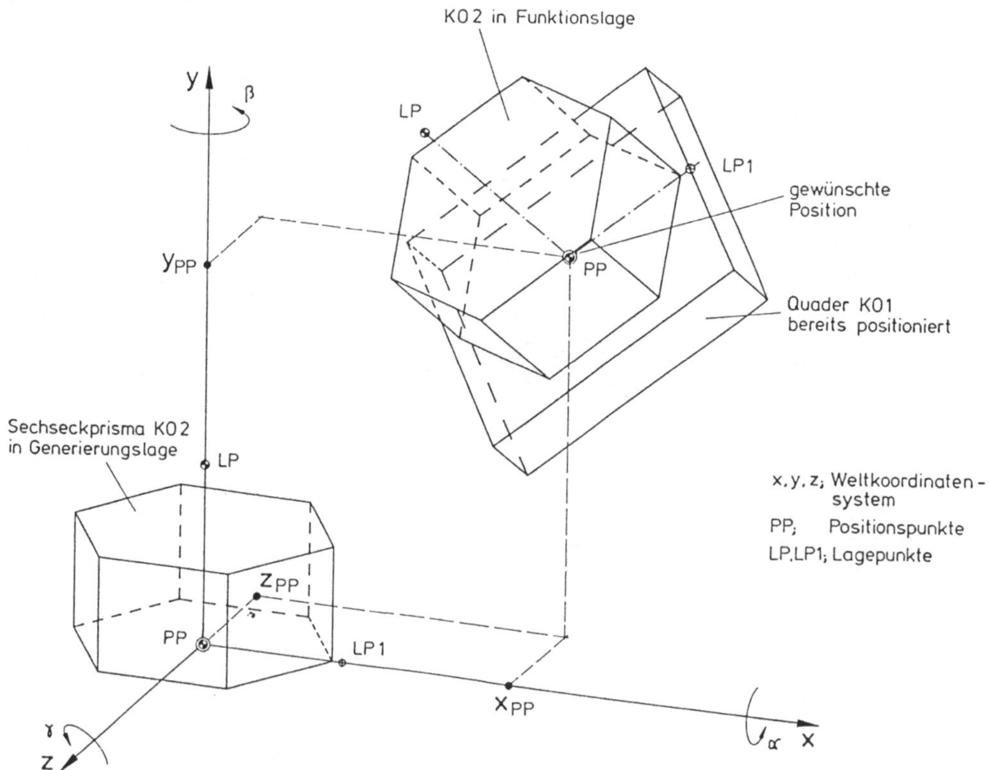

Bild 5.19 Anordnung eines Sechskants mit Hilfe eines Referenzsystems. Positionspunkt PP im Schwerpunkt der Quaderfläche, Lagepunkt LP1 auf der Mitte der Quaderkante

Hilfsfunktionen einfach zu bestimmende Punkte, z.B. Mittelpunkte einer Kante, Schwerpunkt einer Fläche, benutzt. Auch können in entsprechenden Ansichten Hilfslinien und deren Schnittpunkte hilfreich sein.

Ein flächenorientiertes Volumenmodell kommt diesem Vorgehen sehr entgegen, weil in ihm alle genannten Informationsmittel im Zugriff liegen. Bild 5.19 zeigt die Plazierung eines Sechskants auf einer im Raum schiefliegenden Platte mit Hilfe des beschriebenen Referenzsystems.

5.3.3 Flächenorientiertes Vorgehen

Beginnt die Generierung in einer 2D-Arbeitstechnik mit der Beschreibung einer Fläche, so kann diese sehr häufig in einer orthogonalen Projektion (Ansicht oder Schnitt) sofort in der Funktionslage entwickelt werden. Durch TRANSLATION oder ROTATION wird dann das Volumen bzw. der Körper vollständig erzeugt. Bild 5.20 zeigt die Generierung von Reibsegmenten einer Reibkupplung direkt in der Funktionslage durch die Operationen:

- FLÄCHE ERZEUGEN, z.B. mittels Polygonzug oder Hilfslinientechnik,
- ROTATIONSTEIL ERZEUGEN SEGMENT 55 GRAD,
- ROTATIONSTEIL VERVIELFÄLTIGEN 5-FACH.

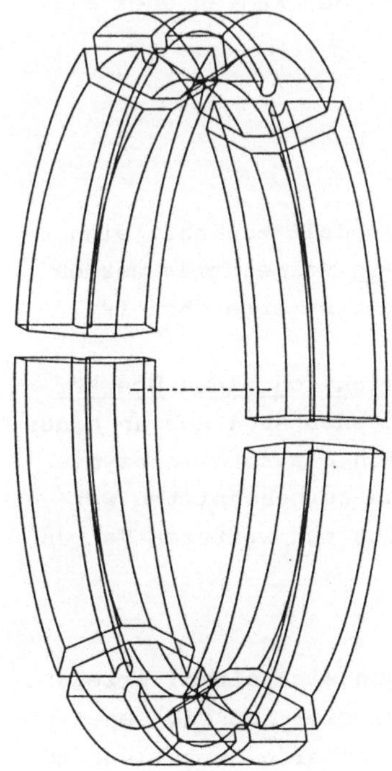

Bild 5.20

Anordnung von Reibsegmenten in Funktionslage

Für weitere Manipulationen kann die nachträgliche Zuordnung eines körpereigenen Referenzsystems zweckmäßig sein.

5.4 Generieren der Feingestalt

Im Zuge des Entwurfsprozesses wird die durch grundkörper- oder flächenorientiertes Vorgehen erzeugte Geometrie noch nicht den Gestaltungsabsichten des Konstrukteurs voll entsprechen. Abgesehen davon, daß es nicht dem Entwurfsprozeß entspricht, komplexere Körper nach einer Analyse bausteinartig aus einfacheren Grundkörpern zusammenzusetzen, sind im Sinne einer Detail- oder Feingestaltung mannigfache Ergänzungen und Anpassungen der bisher erzeugten Geometrie erforderlich. Diese erfolgen dann verstärkt unter technischen Gesichtspunkten, wodurch auch der technische Modellierer mit dem technischen Partialmodell ins Spiel kommt.

Die sowohl funktions- als auch fertigungstechnisch-orientierten Ergänzungen und Anpassungen sollen auf möglichst einfache Weise dem Fortschreiten des Entwurfsprozesses entsprechen. Dabei wird der Konstrukteur sowohl auf Körper und Teile als aber auch zonenweise auf Kanten oder Flächen der bestehenden Objektgeometrie zugreifen.

5.4.1 Zugriff auf Körper

Grundsätzlich kann unabhängig vom 3D-Informationsmodell zunächst eine Ergänzung oder Anpassung mit Hilfe von Grundkörpern vorgenommen werden. Dies bietet sich an, wenn das Ziel mit ihnen leicht zu erreichen ist.

Eine vielgenutzte Möglichkeit kann dabei die Subtraktion eines Überkörpers sein. Bild 5.21 zeigt die Entstehung eines ebenen Absatzes an einer Welle. Mit diesem Vorgehen können z.B. ursprünglich als rotationssymmetrisch erzeugte Körper in beliebiger Weise ab- und aufgeschnitten werden, so daß nur noch eine Hälfte oder ein Abschnitt zur weiteren Verwendung übrig bleiben.

Steht ein Trennalgorithmus zur Verfügung, so lassen sich einmal erzeugte Körper in zwei oder mehr Teile aufspalten. Ein Beispiel ist die Generierung eines Lagergehäuses, das aus Gründen der einfacheren Erstellung zu-

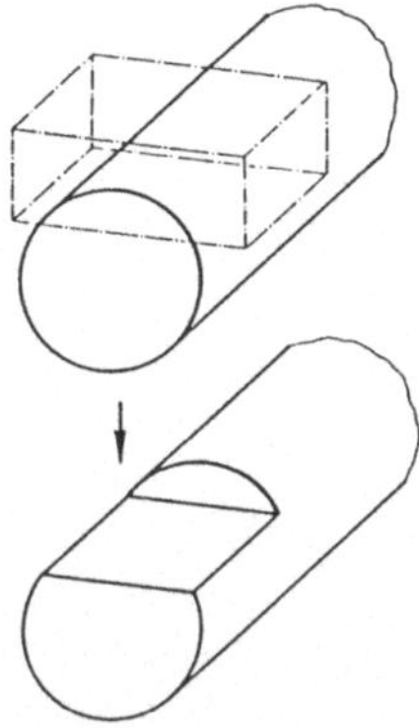

Bild 5.21 Entstehung eines ebenen Absatzes an einer Welle durch Abziehen eines quaderförmigen Überkörpers

nächst als ein Teil erzeugt wurde und dann in ein oberes und unteres Gehäuseteil getrennt wird (Bild 5.22). Auch sind Trennoperationen denkbar, bei denen durch Herausschneiden neue Körper entstehen, die übrigen, abgetrennten dann aber gelöscht werden (Bild 5.23).

Informationsmodelle auf der Basis von CSG bilden die <u>Verknüpfung</u> der einzelnen Volumen bzw. Körper ausschließlich <u>auf mengentheoretischer Basis</u> (vgl. Abschn. 4.2.3 und 5.2.1). Die Entstehung und die Relationen werden im sogenannten BOOLEschen Verknüpfungsbaum festgehalten.

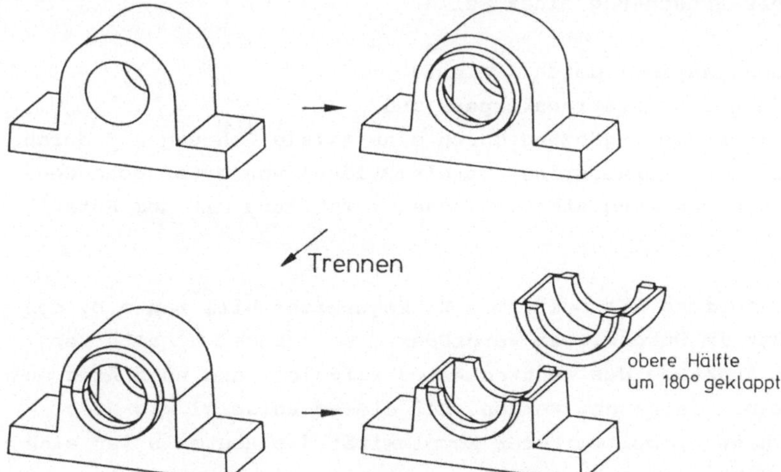

Bild 5.22 Erzeugung eines Gehäuseunterteils bzw. -oberteils durch Trennen der ursprünglichen Geometrie

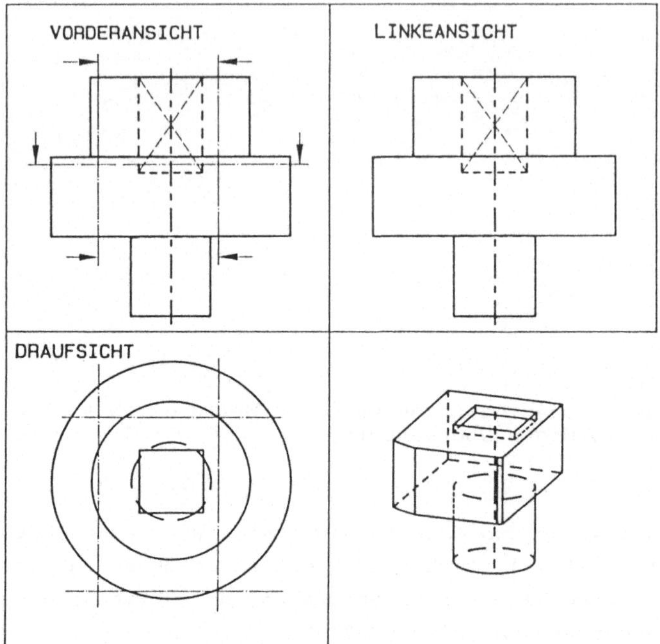

Bild 5.23 Durch Trennen (Herausschneiden) gewonnener Ausbruch zur Gewinnung eines speziellen Halters

Bild 5.24 zeigt die Entstehung einer Welle

- zunächst flächenorientiert durch Konturzug,
- dann durch Bildung des Rotationskörpers und
- schließlich in Form der Ergänzung durch eine axiale Bohrung und durch eine Nut für einen Sicherungsring mittels Bildung von entsprechenden Grundkörpern und deren mengentheoretischer Vernüpfung mit dem Rotationskörper.

Diese Art der Verknüpfung hat bestimmte Konsequenzen: Will man z.B. den linken Wellenabsatz im Durchmesser vergrößern, so muß der gesamte Verknüpfungsbaum mit Ausnahme des rechten Astes aufgelöst und nach Änderung der Kontur wieder neu aufgebaut werden. Bei diesem Beispiel mag dies noch übersichtlich sein, bei weiterer Komplexität des Bauteils ist eine solche Prozedur aber nicht mehr tragbar. Ausschließlich körperorientierte Volumenmodelle (CSG) sind ihrer Natur nach daher wenig geeignet, Anpassungen und Änderungen mit wenig Aufwand durchzuführen.

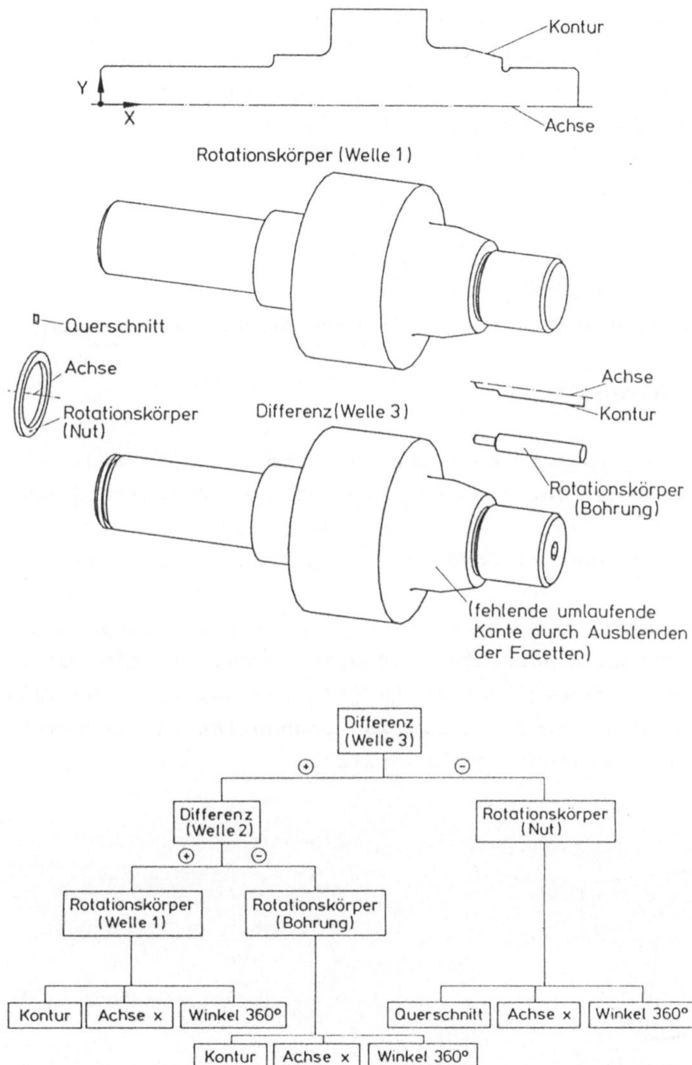

Bild 5.24 Generierung einer Welle auf der Basis eines CSG-Hybrid-Modells mit BOOLEschem Verknüpfungsbaum. Die Darstellung basiert auf einem Polyedermodell (Facetten ersetzen gekrümmte Flächen, vgl. Abschnitt 4.3.3), weswegen je nach Voreinstellung Kanten bei der exakten Darstellung nicht immer wiedergegeben werden. System EUCLID

5.4.2 Zugriff auf Kanten und Flächen

Flächenorientierte Volumenmodelle (B-Rep) verfügen u.a. über Flächen und Kanten (Linien) als Informationsmittel. Zum Zwecke der Änderung, Ergänzung oder Anpassung ist ein Zugriff auf diese möglich. Der Eingriff bleibt dabei örtlich begrenzt, ohne auf eine Entstehungsgeschichte Rücksicht nehmen oder die gesamte Geometrie wieder neu aufbauen zu müssen. Allerdings ist systemintern eine "Mitziehintelligenz" erforderlich, die für Integrität und Konsistenz der dann entstehenden Geometrie sorgt [FAH 89]. Hierbei sind rechnerintern eine Reihe von Algorithmen aufzurufen, die folgende Zwecke verfolgen:

In einer Primäroperation die vorliegende Geometrie prüfen,
- ob der Veränderungswunsch zulässig ist,
- ob die gewählten Parameter noch eine konsistente Geometrie erzeugen und dann
- die Veränderung durchführen.

In der folgenden Anpaßoperation die benachbarte Geometrie anpassen,
- wobei die Topologie im Sinne der konstruktiven Absicht weitgehend erhalten bleiben soll und
- die entstandene Geometrie anschließend auf Integrität geprüft wird.

Bild 5.25 zeigt beispielsweise die Änderung einer Geometrie, indem die Primärfläche 1 geteilt und dann nach oben versetzt wurde. Die sinnvolle Anpassung geschieht dabei nach Regeln, die in [FAH 89] für typische Fälle allgemeingültig beschrieben sind. Hierzu ist rechnerintern das Erkennen von Sekundär- und Tertiärflächen erforderlich.

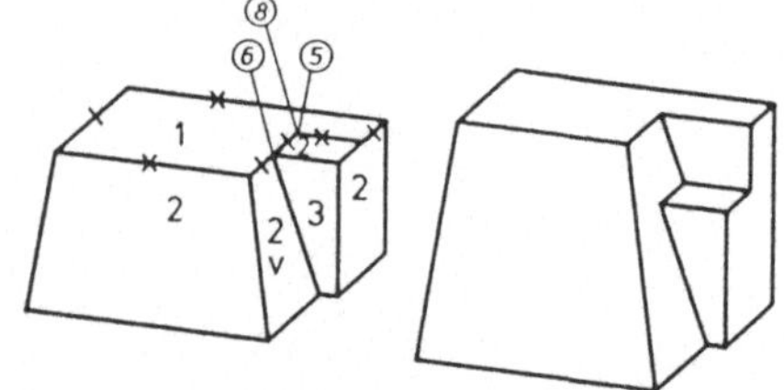

Bild 5.25 Geometrieänderung unter weitgehender Erhaltung der Topologie, indem nach Teilung der Primärfläche 1 ihr linker Teil nach oben versetzt wird und die Anpassung unter Rücksicht auf die bis dahin erreichte Gestalt vorgenommen wird. Nach [FAH 89]

Durch Zugriff auf Punkte, Kanten und Flächen sind an ebenen und gekrümmten Flächen nachstehende Manipulationen möglich, die in Bild 5.26 in systematischer Form nach [ENG 85] wiedergegeben sind:

- Parameter ändern, z.B. Querschnitt verändern,
- Verschieben, z.B. Deckfläche verschieben,
- Verdrehen, z.B. Deckfläche schwenken,

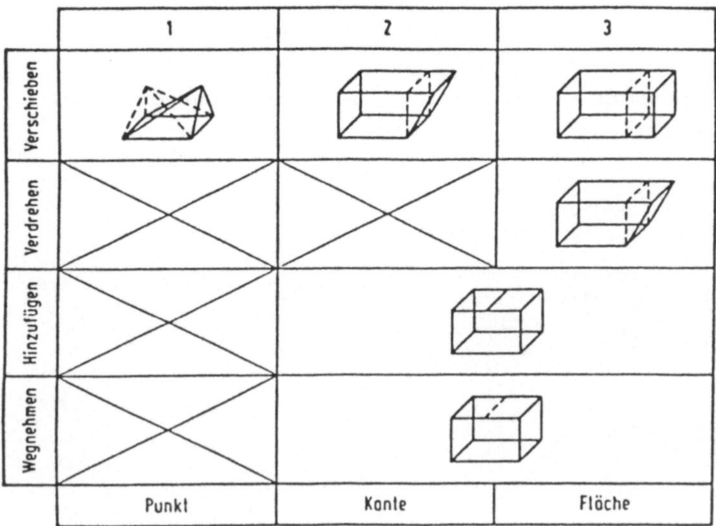

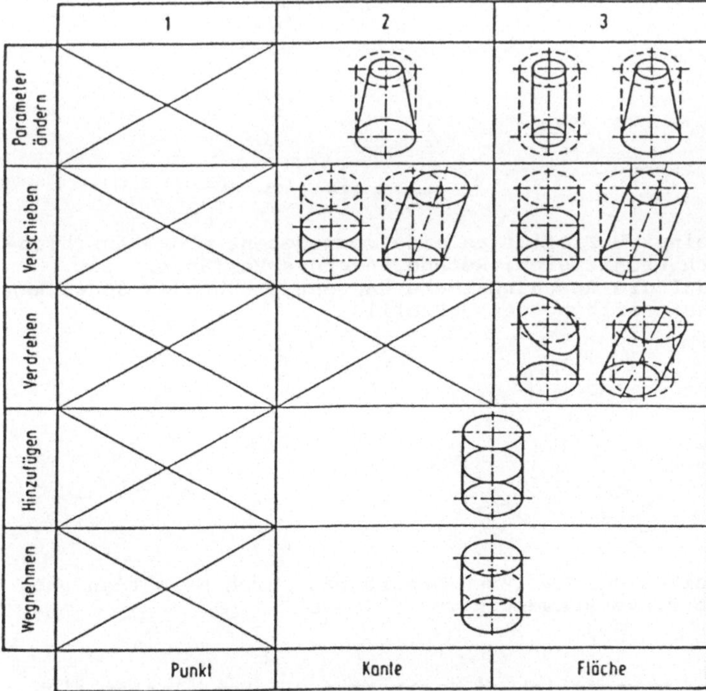

Bild 5.26 Systematische Darstellung nach [ENG 85] möglicher Manipulationen an geraden bzw. gekrümmten Kanten und Flächen in einem B-Rep-Modell (Gestrichelt: Ausgangsgeometrie)

- Hinzufügen, z.B. Fläche teilen,
- Wegnehmen, z.B. Flächen durch Konturen entfernen vereinigen,
- Projizieren als Kombination von Verschieben und Verdrehen.

Bild 5.27 zeigt die Anpassung eines U-Profils an eine vorgegebene Anschlußfläche durch Projizieren.

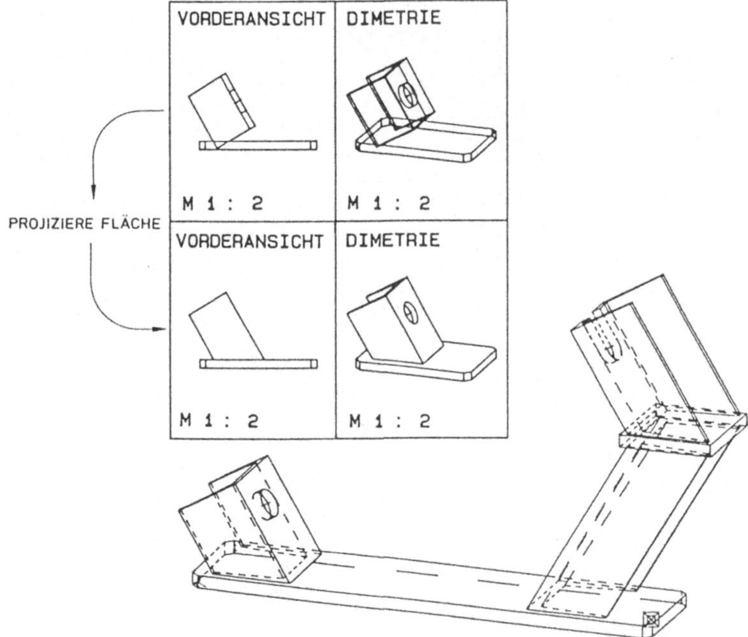

Bild 5.27 Anpassung eines U-Profils an eine vorgegebene ebene Anschlußfläche durch Projizieren: Rechnerinternes Verlängern bzw. Verkürzen auf die Anschlußfläche und entsprechendes Schwenken der Querschnittsfläche des U-Profils

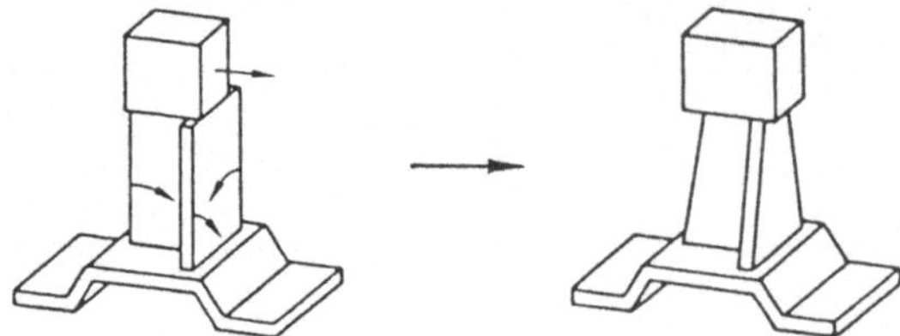

Bild 5.28 Anpassung eines geschweißten Lagerbocks durch Versetzen und Verdrehen bzw. Verschwenken von Flächen

Mit diesen Operationen, vornehmlich an Kanten und Flächen, lassen sich örtlich begrenzte Anpassungen während des Entwurfsprozesses sachgerecht und einfach vornehmen. Bild 5.28 zeigt die Anpassung eines geschweißten

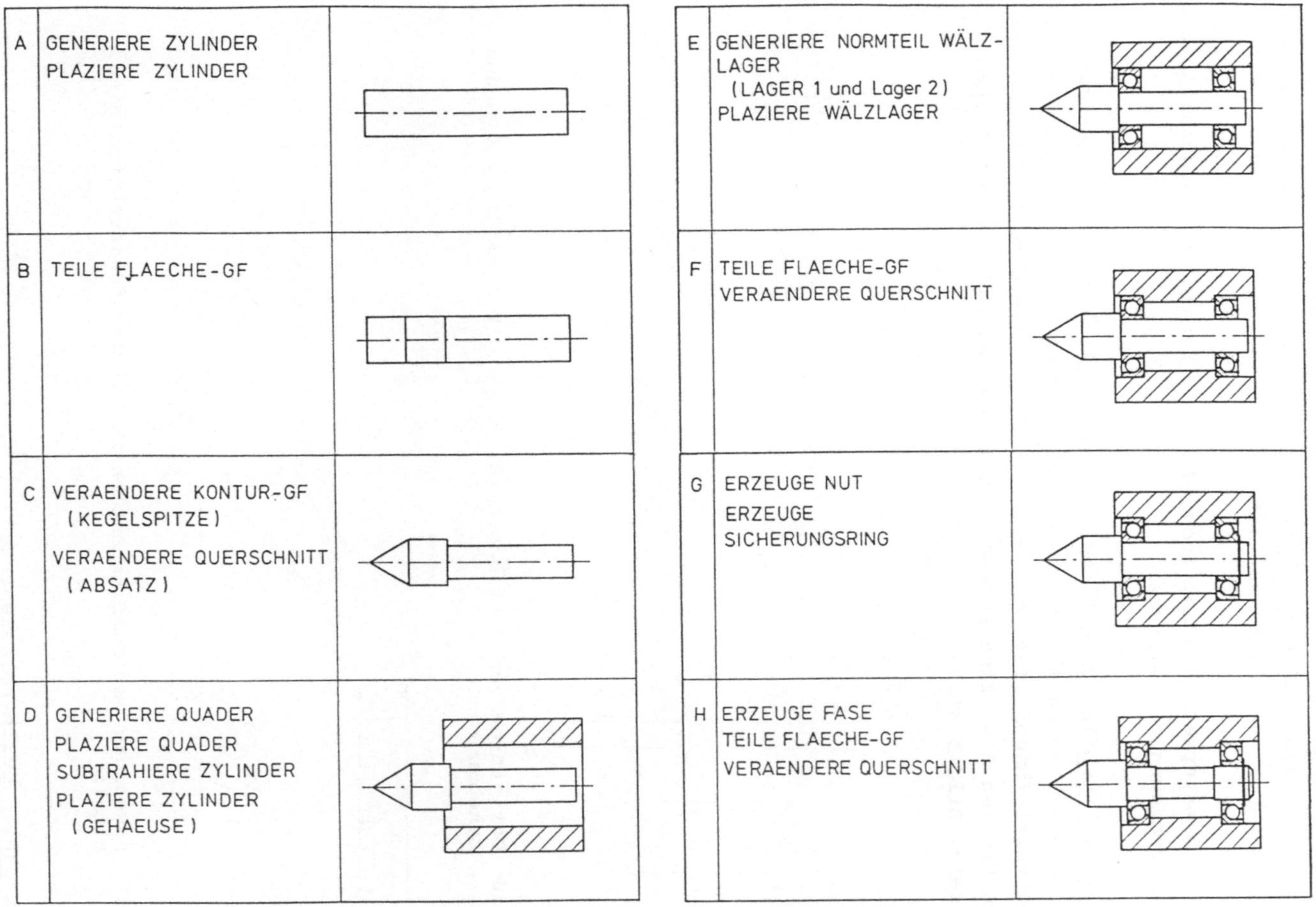

	Schritt	
A	GENERIERE ZYLINDER PLAZIERE ZYLINDER	
B	TEILE FLAECHE-GF	
C	VERAENDERE KONTUR-GF (KEGELSPITZE) VERAENDERE QUERSCHNITT (ABSATZ)	
D	GENERIERE QUADER PLAZIERE QUADER SUBTRAHIERE ZYLINDER PLAZIERE ZYLINDER (GEHAEUSE)	
E	GENERIERE NORMTEIL WÄLZ- LAGER (LAGER 1 und Lager 2) PLAZIERE WÄLZLAGER	
F	TEILE FLAECHE-GF VERAENDERE QUERSCHNITT	
G	ERZEUGE NUT ERZEUGE SICHERUNGSRING	
H	ERZEUGE FASE TEILE FLAECHE-GF VERAENDERE QUERSCHNITT	

Bild 5.29 Schrittweises Entwickeln einer Pinole durch Teilen und Parameteränderung der Flächen

Lagerbocks und Bild 5.29 die schrittweise Entwicklung einer Pinole im Baugruppenzusammenhang. Dabei stellt das Teilen von Flächen eine wertvolle Hilfe dar. Wie in Bild 5.29 gezeigt, wurde durch Teilen der Zylinderfläche in entsprechende unterschiedlich zu behandelnde Abschnitte die örtliche Anpassung eingeleitet.

Das Bilden von Subflächen eröffnet weitere Möglichkeiten der Gestaltung. Bild 5.30 weist, ausgehend von einer definierten Subfläche, auf die Bildung von Vertiefungen (Taschen) oder Erhebungen (Inseln, Warzen) an bestimmten Stellen hin. Eine Anwendung bei der Konstruktion eines Steuerhebels zeigt Bild 5.31.

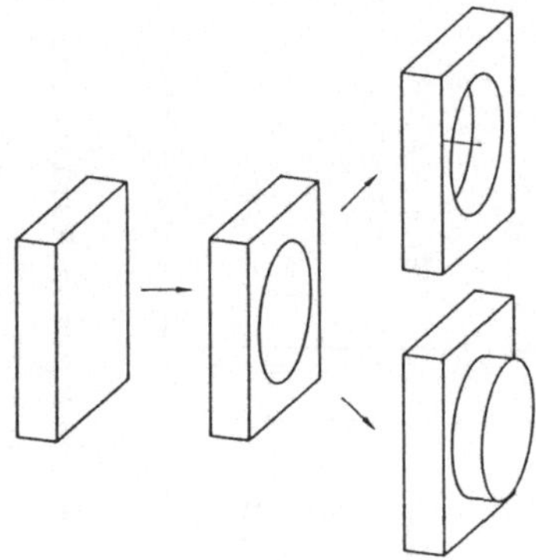

Bild 5.30 Definition von Subflächen zur Bildung von Vertiefungen und Erhebungen

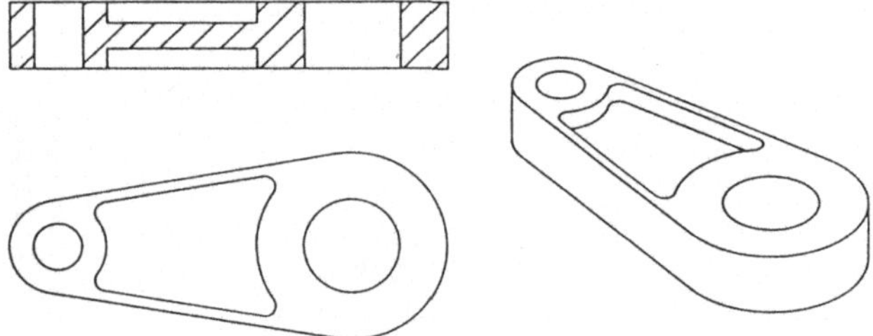

Bild 5.31 Anwendung der Subflächentechnik bei der Konstruktion eines Hebels

5.4.3 Ergänzen durch Formelemente

Wenn bislang die Betrachtung weitgehend geometrisch orientiert war, so müssen mit zunehmender Feingestaltung, die sowohl funktions- als auch fertigungsorientiert vorzunehmen ist, technische Gesichtspunkte verstärkt in den Vordergrund rücken. Mit Hilfe der technischen Modellierung (Festlegen technischer Zusammenhänge mit Hilfe des technischen Modellierers im technischen Partialmodell) lassen sich Rundungen, Sicherungsnuten, Fasen, Bohrungen u.a. als eine technische Absicht definieren. Dadurch bleibt auch bei Änderungen der Geometrie ihre Gestalt im beabsichtigten Zusammenhang erhalten. Die Zusammenfassung mehrerer Geometrieelemente zu einem bestimmten Zweck der technischen Anwendung, gegebenenfalls auch in Verbindung mit Berechnungsprogrammen, wird auch "Feature" genannt.

Bild 5.32a zeigt ein Teil, dessen Stirnfläche durch Radien gerundet wurde. Durch Festlegen des Formelements RUNDUNG im technischen Partialmodell wird bei Verlängerung des Teils durch die Operation VERSETZE FLÄCHE die als im technischen Sinn beabsichtigte Kantenrundung erhalten bleiben, hingegen bei rein geometrischer Modellierung der Algorithmus nicht erkennen kann, daß es sich um eine Kantenrundung handelt und daher eine Gestalt erzeugt, wie im Bildteil b wiedergegeben ist.

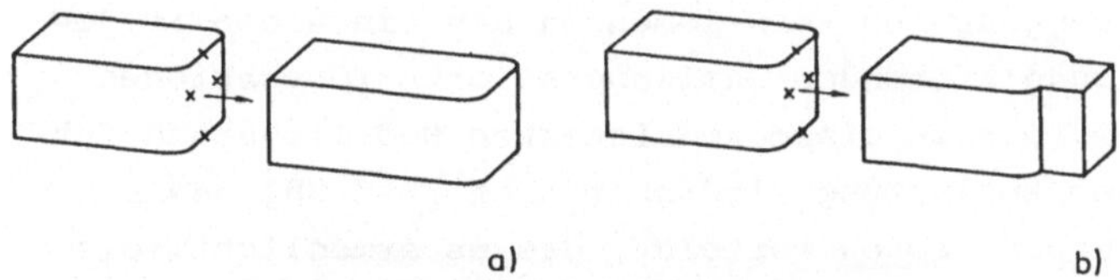

Bild 5.32 Teil mit verrundeten Kanten.
a) Rundungen als Formelement im technischen Partialmodell gekennzeichnet, dadurch bleiben sie bei Versetzen der Stirnfläche mit ihr verbunden.
b) Rundungen nur im geometrischen Partialmodell verankert, was zu einer unabhängigen Eigenständigkeit führt und eine u.U. nicht gewollte Gestalt ergibt.

An diesem Beispiel wird deutlich, daß ein technisches Partialmodell Zusammenhänge festlegen kann, die über die rein geometrische Information hinausgehen. Dazu muß die Datenstruktur entsprechend erweitert werden (vgl. Abschn. 5.4.6), oder sie muß so angelegt sein, daß solche Eigenschaften in einer objektorientierten Programmierung (vgl. Abschn. 4.3.4) zugeordnet werden können.

Wie in Abschn. 5.1.2 beschrieben, werden Elemente des technischen Modellierers nun im Konstruktionsprozeß vermehrt eingesetzt:

<u>Formelemente</u> sind häufig wiederkehrende Gestaltformen wie Rundungen, Fasen, Rechteck- und Rundnuten (Bild 5.33). In einem flächenorientierten

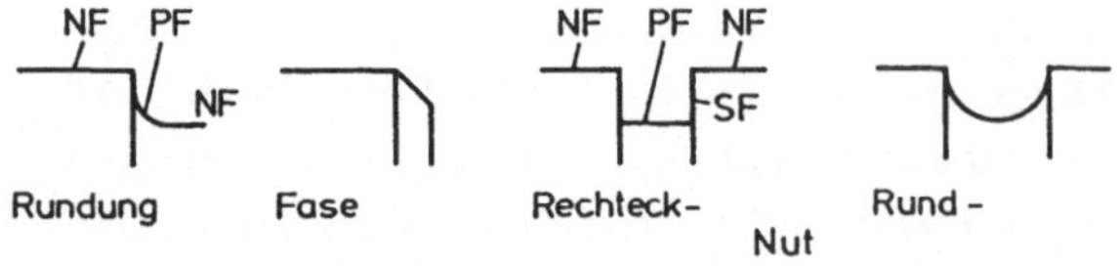

NF PF NF Rundung Fase NF PF NF SF Rechteck-Nut Rund-

Bild 5.33 Beispiele für Formelemente. PF: Primärfläche, SF: Sekundärfläche (Seitenfläche), NF: Nachbarfläche

Volumenmodell (B-Rep) werden sie als feste Zusammenfassung von Flächen beschrieben, ohne dabei selbst ein Volumen oder einen Körper zu bilden. Die die Form maßgeblich bestimmende Fläche ist die Primärfläche, weitere Grenzflächen sind die Sekundärflächen (z.B. Seitenflächen) und die angrenzenden Objektflächen Nachbarflächen, die im allgemeinen die Ausgangsgeometrie darstellen.

Werden Formelemente kantenorientiert erzeugt, so muß zu ihrer Positionierung eine Kante vorhanden sein, oder sie muß durch Flächenteilung erzeugt werden (vgl. Abschn. 5.4.2).

Der Benutzer müßte zur Erzeugung von Formelementen die einzelnen im jeweiligen System zur Verfügung stehenden Basisoperationen (Operationen des jeweiligen CAD-Systems, die zu einem konsistenten Modellzustand führen) durchlaufen. Zu seiner Entlastung wird aber nach [BAC 88] das Konzept der verknüpften Basisoperationen verfolgt, das es ermöglicht, die Manipulationen durch nur ein Kommando ablaufen zu lassen.

Die Formelemente werden im technischen Partialmodell verankert. In dessen Datenstruktur werden die Primär- und Nachbarflächen sowie die nötigen Parameter eingetragen (Bild 5.34). Durch die Operation ERZEUGEN <FORMELEMENT> wird eine Kette von im System vorhandenen und geeigneten Basisoperationen ausgelöst, die für sich die Geometrie des Formelements erzeugen. Weiterhin muß eine zusätzliche Basisoperation DEFINIEREN <FORMELEMENT> zugefügt werden, die für den ordnungsgemäßen Eintrag in die Datenstruktur sorgt. Bild 5.35 zeigt den Vorgang für eine Fase an einer gekrümmten Kante. (< > bedeutet Platzhalter für eine bestimmte Ausprägung, z.B. FASE, RUNDUNG, NUT, entsprechend der Backus-Naur-Form vgl. Abschn. 6.2.3)

In entsprechend umgekehrter Reihenfolge wird bei der Operation LÖSCHEN <FORMELEMENT> verfahren (Bild 5.36).

Diese Fähigkeiten können einem CAD-System durch ein Zusatzprogramm, das diese technischen Formelemente betrifft, als Partialmodell oder als sogenannte "Technische Schale" verliehen werden.

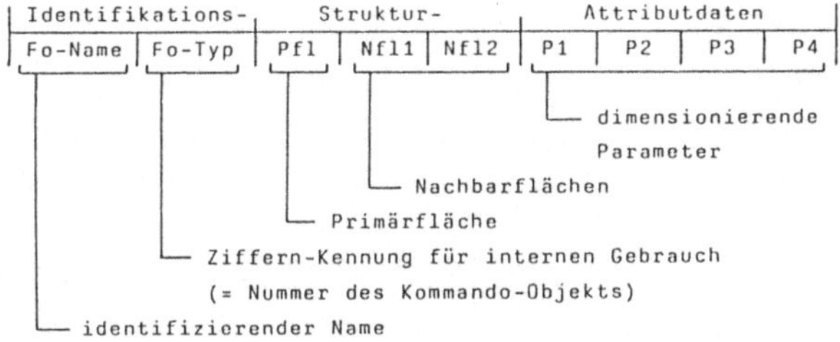

Beispiel einer Ausprägung für eine Fase:

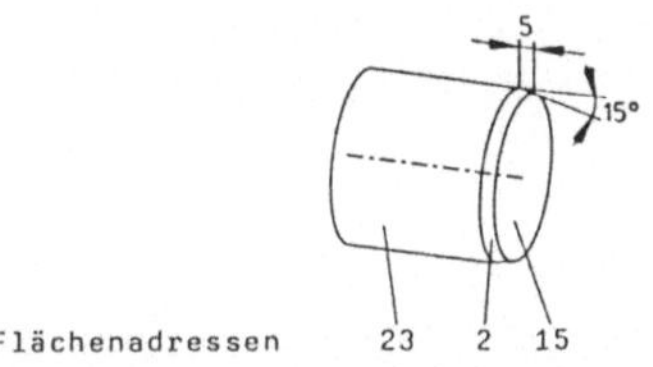

Fo-Name	Fo-Typ	Pfl	Nfl1	Nfl2	Breite	Winkel
FASEG1	10	2	23	15	5.	15.

Bild 5.34 Kopfleiste einer Datenliste für den Eintrag von Formelementen nach [BAC 88].

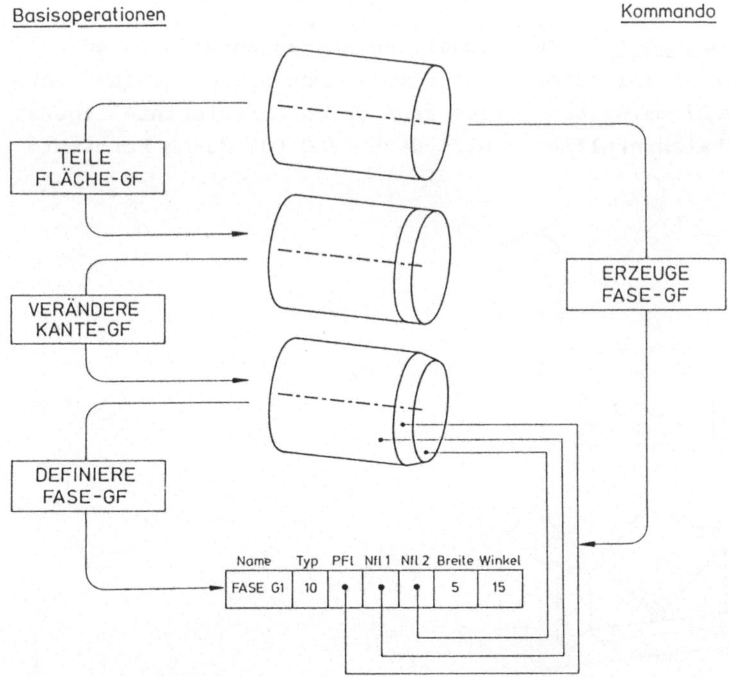

Bild 5.35 Erzeugung einer Fase an einer gekrümmten Fläche in einem Kommando mit Hilfe verknüpfter Basisoperationen

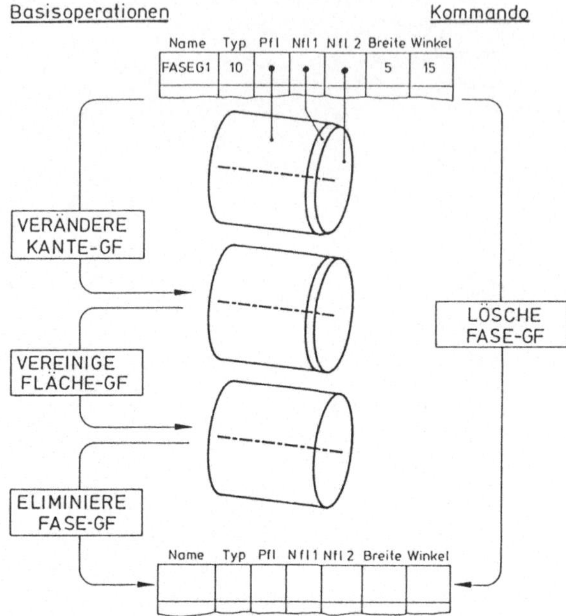

Bild 5.36 Löschen einer Fase durch nur ein Kommando

Bei Veränderung der Grobgestalt (ursprüngliche Ausgangsgeometrie oder Hauptform) können bei einmal generierten Formelementen unerwünschte Entartungen nach Bild 5.37 entstehen. Diese sind durch "Mitziehintelligenz" zu vermeiden. Die Mitziehintelligenz wird nach [BAC 88] durch bestimmte

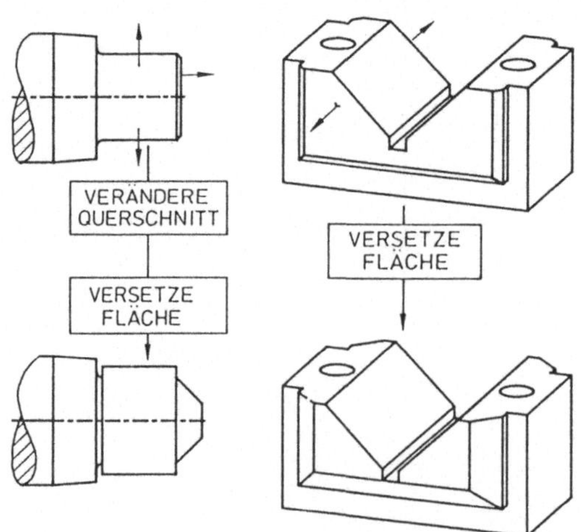

Bild 5.37 Entartungen von Formelementen bei Veränderung der ursprünglichen Ausgangsgeometrie (Grobgestalt)

Vorschalt-, Haupt- und Nachschaltoperationen erzwungen, die wiederum als Zusatzprogramm entsprechend selbsttätig ablaufen:

- Vorschaltoperation: Sichern der Datenstruktur-Daten betroffener Formelemente und Löschen dieser Formelemente.
- Hauptoperation: Verändern der Grobgestalt durch Ausführung des vom Benutzer formulierten Veränderungskommandos.
- Nachschaltoperation: Wiedererzeugen der in der Vorschaltoperation gelöschten Formelemente, sofern ihre korrekte Erzeugung wieder möglich ist.

Durch diese Maßnahmen wird eine der konstruktiven Absicht entsprechende Gestalt erhalten. Bild 5.38 zeigt das Ergebnis unter Anwendung des beschriebenen Vorgehens, das auf jedes CAD-System übertragbar wäre.

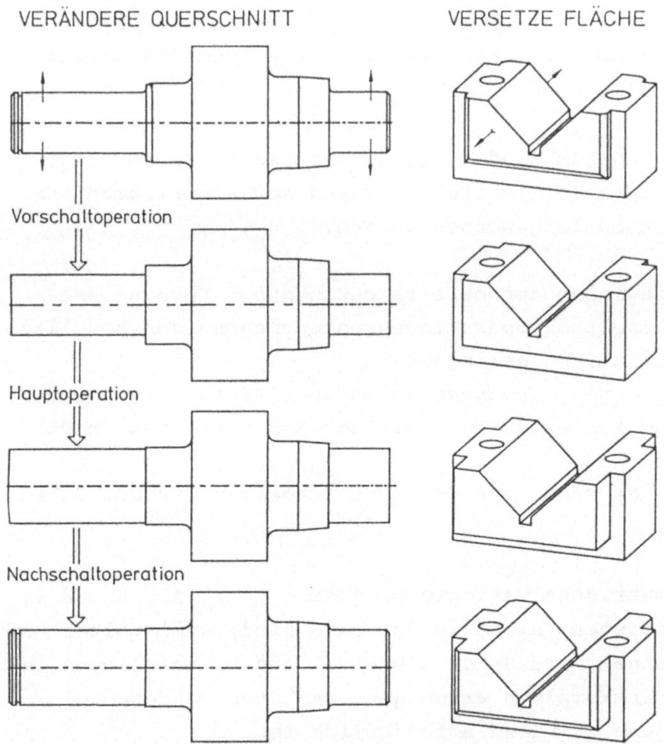

Bild 5.38 Interner Ablauf zur Vermeidung von Entartungen und Erhalt der konstruktiven Absicht bei Veränderung der ursprünglichen Geometrie nach [BAC 88]

5.4.4 Anwenden von Wirkkomplexen

Eine häufig wiederkehrende Aufgabe beim Entwerfen ist die Verwendung von Wirkkomplexen. Wirkkomplexe sind Zusammenfassungen von Geometrien, die in Form von Teilen, Formelementen und Normteilen in ihrer Paarung eine bestimmte Funktion nach einem bestimmten Wirkprinzip erfüllen, z.B. Schrauben-, Sicherungsring- und Welle-Nabe-Verbindungen, Lager- und Dichtstellen. Solche Komplexe müssen am Wirkort angeordnet werden. Bild 5.39 gibt den Ablauf und die Kommandofolge bei der Erzeugung einer Sicherungsringverbindung nach rein geometrischer Modellierung wieder. Die jeweilige Generierung der Einzelteile oder Einzelheiten durch den Benutzer wäre mühsam und zeitraubend. Besonders bei einer notwendigen Änderung können sich, abgesehen vom Aufwand, mannigfache Fehler einstellen, wodurch der Wirkkomplex in sich nicht mehr konsistent wäre.

Im Gegensatz zu dem in Bild 5.39 wiedergegebenen Vorgehen soll der Benutzer weitgehend entlastet werden und nur durch ein Kommando den Wirkkomplex geschlossen erzeugen können. Zweckmäßiges Vorgehen und einige Beispiele hierzu sind [BAC 88] entnommen. Voraussetzungen sind allerdings der Zugriff auf eine Normteildatei (vgl. Kap. 8) und die Definitionsmöglichkeit von Formelementen.

Bei dem vorgeschlagenen Vorgehen sind folgende Informationen bereitzustellen, von denen der größte Teil mittels vorhandener Algorithmen aus dem rechnerinternen Objektmodell gewonnen werden:

- Gestaltinformationen, gewonnen aus bereits bestehenden Kommando-Makros, bei deren Abwicklung Basisoperationen entsprechend den Modellierungsalgorithmen zur Ausführung gelangen.
- Dimensionierungsinformationen, gewonnen durch Zugriff auf die Normdatenablage und durch eine Kontextanalyse mit der Geometrie des Objektmodells.
- Positionsinformationen, gewonnen aus der Kontextanalyse mit der Geometrie des Objektmodells.

In der Regel genügen geometrische Variantenprogramme (vgl. Abschn. 8.4) hierfür nicht, weil sie meistens nicht in der Lage sind, unmittelbar auf Normdaten zuzugreifen. Ferner wird durch sie nicht ein einheitliches Generierungsverfahren für Wirkkomplexe erzwungen, was aber zu deren einfacher Änderung und Löschung zwingend erforderlich ist.

Bild 5.40 zeigt den generellen Ablauf beim Erzeugen, der informatorische und generative Anteile hat:

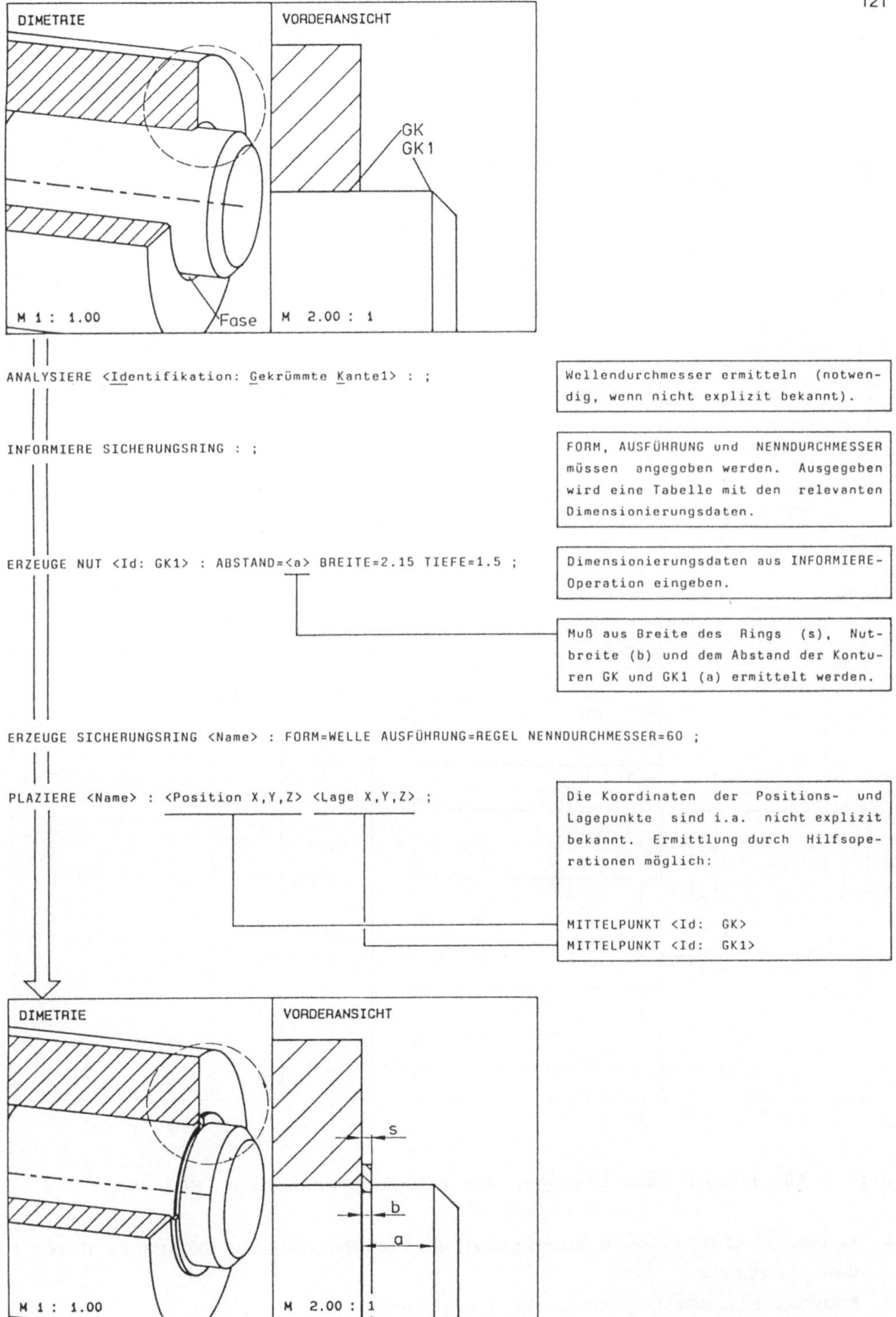

Bild 5.39 Vorgehen und Kommandofolge einer Wirkkomplex-Erzeugung durch jeweilige Generierung der einzelnen beteiligten Elemente durch den Benutzer

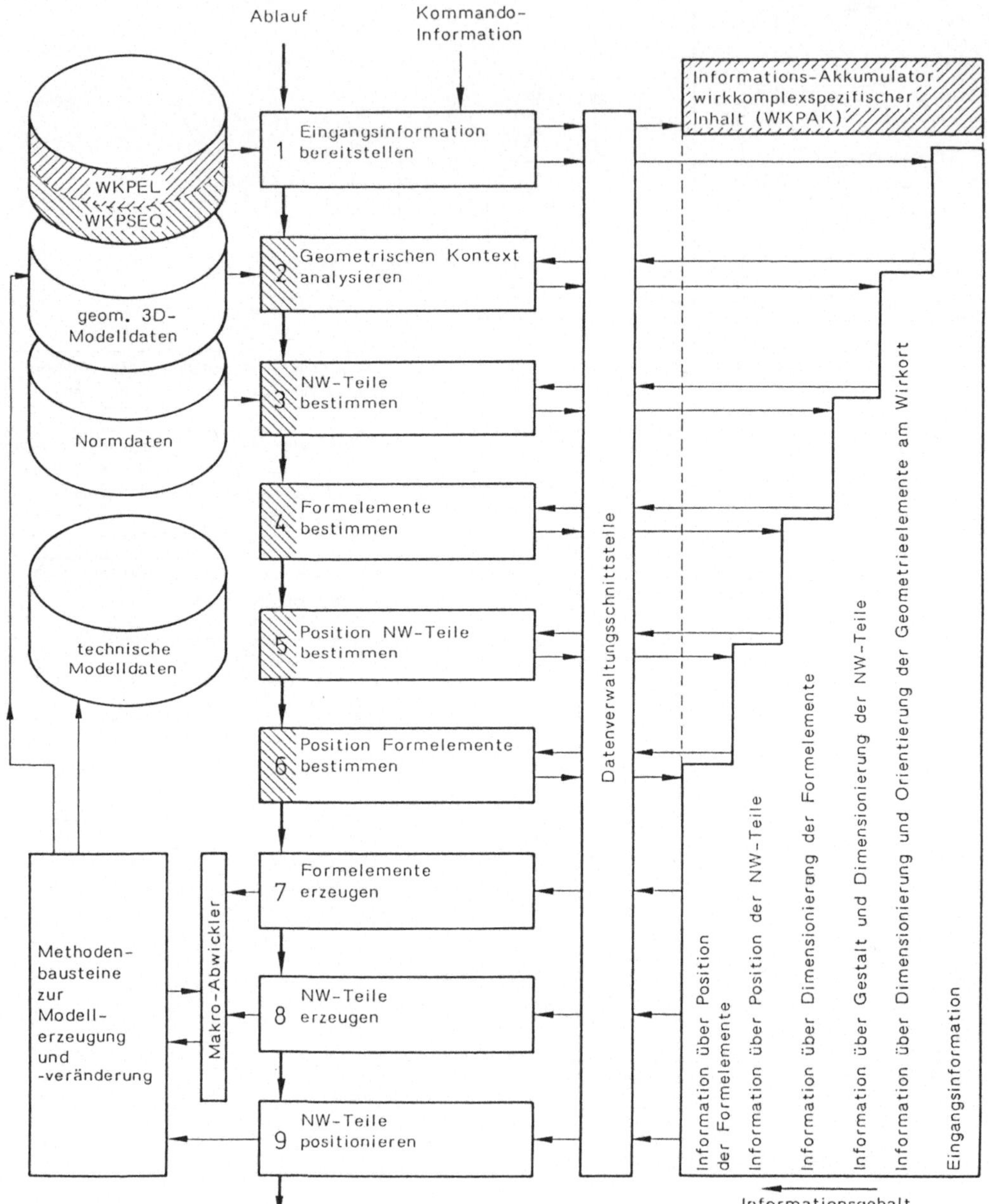

Bild 5.40 Ablauf beim Erzeugen von Wirkkomplexen nach [BAC 88]

1. Eingangsinformationen bereitstellen, gegebenenfalls Ergänzung durch den Benutzer.
2. Kontext mit dem Objektmodell analysieren.
3. Gestalt und Größe der Normteile bestimmen.

4. Größe der Formelemente bestimmem.
5. Position der Normteile bestimmen.
6. Position der Formelemente bestimmem.
7. Formelemente erzeugen.
8. Normteile erzeugen.
9. Formelemente und Normteile positionieren.

Für jeden Wirkkomplextyp wird eine eigene Verarbeitungslogik als Sequenz erstellt, bei der ein entsprechendes Kommandomakro Grundlage ist (vgl. [BAC 88]). Damit ist es entsprechend Bild 5.41 möglich, einen Wirkkomplex allein durch Aufruf eines Kommandos, hier ERZEUGE SICHERUNGSRING-

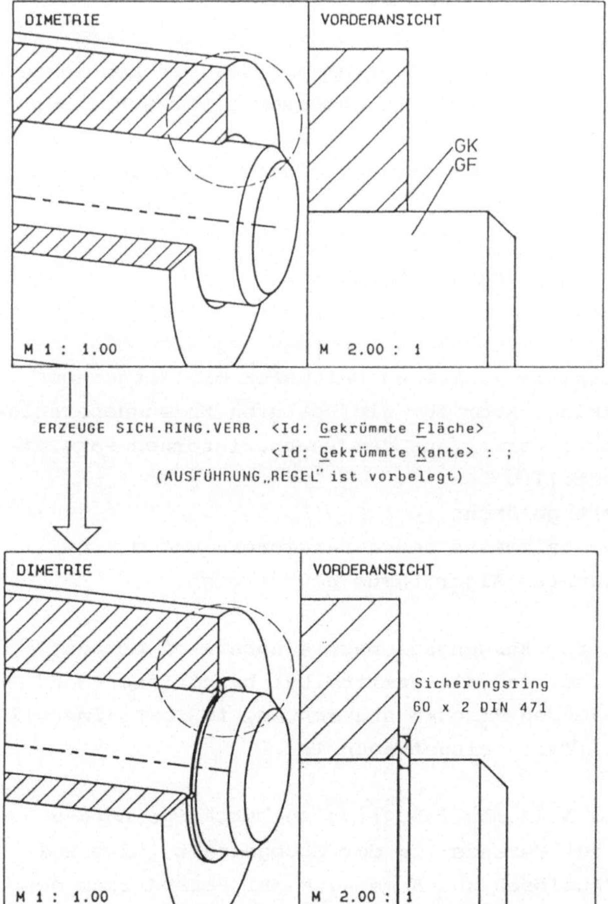

Bild 5.41 Geschlossene Erzeugung einer Sicherungsringverbindung durch nur ein Kommando, dabei Identifikation der gekrümmten Oberfläche (GF) für das Formelement Nut und der Anlagekante (GK) für den Sicherungsring

VERBINDUNG, und durch Identifikation der entsprechenden Objektfläche und der entsprechenden Funktionskante bzw. -fläche sowohl Größe und Position des Sicherungsrings als auch die zugehörige Nut zu erzeugen.

Auf Grund der Tatsache, daß der Wirkkomplex rechnerintern durch ein eigenes Partialmodell beschrieben wird, ist sein einfaches und schnelles Löschen und die Wiederherstellung der ursprünglichen Geometrie problemlos. Bei der Operation LÖSCHEN <WIRKKOMPLEX> und bei gleichzeitiger Identifizierung des betreffenden Wirkkomplexes wird der Zusammenhang aufgelöst, die beteiligten Flächenelemente, Formelemente und Normteile sowie der Eintrag gelöscht. Dabei wird die ursprüngliche Ausgangsgeometrie wieder hergestellt.

Das Ändern eines Wirkkomplexes ist nun ebenfalls relativ unproblematisch. Hierbei ist zu unterscheiden, ob die Parameter des Wirkkomplexes selbst, z.B. Dicke des Sicherungrings oder Durchmesser einer Schraube, der Veränderung unterliegen sollen (direkte Änderung) oder ob die Ausgangsgeometrie geändert wird, was eine Anpassung (indirekte Änderung) des Wirkkomplexes zur Folge hat.

In beiden Fällen läuft die Veränderung wie folgt ab:

- In dem spezifischen Kommando zur Veränderung werden sogleich die jeweils zu verändernden konstruktiv variablen Parameter mit eingegeben.
- Die nicht konstruktiv variablen, aber für die späteren Erzeugeoperationen notwendigen Parameterwerte werden aus dem rechnerinternen Partialmodell WIRKKOMPLEX bereitgestellt.
- Der Wirkkomplex wird komplett gelöscht.
- Der Wirkkomplex wird mit den teilweise neuen Parametern und den bereitgestellten nach dem bekannten Algorithmus neu erzeugt.

Rechnerintern muß der Kontext zur Ausgangsgeometrie natürlich bekannt sein, was dadurch gesichert wird, daß die unmittelbar betroffene "Randgeometrie", d.h. die anschließenden Flächen und Kanten, im Partialmodell mit Verweis auf ihre Herkunft (Teil) eingetragen ist.

Somit ist es entsprechend Bild 5.42 möglich, eine selbsttätige Anpassung der Sicherungsringverbindung bei Veränderung der Grobgestalt, hier Wellendurchmesser, allein durch Auslösen des Kommandos zur Veränderung des Wellenquerschnitts zu bewirken.

Die vorstehend geschilderten Fähigkeiten auf der Grundlage von verknüpften Basisoperationen, zusammengefaßt in entsprechenden technisch orien-

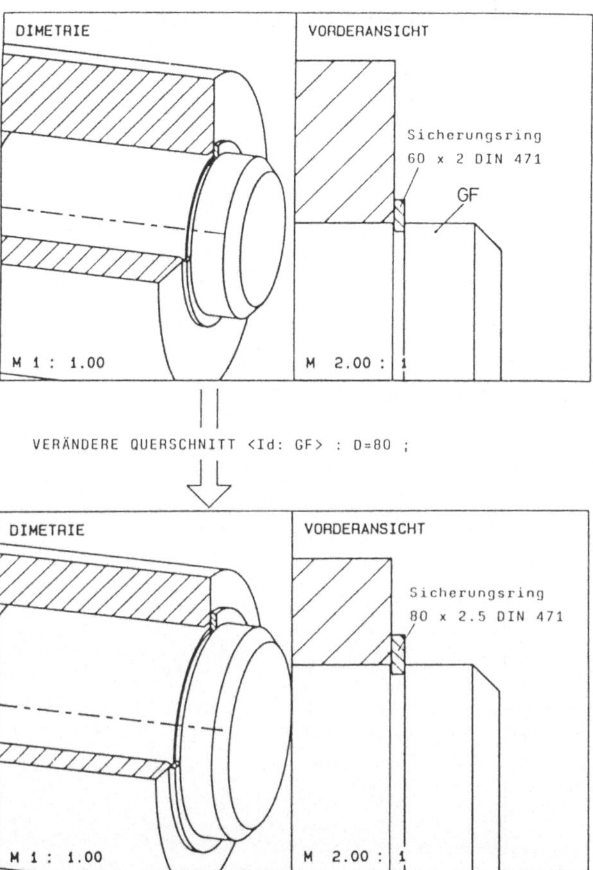

Bild 5.42 Selbsttätige Anpassung einer Sicherungsringverbindung bei Änderung des Wellenquerschnitts

tierten Partialmodellen, gestatten dem Konstrukteur schon den recht frühen Einsatz verschachtelter Geometrien bzw. den von Wirkkomplexen. Da ihre Änderung bzw. Löschung mindestens für den Benutzer wenig aufwendig und auch das Antwortzeitverhalten erträglich ist, kann er den Entwurf frühzeitig besser durchgestalten und optimieren.

5.4.5 Manipulieren bei Erhalt der Gestalt

Bei der Bearbeitung eines Entwurfs werden häufig Teile oder Gestaltungszonen mehrfach oder spiegelbildlich benötigt. Auch kann ihre Verschiebung oder Verdrehung mit oder ohne Vervielfältigung erforderlich sein. Es wurde in [EIM 82] auf solche Manipulationsfunktionen bei den Arbeits-

techniken zur Zeichnungserstellung bereits hingewiesen. Diese sind selbstverständlich auch auf die Modelliertechnik bei Nutzung von 3D-Modellen gleichermaßen anwendbar (Bild 5.43).

- **Spiegeln,**
- **Verschieben und/oder Verdrehen**

können mit oder ohne gleichzeitigem Vervielfältigen geschehen.

- **Anordnen im Kreis oder im Rechteck**

wird unter gleichzeitigem Vervielfältigen genutzt.

Spiegeln	
Verschieben und/oder Vervielfachen	
Drehen und /oder Vervielfachen	
Anordnen rechteckig	
kreisförmig	

Bild 5.43 Manipulationsfunktionen bei Erhaltung der Gestalt mit und ohne Vervielfältigen nach [EIM 82 bzw. EIM 86]

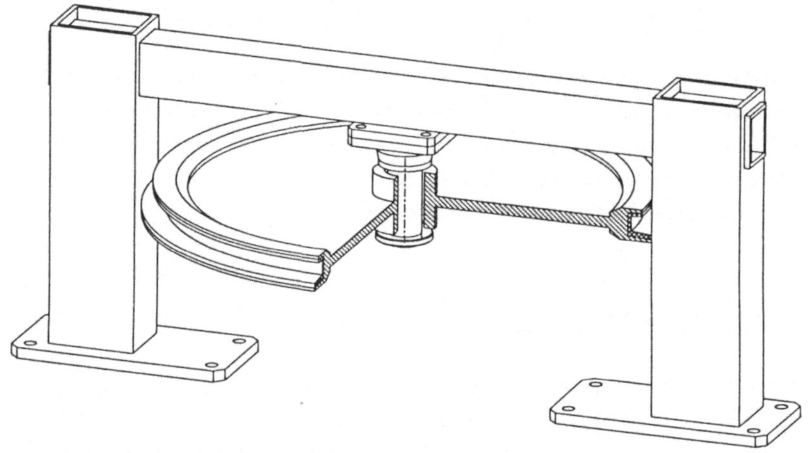

Bild 5.44 Durch Spiegeln erzeugte linke Stütze einer Seilscheibenlagerung

Erst durch die Anwendung der genannten Manipulationsoperationen wird der Konstruktionsprozeß mit CAD interessant, weil dann dem Benutzer sehr viel Generierungsarbeit bei der Erstellung sich wiederholender Gestaltungszonen erspart wird. Bild 5.44 zeigt ein Beispiel, bei dem zur Erzeugung der einen Stütze der Scheibenlagerung das Spiegeln genutzt wurde. Bild 5.45 gibt eine Flanschverbindung wieder, bei der die Schraubenverbindungen durch Vervielfältigen im Kreis entstanden sind.

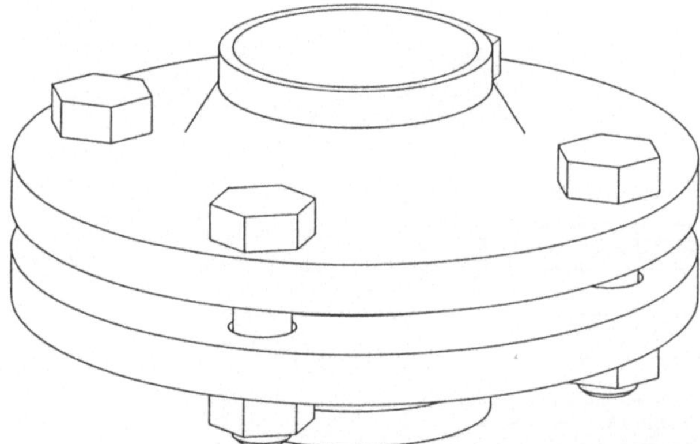

Bild 5.45 Flanschverbindung, bei der die Schraubenverbindungen durch Anordnen im Kreis mehrfach auf einmal erzeugt wurden

5.4.6 Datenstruktur mit technischem Partialmodell

Die im Abschn. 4.3.3 und im Bild 4.14 dargestellte Datenstruktur betraf die geometrische Modellierung. Durch Hereinnahme technischer Sachverhalte muß sie erweitert werden. Dabei ist der Tatsache Rechnung zu tragen, daß Körper mit anderen Körpern durch mengentheoretische Verknüpfung Komplexkörper bilden können, die ihrerseits wiederum zu Teilen im Sinne von Bauteilen verknüpft werden. Je nach Situation im Konstruktionsprozeß werden diese zwar generiert, jedoch teils früher oder teils später verschmolzen.

Neben den Teilen und Körpern sind die Formelemente wichtiger Bestandteil der technischen Beschreibung und bestimmen die feingestaltete Geometrie. Alle diese Elemente der Datenstruktur sind rekursiv vorzusehen, d.h. sie können mehrfach und in unterschiedlicher Zuordnung auftreten. Bild 5.46 zeigt den grundsätzlichen Aufbau der Datenstruktur und ermöglicht die Realisierung vorbeschriebener Fähigkeiten nach [BAC 88 und FAH 89]. Die Wirkkomplexe lassen sich mit ihrer Hilfe ebenfalls beschreiben, da sie neben den Formelementen nur Teile, sei es als erzeugte oder aus dem

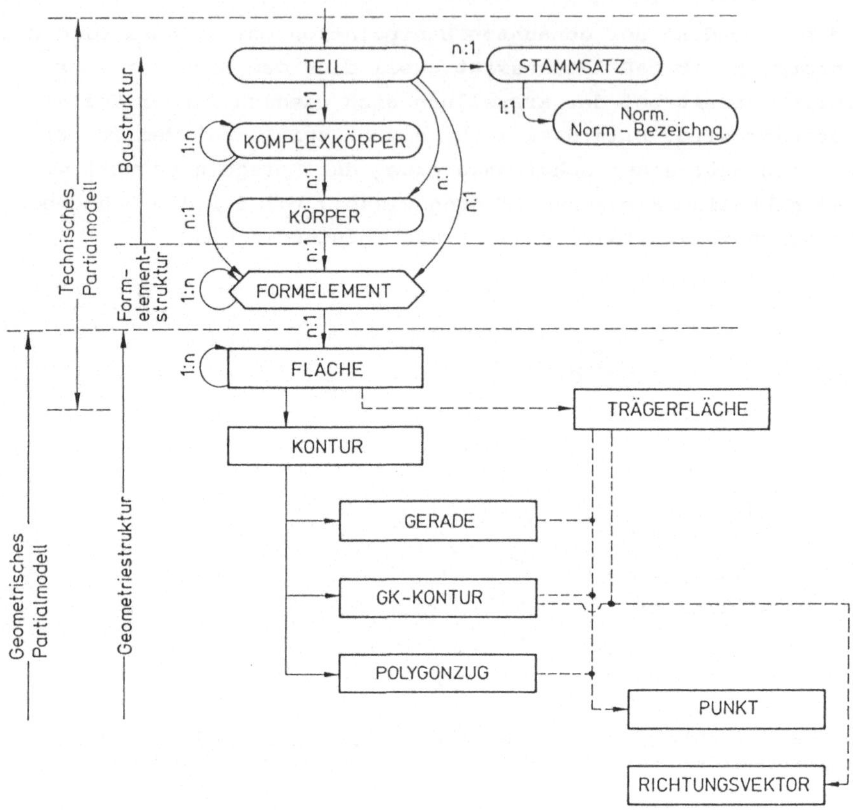

Bild 5.46 Datenstruktur mit geometrischem und technischem Partialmodell nach [BAC 88, FAH 89]

Norm- und Wiederholteilsystem entnommene, enthalten. Darüber wird dann der baustruktur-orientierte Modellierer gesetzt, der die Behandlung der Erzeugnisstruktur (vgl. Kap. 9) gestattet.

5.5 Sichern und Speichern

Die Daten des Objektmodells sind solange gefährdet, bis sie dauerhaft abgespeichert sind. Inhalte des Hauptspeichers gehen bei Stromausfall verloren. Bei gewissen komplexen Operationen kann es "Systemabstürze" geben, bei denen Daten zerstört werden. Schließlich können Bedienungsfehler zu Datenverlusten beitragen. Nach jedem wichtigen Arbeitsschritt, insbesondere nach umfangreichen Generierungen und vor gravierend gestaltändernden Operationen, sollte der jeweils erreichte Modellzustand gesichert werden, um bei etwaigen Verlusten oder Fehlleistungen mit nur wenig Aufwand auf ihn zum Zwecke der Neu- oder Weiterbearbeitung zurückgreifen zu können. Folgende Maßnahmen können getroffen werden:

- Anlegen einer Arbeitskopie zur Sicherung des erreichten Zustands entweder automatisch oder durch die Operation SICHERN.
- Mitschreiben der Kommandofolge (History) fortlaufend oder abschnittsweise entweder automatisch oder auf Befehl und ihre entsprechende Auslagerung. Mit einer solchen Kommandofolge kann der Ablauf wiederholt, kontrolliert und gegebenenfalls im Sinne einer Vereinfachung oder Ergänzung geändert werden. Von letzterem wird beispielsweise bei der Erstellung von Befehlsmakros Gebrauch gemacht (vgl. Abschn. 8.3).
- Archivieren des Arbeitsergebnisses bei Unterbrechung oder Beendigung der Arbeit durch die Operation ARCHIVIEREN in eine gesonderte Datei.

5.6 Modellierungsstrategien

5.6.1 Vorgehen beim Entwerfen

Das Vorgehen beim methodischen Entwerfen ist ausführlich in [PAB 86] dargestellt worden. Eine Kurzfassung dieses Vorgehens zeigt Bild 5.47. Kennzeichnend ist, daß nach einer Analyse der Aufgabenstellung und des vorliegenden Konzepts (Prinzipielle Lösung) die gestaltungsbestimmenden Anforderungen nach grundsätzlicher Gestalt, Anordnung, Abmessung (Größe) und erforderlicher Werkstoffart (z.B. Guß-, Schmiede-, Halbzeug- oder Kunststoffteile) erkannt werden müssen. Dies führt zum Klären der gestaltungsbestimmenden Anforderungen.

Erst dann ist ein sinnvolles Strukturieren in Module, d.h. in jeweilige die Funktion erfüllende Zonen oder Teile (Funktionsträger), möglich. Die vorher erkannten Gestalteigenschaften, wie Form, Abmessungen, Anordnung und Werkstoffart, bestimmen zunächst die Grob- oder Hauptgestalt der beabsichtigten Teile. Die Teile wiederum werden, ausgehend von den Hauptfunktionen, zuerst in Form einer Grobgestalt (soweit wie möglich anordnungs- und abmessungsmäßig zutreffend, aber vorerst noch vorläufig und änderbar) erstellt. Das Grobgestalten der Hauptfunktionsträger bestimmt im wesentlichen die Generierungstrategien mit grundkörper- bzw. flächenorientiertem Vorgehen oder mit Hilfe der Rekonstruktionstechnik (vgl. Abschn. 5.2.5). Die dabei entstandenen Körper bzw. Teile werden vielfach erst einer Rohform, ähnlich einem Rohteil, entsprechen.

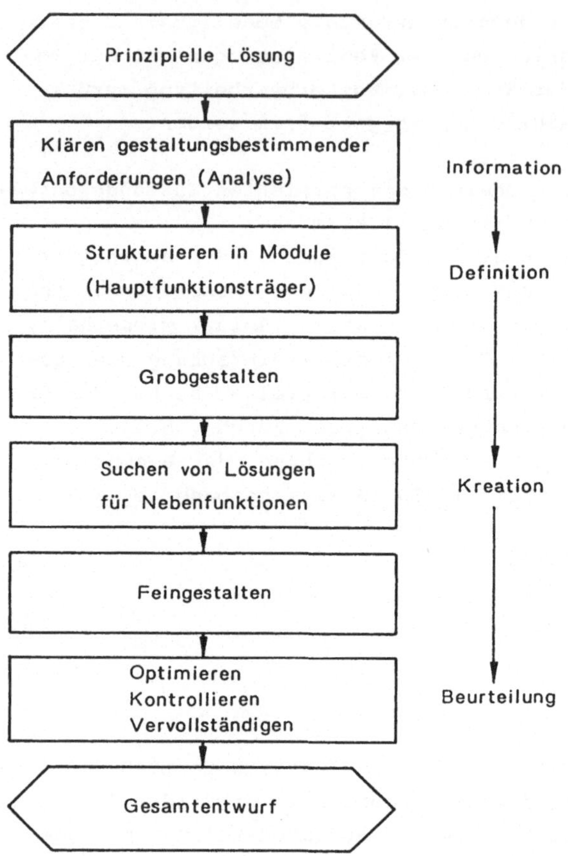

Bild 5.47 Vorgehen beim Entwerfen nach [PAB 86] in gekürzter Fassung

Eine weitere Detaillierung im Sinne einer Feingestaltung ist jedoch erst sinnvoll, wenn die Lösungen für erforderliche Nebenfunktionen bekannt sind. Die Suche nach Lösungen für Nebenfunktionen wird durch Übernahme von Norm- und Wiederholteilen sowie von Zukaufteilen unterstützt. Entsprechende Datenbanken oder Bibliotheken sind wichtige Voraussetzungen für eine rasche und erfolgreiche Arbeit mit CAD-Systemen. Aus ihnen werden die gewünschten Komponenten durch Kopieren in geeigneter Form übernommen. Diese Nebenfunktionsträger beeinflussen aber in hohem Maße die weitere Gestaltung und bewirken oft auch eine Änderung schon bestehender Geometrie. Deshalb sollte erst nach Festlegen der Nebenfunktionsträger die Feingestaltung vorgenommen werden.

Das Feingestalten entspricht beim CAD-Prozeß im wesentlichen dem Ergänzen, Anpassen und Vervollständigen unter ständigem Ändern vorhandener Geometrie unter Nutzung von Formelementen und Wirkkomplexen.

Schließlich ist ein kontrollierendes Optimieren noch ein wichtiger Arbeitsschritt, der gerade bei Nutzung von CAD-Systemen durch Berechnungen und Variantenvergleich, soweit nicht schon in den vorhergehenden Arbeitsschritten durchgeführt, schneller und erfolgreicher als bei konventioneller Arbeit vorgenommen werden kann.

5.6.2 Generelle Strategie

Gegenüber konventionellem Arbeiten muß der Konstrukteur in einem CAD-System eine bestimmte Vorgehensweise beachten und schon sehr früh bestimmte Festlegungen treffen, die er früher zunächst offen lassen konnte [BAU 88, PAE 85]:

Festlegen einer Generierungsstrategie besonders bei Beginn der Arbeit nach grundkörper- oder flächenorientiertem Vorgehen. Vielfach wird eine Kombination der beiden Vorgehensweisen zur Erstellung komplexerer Körper oder Teile zweckmäßig sein.

Generell gilt, daß Generierungen bei der Grob- und Feingestaltung nur soweit detailliert vorgenommen werden sollen, wie es der jeweilige Zweck erfordert. In vielen Fällen genügt es, bestimmte Einzelheiten z.B. erst bei Abruf der bildlichen Darstellung einzufügen, wenn diese im Sinne einer Normung ohnehin festgelegt sind. Sinn dieser Empfehlung ist es, den Generierungsaufwand möglichst klein zu halten, die Antwortzeiten zu reduzieren und das Erreichen etwaiger Modellgrenzen zu vermeiden oder hinauszuschieben.

Bei jeder Generierung ist das entstehende Teil zu benennen, damit es immer eindeutig identifiziert und automatisch in die Baustruktur bzw. Stückliste aufgenommen werden kann.

Es sind spätestens bei der Körpererzeugung alle Abmessungen vollständig zu beschreiben, auch wenn sie nicht endgültig festliegen und somit später geändert werden müssen.

Alle Körper oder Teile sind zu positionieren.

In der Regel erst Grobgestalten, dann früh zonenweise Feingestalten (vgl. Abschn. 5.4.5), damit Manipulationsfunktionen, wie Spiegeln und Vervielfältigen ohne weiteren Ergänzungsaufwand genutzt werden können.

Hoher Generierungsaufwand zwingt zur Nutzung von Wiederhol- und Normteilen. Der Aufbau einer im Rechnerzugriff liegenden Norm- und Wiederholteildatenbank mit der Möglichkeit, diese Teile oder Zonen direkt zu übernehmen, ist unerläßlich.

Es ist eine Produktsystematik (vgl. Kap. 10) zu entwickeln, die es gestattet, möglichst viele Norm- und Wiederholteile bzw. Wiederholzonen zu definieren. Letztere sollten weitgehend mit entsprechenden Fertigungs- und Montagemodulen identisch sein oder ihnen nahe kommen.

Für die rechnergestützte Arbeitsweise ergibt sich darüber hinaus:

- Die Zahl der benötigten Ansichten und Schnitte reduziert sich beim rechnergestützten Entwerfen, weil der Zugriff auf perspektivische Darstellungen des Objekts, z.B. Dimetrie oder Isometrie, einen häufigen Ansichtswechsel in orthogonaler Projektion stark reduziert.
- Die konstruktive Gestaltung erfolgt in der jeweils zweckmäßigsten Ansicht unter Zugriff auf das rechnerinterne Objektmodell, von dem zu gegebener Zeit die für einen bestimmten Zweck benötigten Darstellungen in Form von Zeichnungen, Bildern und Ansichten abgeleitet werden. Der Zeichnungssatz entsteht erst hinterher und wird dann nur noch zweckspezifisch gebildet.
- Einfache Geometrieerzeugung führt zu einer einheitlicheren und fertigungsgerechteren Gestaltung.

5.6.3 Generierungsstrategien

Ziel der Generierungsstrategie ist es, mit möglichst wenigen und einfachen Operationen und geringen CPU-Zeiten das gewünschte Konstruktionsziel zu erreichen. Der Konstrukteur muß dazu eine Strategie (Vorgehensweise) wählen. Folgende Empfehlungen können gegeben werden:

Analysiere, ob ein grundkörper- oder ein flächenorientiertes Vorgehen zweckmäßiger ist.

Nutze grundkörperorientiertes Vorgehen, wenn das beabsichtigte Teil mit wenigen und einfachen Körpern beschreibbar ist. Z.B.: Bei Welle wähle Zylinder, bei Buchse Hohlzylinder, bei Platte Quader usw.
Dies ist u.a. auch der Fall, wenn der oder die Grundkörper gleichzeitig das Rohteil oder das Halbzeug darstellen können, von dem aus eine weitere Feingestaltung gleichermaßen wie bei einem spanenden Fertigungsprozeß vorgenommen wird [REI 87].

Bevorzuge flächenorientiertes Vorgehen, wenn das beabsichtigte Teil eine komplizierte Form hat, die in einer Ebene dominiert und der Körper durch

Translation oder Rotation entwickelt werden kann (vgl. Bilder 5.7 und 5.10). Nutze zur Erstellung des jeweiligen Profils (Querschnitts- oder Wirkfläche) auch eine Hilfslinientechnik in der entsprechenden Ebene.

Benutze Rekonstruktionstechnik, wenn als Ausgangsbasis eine 2D-Darstellung in mehreren Ansichten des beabsichtigten Teils bereits in digitaler Form vorliegt und das verwendete CAD-System diese Möglichkeit anbietet.

5.6.4 Anpaß- und Ergänzungsstrategien

Neben den in Abschn. 5.6.3 aufgeführten Generierungsstrategien zur Erzeugung einer vorläufigen, aber doch schon im wesentlichen zutreffenden Gestalt (Grobgestalt) sind bei der anschließenden Feingestaltung nachstehende Anpaß- und Ergänzungsstrategien hilfreich:

Ergänzen durch vordefinierte Grundkörper bei einfachen Formen durch Hinzufügen oder Abziehen.

Ändern an Flächen durch Verschieben oder Schwenken, wobei gegebenenfalls vorher ein Teilen entsprechender Flächen notwendig ist. Dies ist insbesondere bei B-Rep-Modellen ein sinnvolles Vorgehen bei der Anpassung oder Änderung von Gestaltungszonen (vgl. Bilder 5.26 bis 5.31).

Subtrahieren von Überkörpern kann zu angepaßten Gestaltformen führen. Dieses Mittel ist besonders dann anzuwenden, wenn der Zugriff auf einzelne Flächen nicht möglich oder zu kompliziert ist (vgl. Bild 5.21).

Trennen oder Schneiden von Körpern bei gleichzeitiger Löschung überflüssiger Körperteile zur Bildung neuer Formen oder alleinige Trennung zur Bildung getrennter Teile, z.B. Ober- und Unterteil (vgl. Bild 5.22). Dies ist ein vorteilhaftes Vorgehen, wenn das oder die Teile sonst schwieriger zu generieren sind (vgl. Bild 5.23).

Vervielfältigen beim Verschieben oder Verdrehen sowie beim Spiegeln, was bevorzugt wird, wenn schon gleiche oder ähnliche komplexere Gestaltungszonen vorliegen. Diese sollten dann soweit wie möglich feingestaltet sein, um nachfolgende wiederholende Generierungsoperationen zu vermeiden (vgl. Bilder 5.44 und 5.45).

Nutzen von Formelementen, die parametrierbar sein müssen und als technisches Partialmodell zur Verfügung stehen. Besonders vorteilhaft, wenn die Formelemente gleichzeitig bestimmten Fertigungsoperationen, wie Nut stechen, Fase anbringen usw. entsprechen (vgl. Bilder 5.35 und 5.36).

Bereitstellen und Nutzen von Norm- und Wiederholteildateien, wobei diese auch Wiederholzonen beinhalten sollten (vgl. Kap. 8).

Anwenden von Wirkkomplexen zum rascheren Aufbau von gepaarten Normteilen und Formelementen (vgl. Bilder 5.41 und 5.42).

Verschmelzen von Körpern zu Teilen so spät wie möglich vornehmen, um problemlosere Änderungsmöglichkeiten zu bewahren. Dies hängt einmal von den Fähigkeiten des betreffenden CAD-Systems wie aber auch von der Entwurfssituation ab (vgl. Bild 5.24). Soll eine komplexere Zone oder ein Teil z.B. vervielfältigt werden, wird eine weitgehende Feingestaltung mit Verschmelzung zweckmäßig sein.

Erst die Kenntnis und Beherrschung aller in einem CAD-System befindlichen Fähigkeiten werden es dem Benutzer ermöglichen, eine auf den vorliegenden Fall abgestimmte, optimale Vorgehensweise über die gegebenen Empfehlungen hinaus zu entwickeln.

5.6.5 Beispiele zum Vorgehen bei der 3D-Modellierung

Das erste Beispiel betrifft eine Stanzvorrichtung. Im Vordergrund der Betrachtung sollen dabei die Modellierungsstrategien und die angewandten Arbeitstechniken stehen. In der nachfolgenden Tab. 5.1 (Bilder mit Erläuterungen) ist das Vorgehen mit Hilfe des Systems IKA ersichtlich.

Es findet ein ständiger Wechsel zwischen der 2D- und 3D-Arbeitstechnik statt. Je nach Problemlage und Gestaltungsabsicht wird bei der Erzeugung von Teilen entweder flächenorientiert (Arbeitsschritte 1 bis 3) oder grundkörperorientiert (Arbeitsschritte 5 bis 7) begonnen. Dabei entsteht zunächst eine Grobgestalt. Diese wird dann durch Formelemente, die kantenorientiert angebracht werden (Arbeitschritte 4, 7 und 13) und durch Bilden von Teil- bzw. Subflächen (Arbeitsschritte 8 bis 10) und deren Verschiebung oder Verschwenkung (Arbeitsschritt 13) feingestaltet. Mit zunehmender Feingestaltung gewinnt der Zugriff auf einzelne Flächen zwecks Anpassung an Bedeutung.

Die Baugruppe wird durch Nutzen von Wiederhol- und Normteilen komplettiert (Arbeitsschritte 11, 15 und 18). Zwischendurch ist die Nutzung von Mehrfachidentifikationen (Arbeitsschritt 4 und vgl. Abschn. 6.3.1) sowie eine Selektierung mit Hilfe der Liste aktiver Teile (Arbeitsschritt 13, vgl. Abschn. 6.3.3) sehr zweckmäßig. Eine automatisch erstellte Stückliste (vgl. Abschn. 9.2.3), hier als Mengenübersichts-Stückliste, ergänzt die Beschreibung des Objektmodells (Arbeitsschritt 19).

Tabelle 5.1 Modellierung einer Stanzvorrichtung mit der Angabe der einzelnen Arbeitsschritte, der Modellierungsoperationen und der angewandten Arbeitstechnik.

Darstellung des Objektmodells	Operation	Arbeitstechnik
1 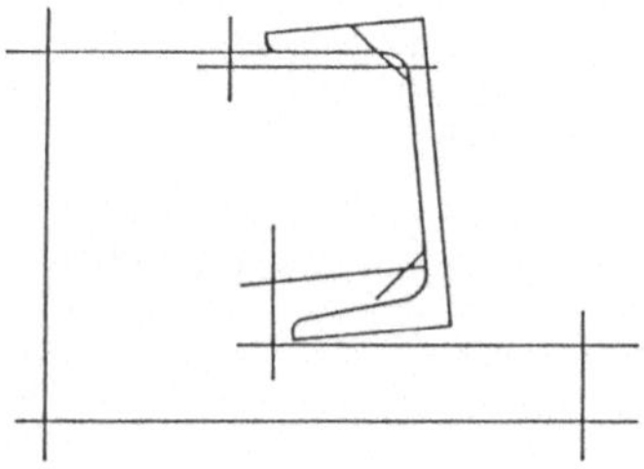	- U-Träger darstellen - Mit Hilfslinien Querschnitt des Vorrichtungskörpers "skizzieren"	2D
2 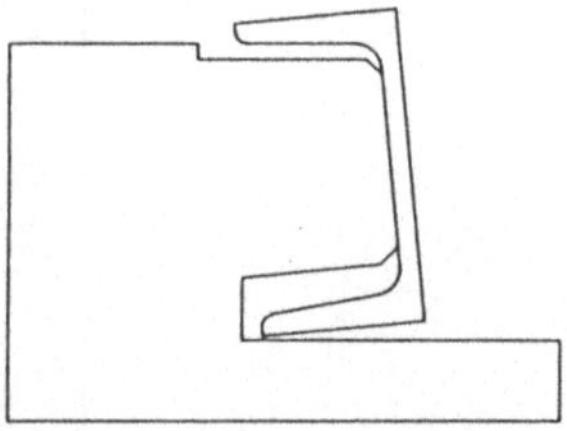	- Erzeugen der Querschnittsfläche durch automatische Konturverfolgung	2D
3 	- Generieren des Vorrichtungskörpers durch Profilerstrecken (sweeping)	3D
4 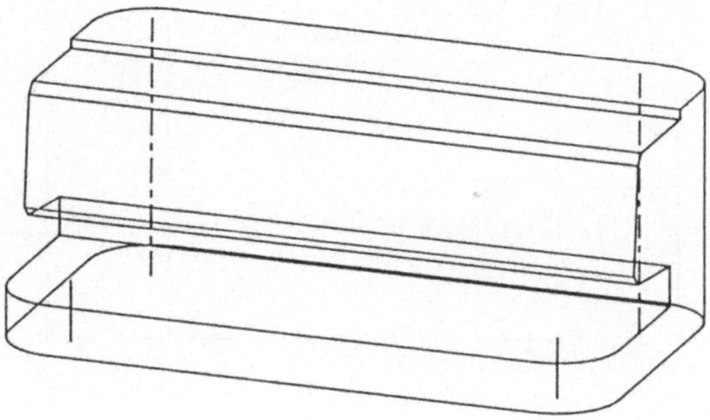	- Unter Mehrfachidentifikation Rundungen kantenorientiert erzeugen	3D

Darstellung des Objektmodells	Operation	Arbeits-technik
5 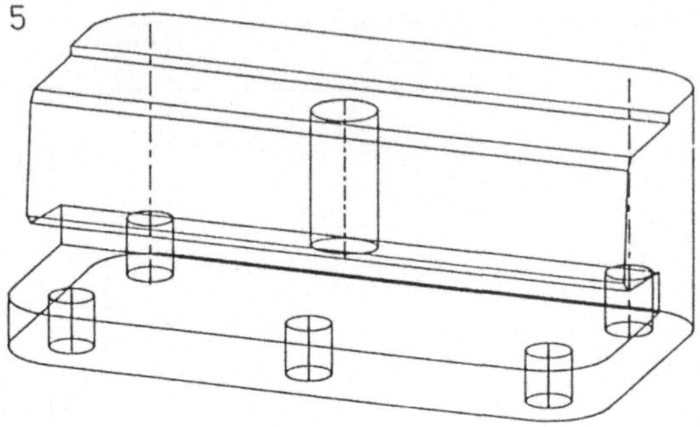	- Befestigungslöcher erzeugen unter Vervielfältigen - Butzenloch erzeugen (Alles grundkörper-orientiert und subtrahiert)	3D
6 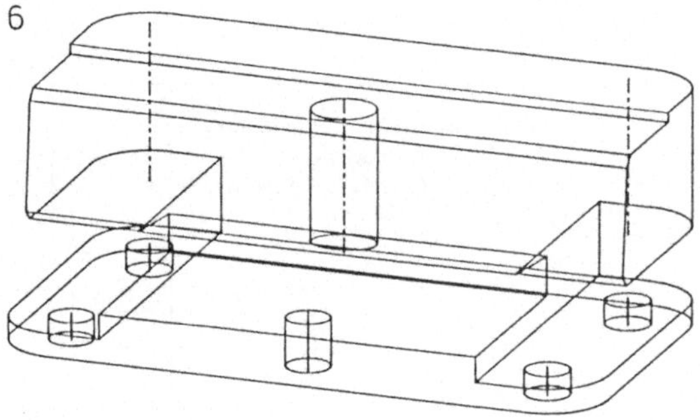	- Ausnehmungen erzeugen durch subtrahierten Überkörper "Quader"	3D
7 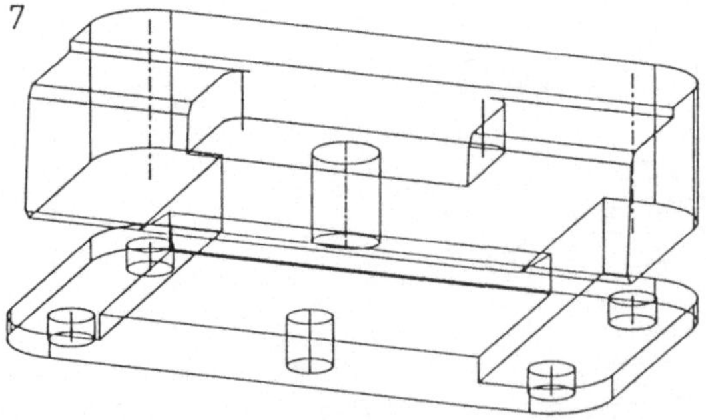	- Matrizenausnehmung durch Subtraktion eines Quaders erzeugen - Rundungen kanten-orientiert erzeugen	3D
8 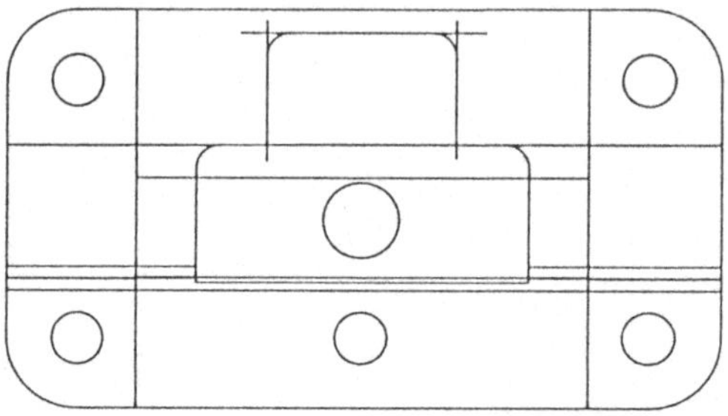	Erstellen der Abstreiferausnehmung: - Mit Hilfslinien Absicht definieren	2D

Darstellung des Objektmodells	Operation	Arbeitstechnik
9 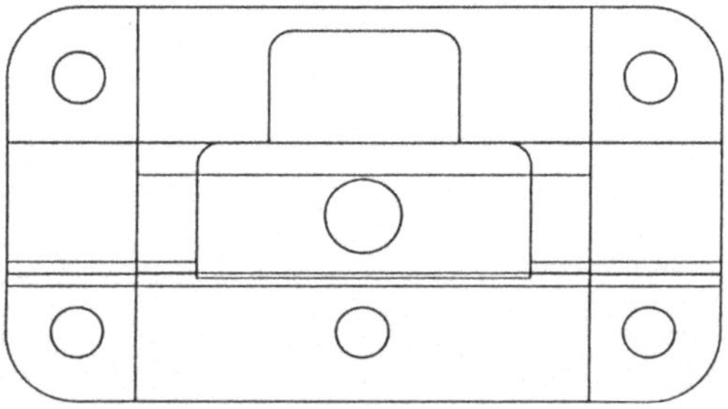	- Ausnehmungsfläche durch automatische Konturverfolgung bestimmen - Fläche teilen	2D
10 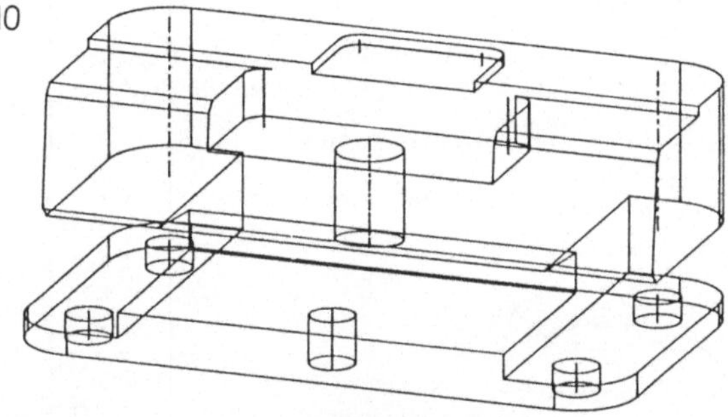	- Ausnehmungsfläche durch Versetzen der Fläche absenken	3D
11 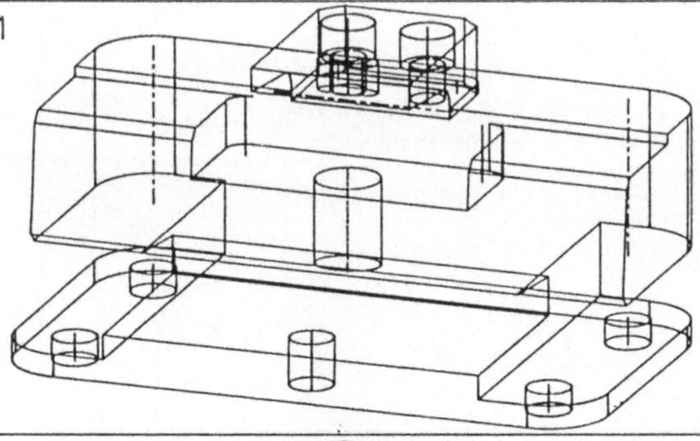	- Aus einer Wiederholteildatei Abstreifer herausholen und plazieren	3D
12 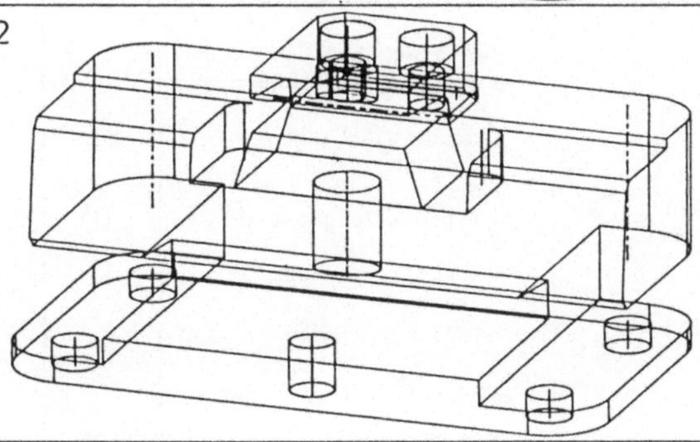	- Grundform der Matrize mit Grundkörper "Trapezprisma" erzeugen - Matrize anordnen	3D

Darstellung des Objektmodells	Operation	Arbeitstechnik
13 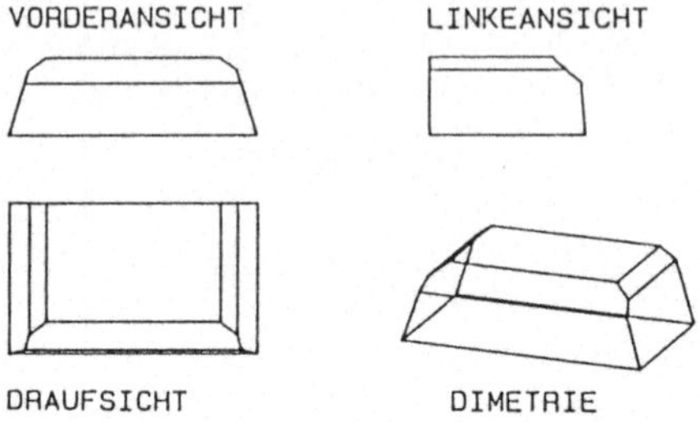 VORDERANSICHT LINKEANSICHT DRAUFSICHT DIMETRIE	Matrize mit Hilfe Liste aktiver Teile selektieren und anpassen: - Vordere Fläche verschwenken - Fasen erzeugen	3D
14 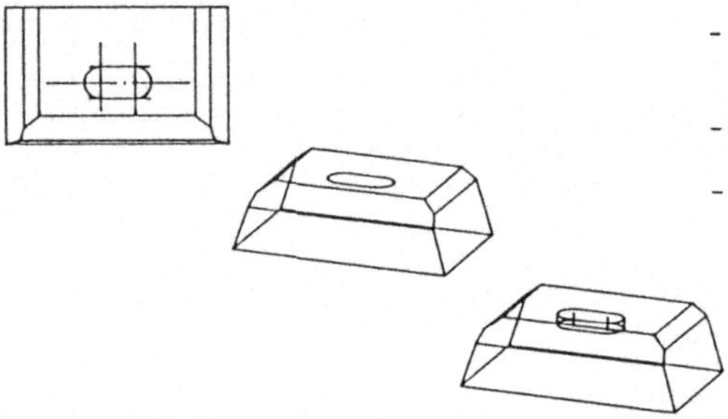	- Mit Hilfslinien Schnittkontur definieren - Subfläche bilden - Subfläche verschieben	2D 3D
15 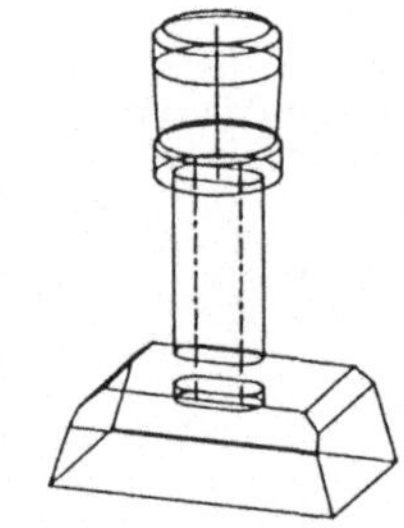	Schnittstempel erzeugen: - Schnittkonturfläche übernehmen - Profil erzeugen - Stempelkopf aus Wiederholteildatei übernehmen und addieren	2D 3D
16 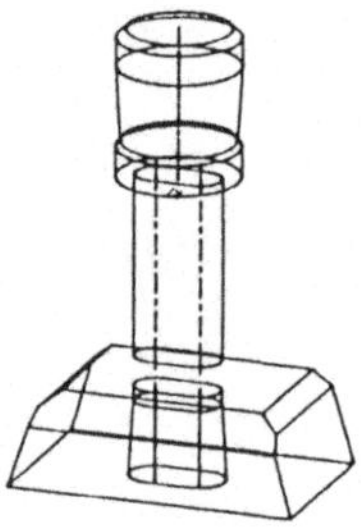	Konischen Teil des Schnittlochs erzeugen: - Schnittfläche übernehmen - Profil erzeugen und - von Matrize subtrahieren	2D 3D

Darstellung des Objektmodells	Operation	Arbeitstechnik
17 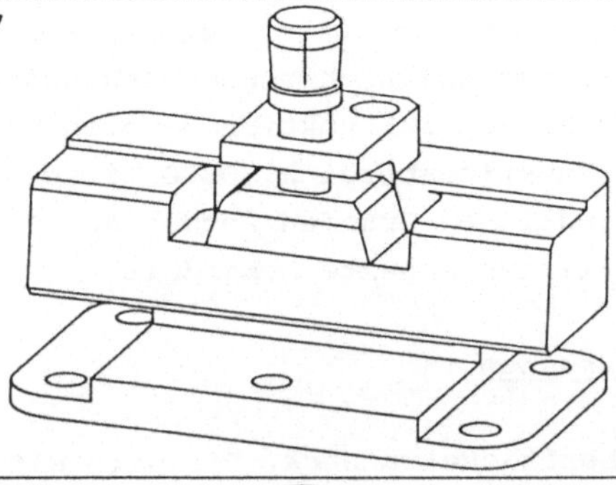	Bisheriges Arbeitsergebnis	3D
18 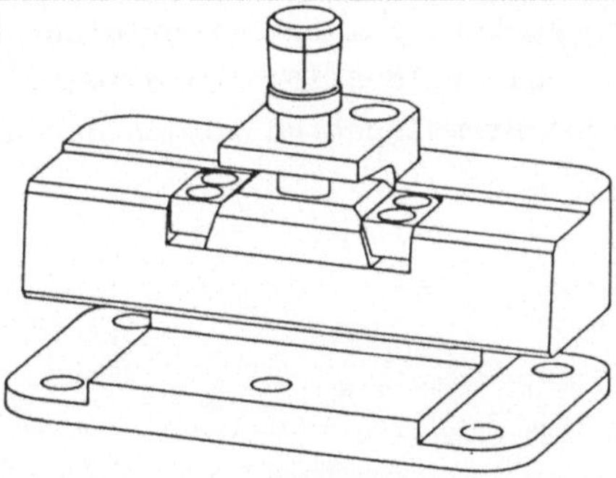	- Spannleiste aus Wiederholteildatei holen - Spannleiste anordnen - Spannleiste spiegeln	3D
19 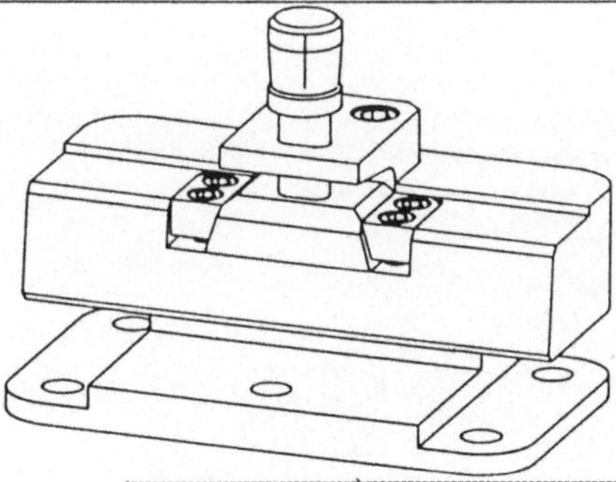	- Schrauben aus Normteildatei holen und anordnen - Stückliste erstellen Endgültiges Arbeitsergebnis und Stückliste	3D

Pos	Anz	Einh	Benennung	Sachnummer/Norm/Kurzbez.	Bemerkung
1	1.0	STCK	VORRICHTUNGSKOE	ST42	
2	1.0	STCK	ABSTREIFER	ST60	
3	1.0	STCK	MATRIZE	50CRV4	
4	1.0	STCK	STEMPEL	50CRV4	
5	1.0	STCK	LEISTE	ST60	
6	1.0	STCK	LEISTE/1	ST60	
7	2.0	STCK	ZYLINDERSCHRAU	M 16 X 30 DIN 912	
8	4.0	STCK	ZYLINDERSCHRAU	M 12 X 30 DIN 912	

	Datum	Name	
Bearb.	4. 7.89	P/DA	
Gepr.			
Norm			STANZVORRICHTUNG
Technische Hochschule Darmstadt Maschinenelemente und Konstruktionslehre Prof. Dr.-Ing. G.Pahl			Mengenuebersichts-Stueckliste — Blatt 1 von 1 Blatt

Das nachfolgende Beispiel ist komplexerer Art und stellt das methodische Vorgehen beim Entwerfen in Verbindung mit den Modellierungsvorgängen in den Vordergrund der Betrachtung. Das Vorgehen wird in verkürzter Form bei der Konstruktion einer Heckleuchte eines Kraftfahrzeuges beschrieben. Benutzt wurde das CAD-System CATIA sowohl im Funktionsbereich SURF (räumliches Flächenmodell) als auch im Funktionsbereich SOLID (flächenorientiertes Volumenmodell). Aus verständlichen Gründen werden nur die methodischen und nicht die firmenspezifischen Aspekte behandelt.

Gestaltungsbestimmende Anforderungen erkennen

Ausgangssituation ist die Karosserie-Oberfläche am Heck. Sie wird mittels eines räumlichen Flächenmodells vorgegeben. Zur Arbeitserleichterung wird ein lokales Koordinatensystem (vgl. Bild 5.15) festgelegt. Die Leuchtfelder für die Blink-, Heck- und Bremsleuchten werden durch Hilfslinien gekennzeichnet (Bild 5.48).

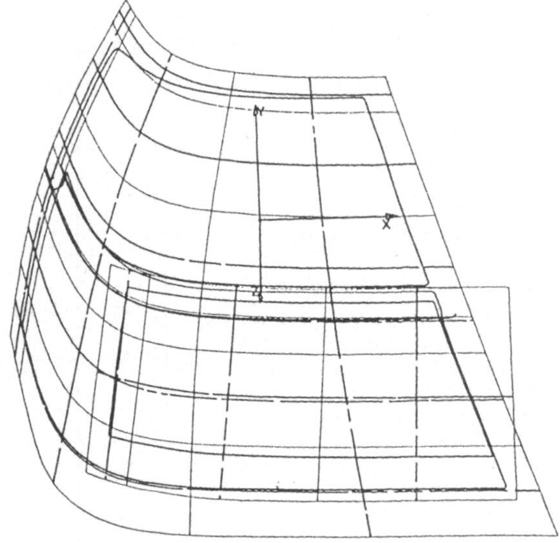

Bild 5.48 Räumlich angeordnete Karosserie-Oberfläche in der Heckpartie mit lokalem Koordinatensystem und mittels Hilfslinien gekennzeichneten Funktionsfeldern (Leuchtscheiben). Quelle: HELLA

Hinzugefügt werden die zu beachtenden Randbedingungen. Zunächst ist das sogenannte Lochbild wichtig, das den zulässigen Ausschnitt im dahinter schief liegenden Fahrzeugblech beschreibt, durch den die Kappe der Heckleuchte montiert werden muß (Bild 5.49). Es wurde sogleich der sich senkrecht zur Montagerichtung ergebende Freiraum durch Projizieren in

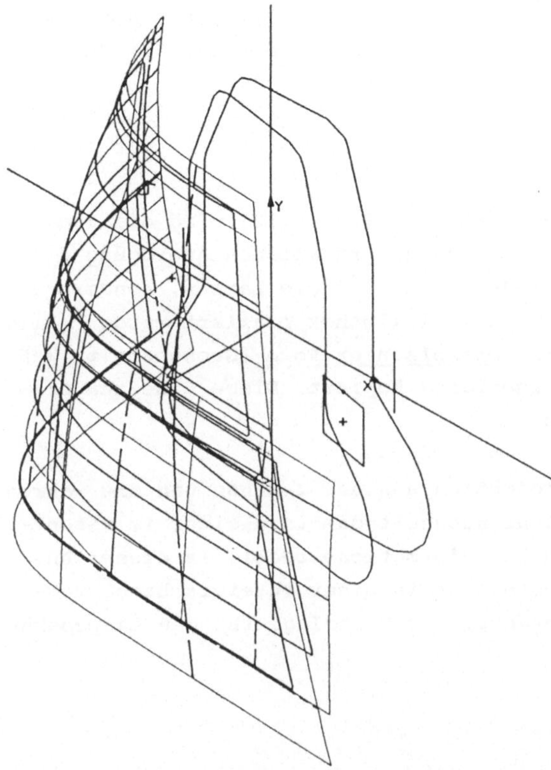

Bild 5.49 Darstellung des sogenannten Lochbilds als Randbedingung für Montageraum und gleichzeitiger Projektion auf eine Fläche senkrecht zur Montagerichtung

dieser Richtung im räumlichen Flächenmodell ermittelt. Weiterhin bestehen lichttechnische Bedingungen, die geometrische und räumliche Konsequenzen bei der nachfolgenden Gestaltung haben.

Strukturieren in Module

Eine zweckmäßige Produktsystematik ist aus vorbekannten Lösungen ableitbar. Hauptfunktionsträger sind:

- Lampe,
- Lampenträger,
- Kappe sowie
- Gehäuse mit Reflektor und die Lichtscheiben, die in diesem Beispiel aber nicht näher betrachtet werden.

Ferner steht eine Bibliothek (Library) für bereits definierte Norm- und Wiederholteile bzw. Wiederholzonen zur Verfügung. Diese enthält 3D-Elemente.

Grobgestalten

Beim Erzeugen der parabolischen Reflektoren (Bild 5.50) wird die Fadenlage der jeweiligen Lampe festgelegt, was zur räumlichen Anordnung dieses Hauptfunktionsträgers führt, indem nicht nur die Lampen, sondern zugleich ihre genormten Fassungen aus der Bibliothek plaziert werden (Bild 5.51). Die Fassungen werden nur in vereinfachter Form (Grobgestalt: maßlich richtig, aber ohne Details generiert) kopiert. Diese Arbeiten erfolgen in einer 3D-Arbeitstechnik.

Bild 5.52 zeigt die senkrechte Projektion aus der Z-Achse und die wahren Größenverhältnisse. Der Konstrukteur wechselt damit zu einer im wesentlichen 2D-Arbeitstechnik in einem 3D-Informationsmodell. In dieser Ansicht wird der genormte Stecker ebenfalls in einer vereinfachten, vorläufigen Form (Grobgestalt) angeordnet. Als Grundlage für den Lampenträ-

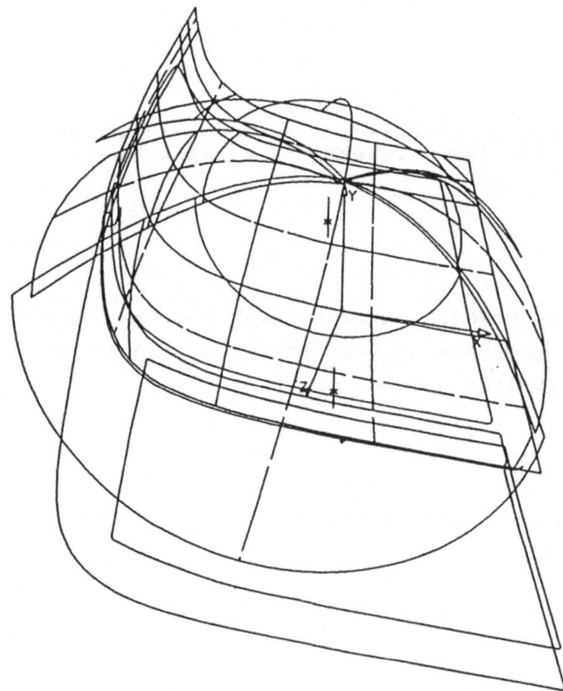

Bild 5.50 Festlegen der Fadenlage der Lampen durch Erzeugen und lichttechnisch richtigen Anordnung der parabolischen Reflektoren

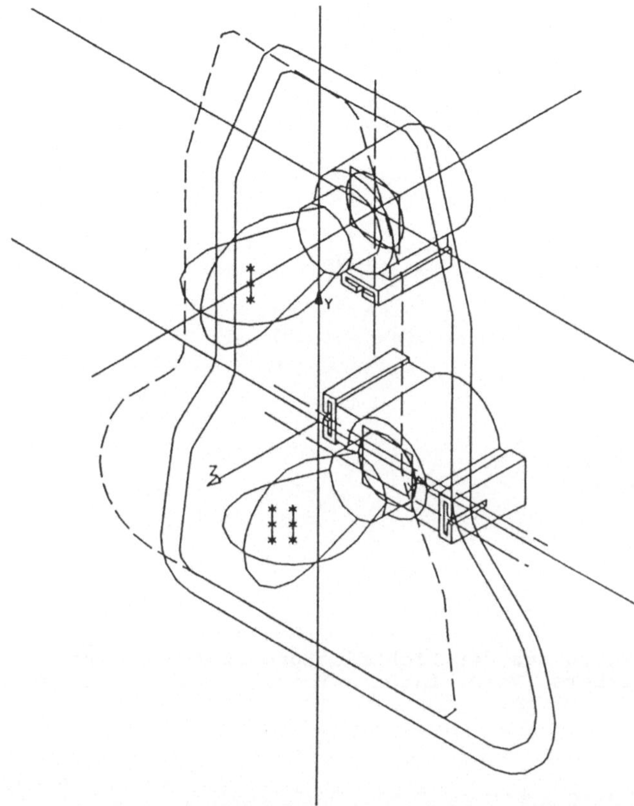

Bild 5.51 Plazieren der genormten Lampenfassung (Vereinfachtes Modell) und Festlegen des zur Verfügung stehenden Einbauraumes durch Erzeugen von Äquidistanten zum Lochbild und Spiegeln dieser Fläche, um Freiraum für symmetrische Leuchtenausführung zu erkennen

ger wird dann in mehreren Varianten der Verlauf der Leiterbahnen vom Stecker zu den einzelnen Lampenkontakten in der x-y-Ebene untersucht. Die Gesamtheit dieser metallischen Leiterbahnen wird später zum Bauteil Lampenträger weiterentwickelt (vgl. Bild 5.56).

Nun wechselt der Konstrukteur wieder zur 3D-Arbeitstechnik, indem er aus der Situation nach Bild 5.52 die äußere Form der alles umschließenden Kappe sowie die daraus resultierende Anordnung von Nietstegen, Abstechschultern und Fangstiften für die Aufnahme des Lampenträgers sogleich räumlich entwickelt (Zwischenergebnis: Bild 5.53).

Bild 5.54 gibt die abgeschlossene Grobgestaltung der hinter den Lichtscheiben und dem Gehäuse angeordneten inneren Teile der Heckleuchte wie-

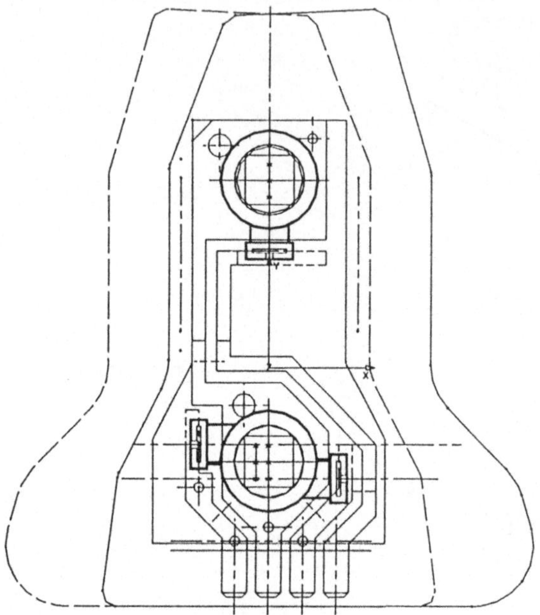

Bild 5.52 Senkrechte Projektion aus der Lichtrichtung (Z-Achse) und Anordnung des Steckers (Vereinfachtes Modell) und Studium der Leiterbahnen

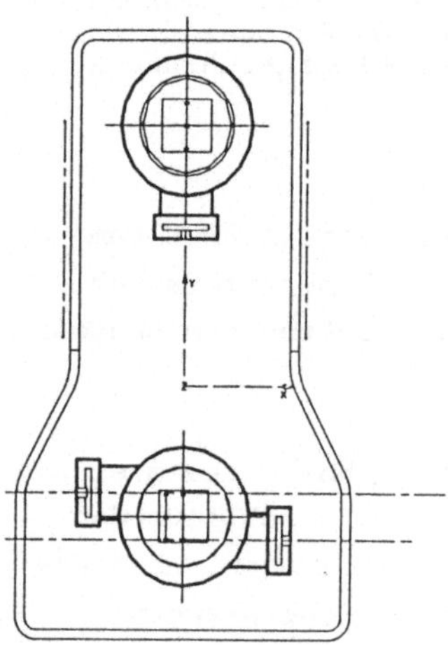

Bild 5.53 Entwicklung der Kappe mit paralleler Kappenwand und Kennzeichnen der Zone zum späteren Befestigen mit Hilfe von Hilfslinien. Lampenträger wurde zwecks besserer Übersichtlichkeit hier ausgeblendet (No show)

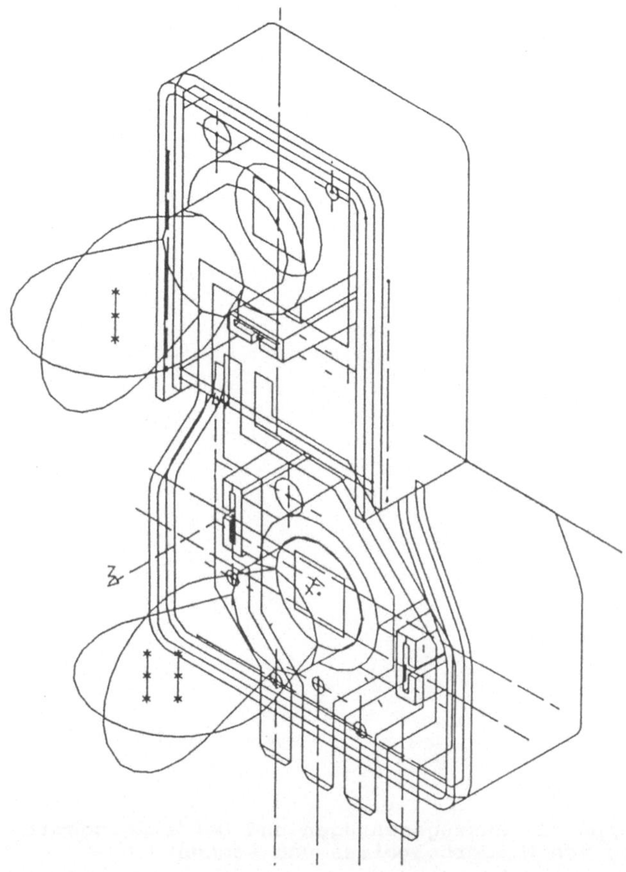

Bild 5.54 Grobgestaltete Kappe und Lampenträger als erster Entwurf

der. Sie ist nun Grundlage von Kollisionsuntersuchungen mit der Umgebung und von weiteren Gestaltungsüberlegungen hinsichtlich Fertigung und Montage.

Suchen von Lösungen für Nebenfunktionen

Zunächst waren einige Fragen zur Art und zum Ort der Befestigung sowie der Verschluß zum Gehäuse zu klären. Vorgesehen werden Elemente aus der Bibliothek. Weiterhin war die spritztechnische Gestaltung der Kunststoffkappe an Hand des 3D-Objektmodells mit dem Werkzeugbau angesichts des in zwei parallele Ebenen versetzen Kappenbodens näher festzulegen. Nach Rücksprache mit dem Kunden, der Werkzeugkonstruktion und Fertigungsplanung konnte dann die Feingestaltung in Angriff genommen werden.

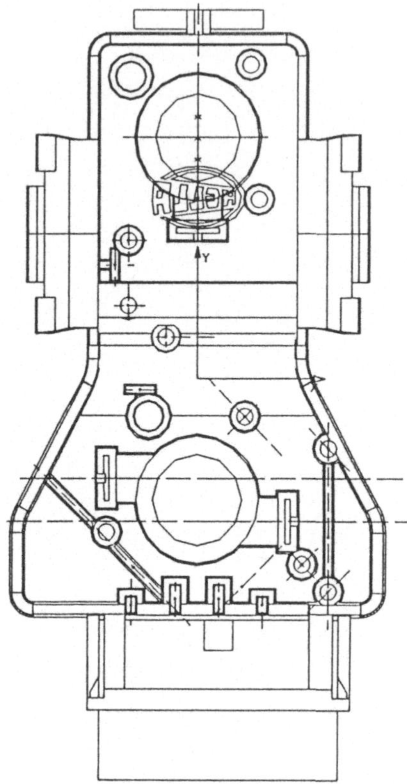

Bild 5.55 Feingestaltete Kappe mit Auszugsschrägen und Befestigungsmitteln unter Nutzung von Wiederholteilen und -zonen

Feingestalten

Von nun an wurde vollständig und abschließend in 3D modelliert. Zur Feingestaltung wurden verbindende Rippen, sogleich mit Auszugsschrägen versehen, und ebenso die endgültigen Nietstege, Fangstifte u.a. aus der Bibliothek (Norm- und Wiederholteile) entnommen (vgl. Beispiele in Bild 8.11) und in die bereits grobgestaltete Kappe eingefügt. Dabei sind Vervielfältigungen und Spiegelungen sowie Trenn- und Trimmoperationen genutzt worden. Die Ansichten wurden vielfach so gewählt, daß z.B. zum Plazieren von Wiederholzonen, wie Rippenelemente und Nietstege, die eine einheitliche Höhe haben, wiederum die 2D-Arbeitstechnik am 3D-Modell angewandt werden konnte.

Die vorläufig gestaltete gerade Kappenwand wurde mit Auszugsschrägen versehen. Der Ort der Federelemente und Verschlußklammern wurde endgül-

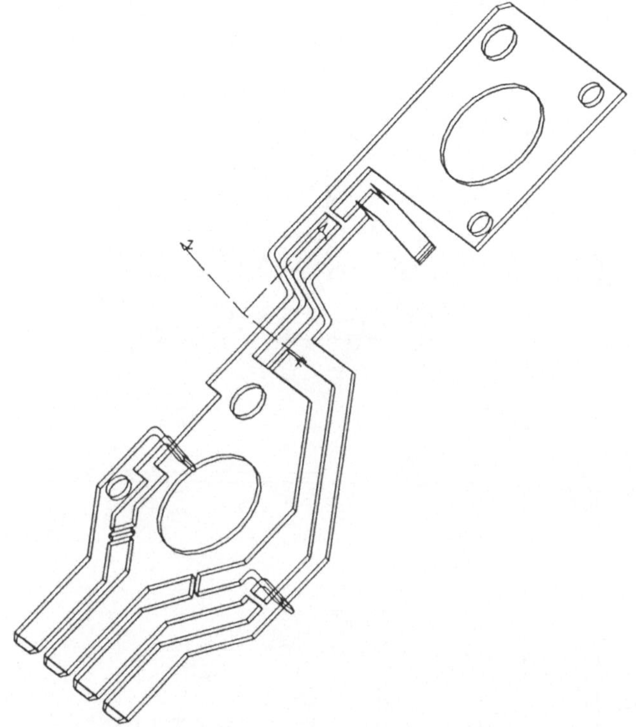

Bild 5.56 Abgeleiteter vorläufig entwickelter Lampenträger, der später noch mit Normfassungseinzug vervollständigt wird

tig festgelegt, was noch zu einer Änderung des Kappengehäuses führte, und dann sind diese Elemente - wieder aus der Bibliothek entnommen - angefügt worden.

Bild 5.55 gibt die feingestaltete Kappe und Bild 5.56 den vorläufig entwickelten Lampenträger wieder. Bild 5.57 zeigt einen Satz abgeleiteter 2D- und 3D-Darstellungen, außerdem wurde ein schattiertes Gesamtbild in perspektivischer Ansicht erzeugt, das einen realistischen Eindruck über das künftige Erzeugnis vermittelte.

Es sollte betont werden, daß eine erfolgreiche und wirtschaftliche 3D-Generierung neben den in den Abschn. 5.2 bis 5.4 dargestellten Generierungs- und Anpassungstechniken in einem hohen Maße von einer sinnvollen Produktsystematik (vgl. Kap. 10) und einer leistungsfähigen Norm- und Wiederholteildatei (vgl. Abschn. 8.4) abhängt.

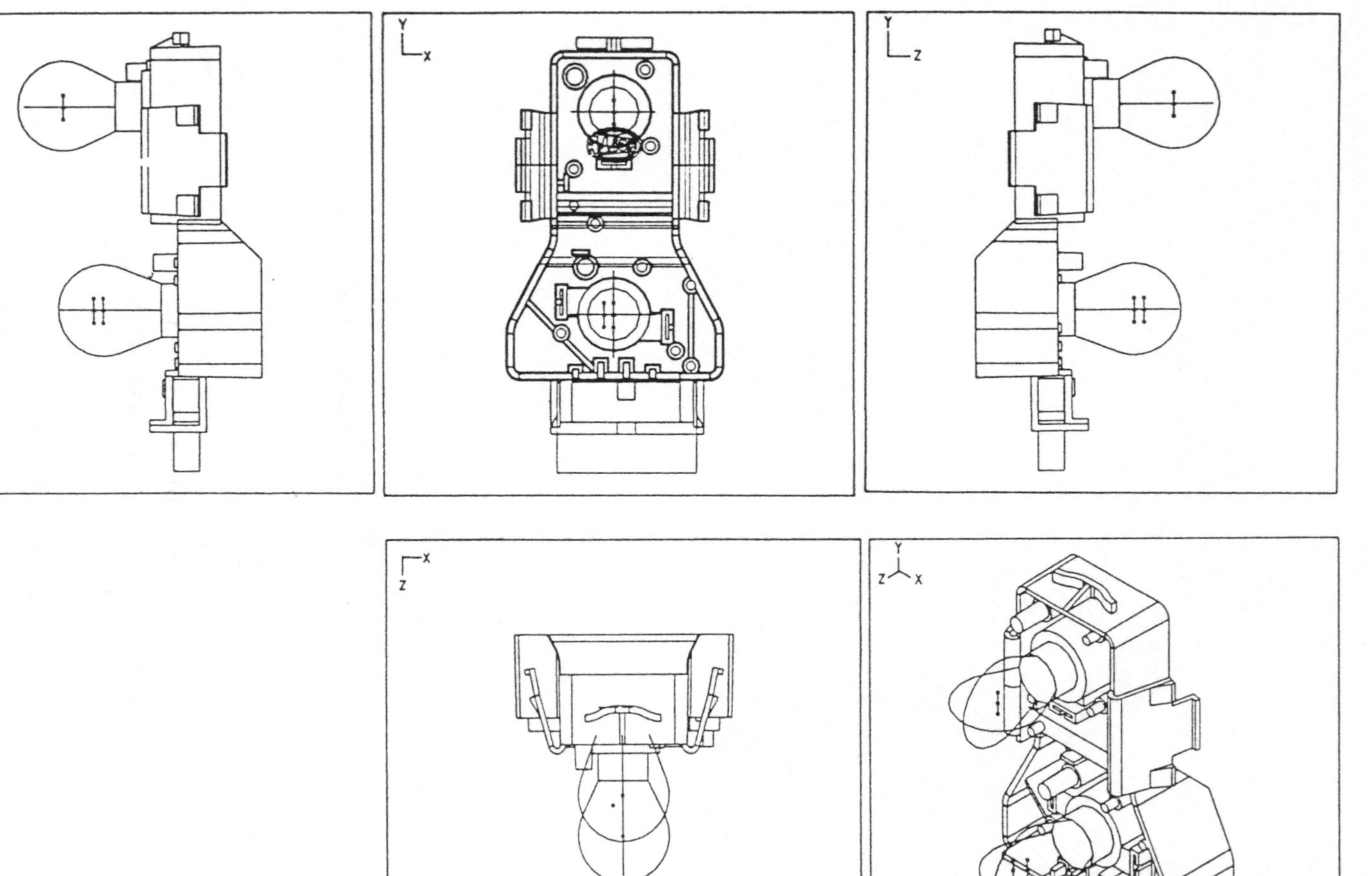

Bild 5.57 Zeichnungssatz in Form einer Gesamtzeichnung abgeleitet aus dem 3D-Objektmodell. Quelle: HELLA

6 Kommunikationstechnik

6.1 Anforderungen an den Kommunikationsbereich

Der Kommunikationsbereich dient der Informationsübermittlung zwischen Mensch (Benutzer) mit einer natürlichen Sprache und Rechner (Maschine) mit einer Maschinensprache. Die Schnittstelle zwischen Benutzer und Gerät als Interaktionsmittel wird auch als Benutzeroberfläche bezeichnet. Es handelt sich dabei um die Eingabe und Ausgabe von graphischen und nichtgraphischen Informationen im Dialog (vgl. Abschn. 2.1). Benutzerfreundlichkeit und kurze Antwortzeiten sind allgemeine Anforderungen, die nach DIN 66 234 (Teil 8) [DIN 88] und in Anlehnung an [SPK 84] wie folgt präzisiert werden:

- Aufgabenangemessenheit: Der Dialog soll die Erledigung der Arbeitsaufgabe des Benutzers unterstützen, ohne ihn unnötig zu belasten. Der Benutzer soll sich also nur seiner eigentlichen Problemlösung widmen müssen und keiner Belastung durch Steuerung notwendiger rechnerinterner Vorgänge unterliegen.
- Selbstbeschreibungsfähigkeit: Dem Benutzer muß auf Verlangen Zweck und Leistungsumfang des Dialogsystems erläutert werden können. Es sollte eine leicht verständliche Benutzerführung gegeben sein, die Spezialkenntnisse und Handbücher weitgehend entbehrlich macht. Dem Benutzer sind Hilfestellungen anzubieten. Dadurch wird die Erlernbarkeit der Systembeherrschung bedeutend erleichtert. Eine wichtige Forderung ist in diesem Zusammenhang auch die Selbsterklärungsfähigkeit, d.h. durch Zustandsanzeigen ist dem Benutzer der Systemzustand jederzeit zu offenbaren.
- Steuerbarkeit: Der Dialog ist steuerbar, wenn der Benutzer Geschwindigkeit des Ablaufs sowie die Auswahl und Reihenfolge von Ein- und Ausgaben beeinflussen kann. Die Geschwindigkeit des Dialogs soll an die individuelle Arbeitsgeschwindigkeit angepaßt werden können.
- Erwartungskonformität: Das System verhält sich entsprechend den Erwartungen des Benutzers, wie sie sich aus den bisherigen Abläufen, aus

der Schulung und den Anwendungserfahrungen logischer oder sinnvollerweise ergibt. Das System ist verläßlich, indem es sich in ähnlichen Situationen ähnlich verhält.

- Fehlerrobustheit: Eingabefehler werden toleriert, gleichzeitig aber erkannt, gemeldet und Hilfen zu ihrer Beseitigung gegeben.

Neben den in DIN 66 234 beschriebenen Anforderungen sind wichtig:

- Selbstkontrolle: Das System akzeptiert und führt nur zugelassene Dialogformen aus. Ein Dialog kann schadlos abgebrochen werden, solange der Benutzer selbst die Ausführung nicht bestätigt hat.
- Sofortkontrolle: Die Ergebnisse ausgeführter Kommandos, insbesondere die einer geometrischen Generierung oder Änderung, sollten unmittelbar sichtbar und möglichst in einer (vorübergehend) anderen Farbe gekennzeichnet werden, damit der Benutzer den Erfolg seiner Maßnahmen übersichtlich und eindeutig kontrollieren kann.
- Flexibilität: Der Dialog kann erweitert oder angepaßt werden, der erfahrene Benutzer kann abgekürzte oder eigene Kommandos bilden.

Die Absicht des Benutzers muß in geeigneter Weise, nämlich in der Regel durch die Benutzersprache, formuliert werden. Zur Übersetzung der Benutzersprache in die Maschinensprache muß ein Sprachvertrag geschlossen werden, der folgende Festlegungen regelt:

- Lexikalische Festlegung: betrifft den zugelassenen Wortschatz (Lexikon), der verwendet werden darf,
- syntaktische Festlegung: betrifft die Zusammenfügung (Syntax) bzw. Reihenfolge von Wörtern, gewissermaßen die Grammatik, die beachtet werden muß,
- semantische Festlegung: betrifft die an das Lexikon und die Syntax gebundene Bedeutung oder Inhalt (Semantik) von Wortfolgen.

Die natürliche Sprache ist kontextabhängig, denn erst ein oder mehrere Wörter in einem bestimmten Zusammenhang ergeben einen Sinn. Dagegen sind formelorientierte Sprachen der Mathematik kontextfrei. So legt z.B. die Formel $c = a + b$ den Zusammenhang und die Bedeutung zugleich eindeutig fest.

Im Umgang mit rechnergestützten Systemen wird als Teil des Dialogs eine eingeschränkt kontextfreie, d.h. festgelegte Kommandosprache bevorzugt. Bei ihr haben bestimmte Sprachelemente in bestimmter Reihenfolge eine bestimmte Bedeutung. Ihre jeweilige Formulierung und Reihenfolge führt zum speziellen Kommando.

6.2 Funktion »Kommando eingeben«

6.2.1 Anforderungen an Kommandosprache und -aufbau

Das Kommando ist ein nach den Regeln der Kommandosprache formulierter Auftrag an das CAD-System [BAC 88]. Ein Kommandoelement ist eine Einheit zur Bildung eines lexikalisch und syntaktisch zugelassenen Kommandos.

Für einen leicht erlernbaren, verläßlichen und fehlertoleranten Dialog sind an die Kommandosprache und deren Aufbau nachstehende Anforderungen zu stellen:

- Alle Sprach- bzw. Kommandoelemente sollten der Muttersprache des Konstrukteurs entnommen sein.
- Der Satzaufbau in der Kommandosprache soll dem der natürlichen Sprache analog sein.
- Bei der Eingabe eines Kommandos muß der bis dahin gültige Teil protokolliert und angezeigt werden.
- Eine sinnvolle Vorbelegung von Kommandoelementen, z.B. von Parameterwerten muß möglich sein.
- Die Nutzung von Identifikationen während der Kommandoeingabe ist unerläßlich.
- Berechnungs- und Hilfsfunktionen zur Ermittlung von Werten während der Kommandoeingabe sollten zur Verfügung stehen.
- Löschen, Teillöschen und Überschreiben zur Korrektur von Kommandos müssen möglich sein.
- Eine wahlweise Eingabe über Menü oder Tastatur sowie die Mischung dieser Eingabeformen, mindestens mit Hilfe einer Ersatztastatur im Menübereich, sollte ermöglicht werden.

Unter den vorgenannten Voraussetzungen kann ein benutzerfreundlicher Dialog abgewickelt werden. Es sind jedoch unterschiedliche Dialogformen, nämlich ein system- oder ein benutzergeführter Dialog, anwendbar.

6.2.2 Systemgeführter Dialog

Bei dieser Dialogart kann der Benutzer nur aus den vom System vorgeschlagenen Kommandos auswählen. Welche Kommandos zur Verfügung stehen, kann er aus einer Hierarchie, die sich baumstrukturartig verästelt, entnehmen. Dabei wählt er über Funktionstasten oder mittels eines Menüs einen Hauptast an und am Bildschirm werden ihm dann die davon abhängigen weiteren Möglichkeiten ebenfalls in Form eines Untermenüs angeboten

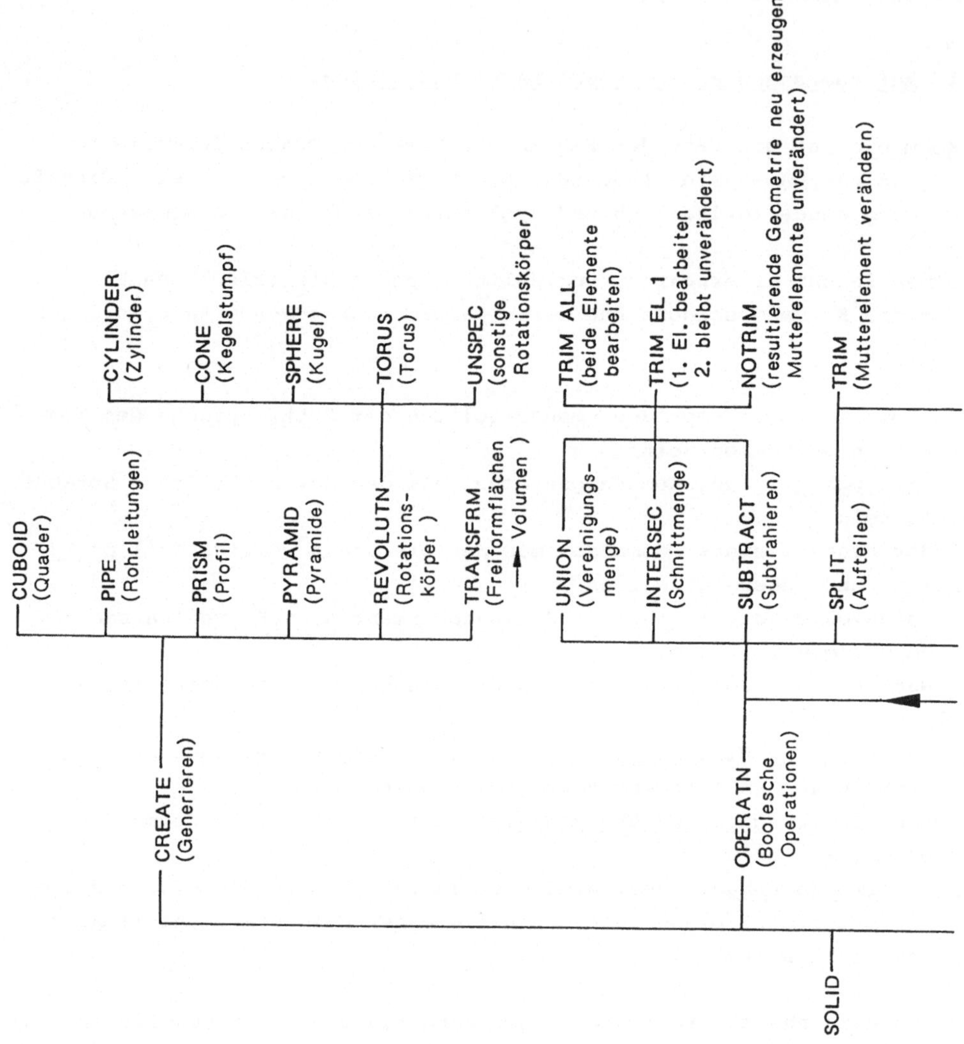
SOLID
CREATE (Generieren)
CUBOID (Quader)
PIPE (Rohrleitungen)
PRISM (Profil)
PYRAMID (Pyramide)
REVOLUTN (Rotations- körper)
CYLINDER (Zylinder)
CONE (Kegelstumpf)
SPHERE (Kugel)
TORUS (Torus)
UNSPEC (sonstige Rotationskörper)
TRANSFRM (Freiformflächen → Volumen)
OPERATN (Boolesche Operationen)
UNION (Vereinigungs- menge)
INTERSEC (Schnittmenge)
SUBTRACT (Subtrahieren)
TRIM ALL (beide Elemente bearbeiten)
TRIM EL 1 (1. El. bearbeiten 2. bleibt unverändert)
NOTRIM (resultierende Geometrie neu erzeugen Mutterelemente unverändert)
SPLIT (Aufteilen)
TRIM (Mutterelement verändern)

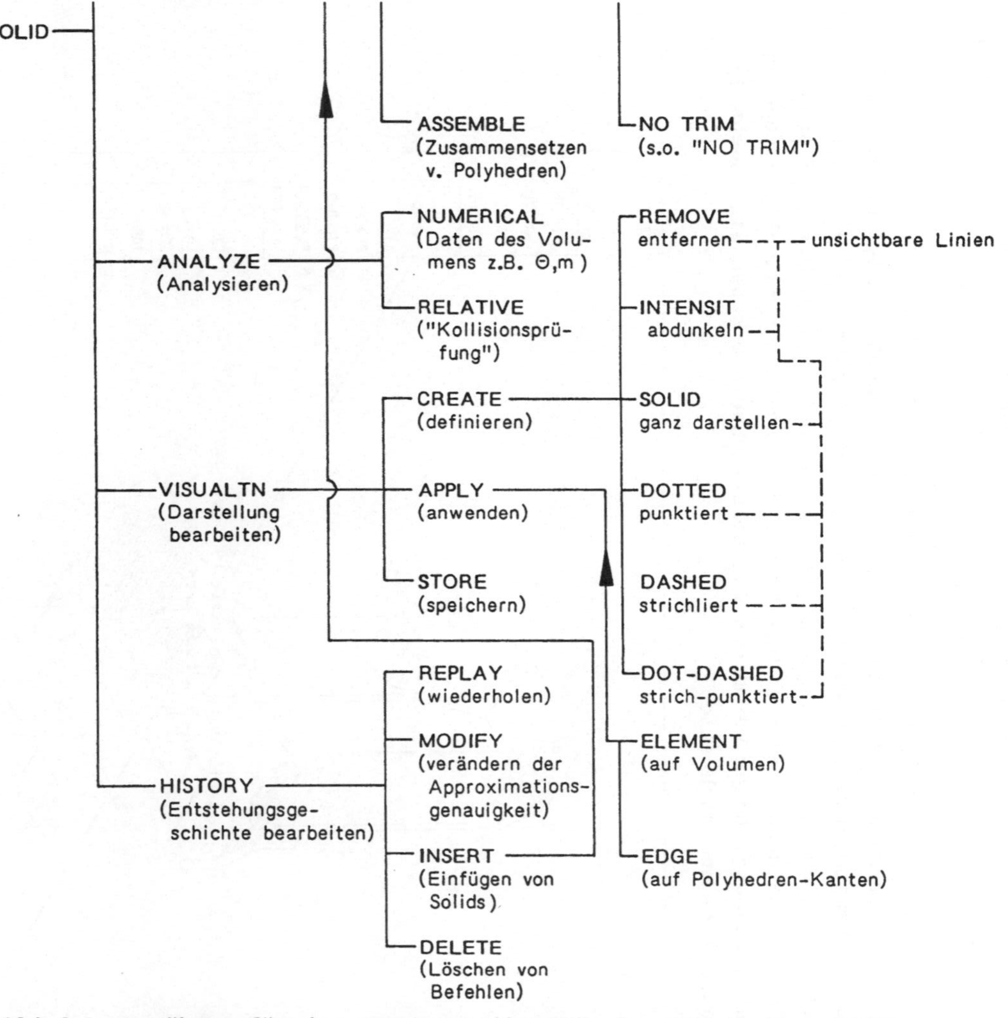

Bild 6.1 Menübaum für den Programmteil SOLID des CAD-Systems CATIA. (Erklärungen in Klammern sind vom Autor hinzugefügt worden.)

(Bilder 6.1 und 6.2). Die einzelnen Operationen werden in ihrer Reihenfolge im Menübaum abgehandelt. Eine Sprache im engeren Sinne, d.h. eine mit selbstformulierten Kommandoelementen, liegt nicht vor.

Daneben werden vom System ständig verfügbare Funktionen (Permanent functions) über Funktionstasten oder/und Menüs angeboten, die vornehmlich zur Systemsteuerung und zur Manipulation der Darstellung dienen (vgl. Bilder 6.2 und 6.6). Beispiele sind in der Legende von Bild 6.2 angeführt. Eine Maus oder ein Tablett stehen daneben zur Fadenkreuzsteuerung zur Verfügung. Unter Vermeiden von Blickwechseln ergeben sich nachstehende Vor- und Nachteile.

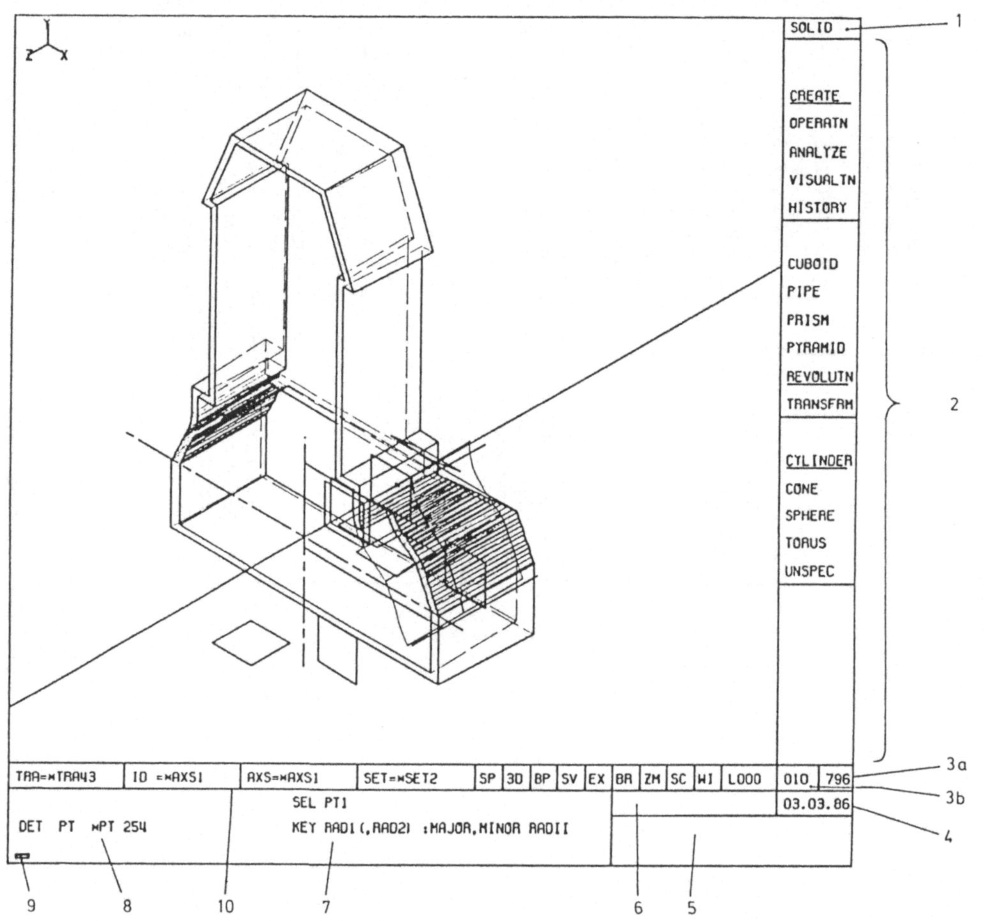

Bild 6.2 Bildschirmaufteilung für einen systemgeführten Dialog beim System CATIA. Rechter Rand: Operationen entsprechend angewähltem Ast des Menübaums nach Bild 6.1. Unterer Rand: Systemmitteilungen und "permanent functions", z.B. BP BUFFER-PLOT, SV SAVE (Sichern), SC SCALE (Maßstab), ZM ZOOMEN, BR BUFFER REFRESH (Repaint)

Vorteile:

- Gute Benutzerführung durch Anbieten vorgegebener Kommandoelemente. Für den Anfänger ist somit eine leichte Erlernbarkeit gegeben.
- Schnelle Kommandoeingabe.
- Bedeutende Verminderung formaler Fehleingaben.

Nachteile:

- Der Kommandoaufbau bzw. die Kommandoabfolge ist oft nicht einheitlich, weil angesichts der auftretenden Vielfalt nicht immer eine gleiche Systematik in den Ästen der Baumstruktur eingehalten werden kann.
- Springen von einem Ast zum anderen ist nicht immer möglich, sondern die Rückkehr zur Wurzel einer Verzweigung ist notwendig, was insbesondere für trainierte Benutzer lästig und zeitraubend ist.
- Piktogramme (Symbole) sind oft wegen ihrer Kleinheit am Bildschirm nicht zweckmäßig oder nicht vorgesehen.
- Die aktive Darstellungsfläche am Sichtgerät wird zu Ungunsten der Objektdarstellung verkleinert, so daß häufig nur eine Ansicht brauchbar ist.

6.2.3 Benutzergeführter Dialog

Beim benutzergeführten Dialog formuliert der Benutzer seine Absichten aus den zugelassenen Sprach- bzw. Kommandoelementen für ein bestimmtes Kommando selbst. Das System prüft die Eingabe und veranlaßt nach Feststellen der Zulässigkeit die Ausführung des Kommandos.

Dazu ist der Aufbau einer befehlsorientierten Kommandosprache notwendig. Sie folgt einer rechtslinearen Grammatik, d.h. alles was rechts, also nachfolgend, formuliert wird, unterliegt einer Einschränkung aus dem Vorhergehenden (eingeschränkte Kontextfreiheit). Zur Darstellung der Zusammenhänge wird die Backus-Naur-Form (BNF) verwendet. Ihre Regeln nach [BAN 63] sind:

::=	Was rechts von diesem Zeichen steht, ist in dem Begriff links von ihm enthalten.
<>	In Klammern gesetzte Begriffe sind Platzhalter. Nicht in <> gesetzte Zeichen oder Zeichenfolgen sind festgeschrieben, d.h. unverzichtbare Bestandteile des Kommandos.
|	Steht für alternative Eingabemöglichkeiten: <entweder> | <oder>.
{ }i,j	Der Inhalt der Klammer wird mindestens i- und höchstens j-mal wiederholt

Die sprachliche Eingabe in Befehlsform hat nach [SCH 87] folgenden allgemeinen Aufbau:

<KOMMANDO>::=<OPERATOR> <OPERAND> <KENNZEICHEN> <SPEZIFIKATION> !

Der Operator bestimmt, welche Aktion oder Operation ausgeführt werden soll. Der Operand bestimmt das Element, auf das der Operator angewendet werden soll. Die Elemente sind bei der Eingabe durch Leerzeichen zu trennen. Das Kommando muß durch ein Kommandoendzeichen abgeschlossen werden.

Ein Kommando kann demnach beispielsweise (System IKA) folgende Struktur haben:

<KOMMANDO>::=<BEFEHL> <OBJEKT> <IDENTIFIKATOR> : {<PARAMETER>}0,n ;

Hierin bedeuten als festgeschriebene Elemente:

  Leerzeichen (blank),
: Beginn der Parametereingabe,
; Ende des Kommandos.

Ein Beispiel gibt das Kommando zur Generierung eines Quaders mit der Breite = 100 mm, Höhe = 5 mm und Tiefe = 200 mm wieder:

GENERIERE QUADER GRUNDPLATTE : 100 5 200 ;

Für die Parametereingabe wurde die <u>Standardreihenfolge</u> genutzt, wie sie aus dem Menü ersichtlich ist. Würde der Benutzer eine andere Reihenfolge wählen, so hätte er in einer freien Eingabe die Parameterwerte mit der Parameterbezeichnung eingeben müssen, z.B. : H=5 T=200 B=100 ; .

<u>Obligate Parameter</u> müssen immer eingegeben werden, sonst ist ein Kommando nicht vollständig, z.B. Breite, Höhe und Tiefe eines Quaders.

<u>Optionale (wahlfreie) Parameter</u> haben eine Vorbelegung. Sie brauchen nicht eingegeben zu werden, es wird dann automatisch die Vorbelegung übernommen. Will man von der Vorbelegung abweichen, ist der Wert zu überschreiben. Z.B. Maßstab 1 : 1 vorbelegt, anderer frei wählbar.

Mit dieser Festlegung der beschriebenen Kommandosprache sind eine Reihe von Kommandokombinationen möglich, die den auftretenden Erfordernissen gut entsprechen, wobei je nach Fall bestimmte Kommandoelemente übergan-

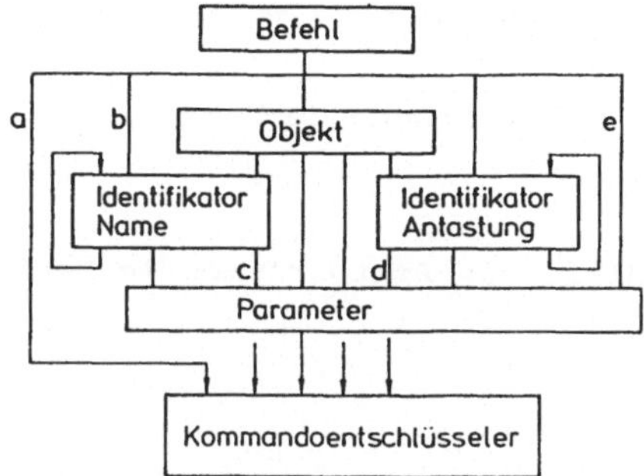

Bild 6.3 Syntaxgraph für einen benutzergeführten Dialog im Zusammenhang mit der Kommandosprache des Systems IKA.
a bis e mögliche Pfade

gen werden können. Einige Beispiele in Bild 6.3 von links nach rechts beschrieben, mögen die zulässigen Pfade im Syntaxgraph der Kommandosprache verdeutlichen:

a) <BEFEHL> ;
STOP ;

b) <BEFEHL> <IDENTIFIKATOR> : <PARAMETER> ;
VERSCHIEBE BLOCK2 : DZ=20 DX=0 DY=31 ;

c) <BEFEHL> <OBJEKT> : <PARAMETER> ;
AUFSPANNE AUFTEILUNG : ANR=2 ;
(Bedeutet: Darstellungsfläche in bestimmte Darstellungsfelder unterteilen, Aufteilung Nr. 2: 4 Felder für 3 orthogonale Ansichten und eine für Dimetrie, sog. Standardansichten)

d) <BEFEHL> <OBJEKT> <IDENTIFIKATOR> : <PARAMETER> ;
VERÄNDERE QUERSCHNITT (Antastung) : D=60 ;

e) <BEFEHL> : <PARAMETER> ;
REPAINT : ANR=2 ;
(Bedeutet neuer Bildaufbau der Darstellungsflächenaufteilung Nr. 2)

Beim Identifizieren sind <u>Mehrfachidentifikationen</u> möglich.

Der benutzergeführte Dialog mit Hilfe einer befehlsorientierten Kommandosprache bietet folgende <u>Vorteile</u>:

- Dem Konstruktionsprozeß und dem Denken des Konstrukteurs entsprechend angepaßte Sprache in natürlicher Form.
- Gute und sinnfällige der jeweiligen Aufgabe entsprechende Formulierbarkeit.
- Einfache und beliebige Erweiterbarkeit.
- Einprägsame symbolhafte Darstellung mit Hilfe von Piktogrammen im Menü bzw. auf dem Tablett.

Andererseits bestehen auch Nachteile:

- Der Benutzer muß alle Möglichkeiten erst kennenlernen. Eine optimale Nutzung ist erst nach Einarbeitung und Erfahrung möglich.
- Umfangreichere rechnerinterne Kommandoentschlüsselung und Kontrolle.

Es ist zu beobachten, daß sich in einer Reihe von CAD-Systemen system- und benutzergeführte Dialoge in unterschiedlichen Mischformen annähern. Die objektorientierte Programmierung (vgl. Abschn. 4.3.4) führt zu einer Kommandofolge, die einem flexiblen, benutzergeführten Dialog entspricht.

6.2.4 Kommandoentschlüsselung

Insbesondere beim benutzergeführten Dialog ist ein leistungsfähiger Kommandoentschlüsseler (Kommandointerpreter) notwendig. Er

- protokolliert die eingegebenen Kommandoelemente,
- prüft die korrekte und vollständige Eingabe (Lexikalische, syntaktische und semantische Prüfung),
- quittiert dann die Annahme des Kommandos und
- veranlaßt die Ausführung.

Bei unzulässigen Eingaben weist er das Kommando zurück und gibt entsprechende Hilfen zu seiner Korrektur.

Die rechnerinternen Vorgänge beziehen sich dabei auf eine

- Befehlsliste mit den gültigen Befehlsworten,
- Objektliste mit allen existierenden Objekten,
- Parameterliste mit allen vorgesehenen Parametern.

Zu jedem Befehl sind darüber hinaus die zugelassenen Objekte und zu jedem Objekt die zugelassenen Parameter festgelegt. Der Kommandoentschlüsseler verknüpft die zulässigen Befehle, Objekte und Parameter mit dem Identifikator. Das System verfügt daher auch über ein

Namensgedächtnis für

- alle Geometrieobjekte (Körper, Teile, Baugruppen und Erzeugnisse)
- alle Darstellungsfelder,
- alle Ansichten,
- alle Schnitte,
- alle Zeichnungen,

womit ein Identifizieren ermöglicht wird.

Das Namensgedächtnis ist variabel und wird immer auf neuestem Stand gehalten.

Die Eingabe der Parameterwerte in der Standardreihenfolge erleichtert die Kommandoentschlüsselung. Bei anderer Reihenfolge bedürfen dann die Parameterwerte der Parameterbezeichnung. Bei Mißerfolg geschieht eine Rückweisung der Eingabe.

6.3 Funktion »Identifizieren«

6.3.1 Identifikationsverfahren und Anforderungen

Während des Konstruktionsprozesses ist der Zugriff auf Punkte, Kanten (Linien), Flächen aber auch auf Objekte wie Teile und Baugruppen notwendig, um an ihnen Veränderungen durchführen zu können. Das eindeutige Bezeichnen bzw. Markieren von gespeicherten Geometrieelementen und Objekten des rechnerinternen Objektmodells zum Zwecke der Weiterverarbeitung wird Identifizieren genannt.

Grundsätzlich kann identifiziert werden durch:

- Namensangabe über Tastatur oder Auswahl aus einer Namensliste bei Körpern und Objekten (z.B. Teilen und Baugruppen), die in einem CAD-System automatisch oder auf Anforderung mit Namen versehen worden sind.
- Koordinateneingabe eines Punkts, wobei unterschieden werden kann in: Explizite Koordinateneingabe eines Punkts, der zu der entsprechenden Geometrie gehört und rechnerintern auch als solcher zu dem betreffenden Geometrieelement oder Objekt als zugehörig erkannt werden kann. Implizite Koordinateneingabe (Antastung) eines Punkts an einer Kante oder Fläche eines Geometrieelements oder Objekts, der wiederum rechnerintern als zugehörig erkannt werden kann.

Die explizite und implizite Koordinateneingabe nutzt dabei ein Identifikationsmodul, das ausschließlich auf die

- 2D-Datenstruktur des Darstellungsmoduls und gleichzeitig auf die
- Darstellungsfeldverwaltung zugreift (vgl. Kap. 7).

Von den Darstellungsdaten wird auf das Objektmodell geschlosssen und durch Rückzeiger auf das gewünschte Element bzw. Objekt verwiesen. Hieraus folgt, daß nur die auf dem Bildschirm sichtbare Geometrie durch Antastung identifiziert werden kann.

Mehrfachidentifikationen betreffen mehrere einzelne Elemente oder Objekte, die in einem Kommando zugleich manipuliert werden sollen. Z.B.: VERSCHIEBE PLATTE, STÄNDER, WELLE : DX=20 ; .

Gruppenidentifikationen betreffen Gruppen von allen gleichen Elementen oder Objekten, die einer Veränderung unterworfen werden sollen, z.B. alle Formelemente, alle gestrichelten Linien, alle Hilfslinien. Beispiel: LÖSCHE HILFSLINIEN ALLE ; .

An den Identifikationsvorgang werden folgende Anforderungen gestellt:

- Eindeutige Identifikation aller gezeigten Objekte oder Elemente.
- Beliebig wählbare Ansicht des Objekts.
- Unabhängigkeit von der Art der Ansicht oder des Schnitts, z.B. auch mit und ohne verdeckte Kanten.
- Möglichst nur eine Antastung.
- Kennzeichnung des identifizierten Elements bzw. Objekts bei gleichzeitiger Namensnennung des Objekts.
- Eindeutigkeit auch bei übereinanderliegenden Elementen und Objekten.
- Bei auftretenden Mehrdeutigkeiten klärendes Angebot mit Ja/Nein-Entscheidung im Dialog.
- Möglichkeiten der Mehrfach- und Gruppenidentifikation.

6.3.2 Praktische Handhabung

Glieder der Baustruktur (Baugruppe, Teil) werden einen sinnfälligen, von der zu erfüllenden Funktion oder von der Gestalt abgeleiteten Namen erhalten, z.B. Grundplatte, Stütze links, Antriebswelle. Körper oder auch Komplexkörper, die später zu einem Teil verschmolzen werden können, erhalten in der Regel eine automatische Namenszuweisung durch Kurzbezeichnung und/oder Nummer, z.B. KO1, KO2, KO3.

Geometrieelemente, wie Flächen, Kanten und Punkte lassen sich nur durch externe Koordinateneingabe oder durch Antasten identifizieren, auch wenn sie vom System aus mit Kennummern versehen sein sollten.

Beim Identifizieren mittels expliziter oder impliziter (Antastung) Koordinateneingabe ist eine rechnerinterne Funktion "Fangen" erforderlich, weil in der Regel der identifizierende Eingabepunkt nicht exakt mit der entsprechenden Geometrie identisch ist. Dieser identifizierende Punkt, auch Fangpunkt genannt, muß innerhalb einer begrenzten Fangumgebung (Fangradius) liegen, die auch das zu identifizierende Objekt enthält. Nach [SCH 87] kann definiert werden:

- Fangpunkt: Eingegebener Punkt, dessen Koordinatenwert zur Identifikation herangezogen wird.
- Fangumgebung: Definierter Bereich in dem der Fangpunkt zur Identifizierung eines Objekts oder Elements liegen muß. Z.B. Kreisfläche mit Radius = 3mm (Fangradius). Die Größe der Fangumgebung ist unabhängig vom eingestellten Maßstab und meistens frei wählbar. Voreinstellungen auf etwa 3 mm sind üblich.

Eine explizite Koordinateneingabe ist meistens sehr umständlich, weil der betreffende Punkt erst koordinatenmäßig ermittelt werden muß, weswegen Antastungen auf der Darstellungsfläche des Sichtgeräts bevorzugt werden.

Für die Koordinateneingabe, meistens durch Antastungen, kann eine Einzelpunkteingabe genügen, manchmal ist aber eine Raumpunkteingabe erforderlich.

Die Antastung in einer Ansicht (Einzelpunkteingabe mit zwei Koordinaten) genügt für die Fälle, bei denen die Identifikation nur durch Antastung eines einzelnen Punkts möglich ist, z.B. Antastung irgend eines Punkts innerhalb einer Fläche zur Bestimmung dieser Fläche oder des zugehörigen Objekts, irgend eines Punkts auf einer Geraden zur Bestimmung einer Kante oder des zugehörigen Objekts (Bild 6.4). Wenn nicht anders festgelegt, ist die Einzelpunkteingabe zur Identifikation wegen ihres geringeren Eingabeaufwands oft vorbelegt.

Die Antastung in zwei Ansichten (Raumpunkteingabe mit 3 Koordinaten) wird dann nötig, wenn durch eine Einzelpunktangabe in einer Darstellungsebene die Identifikation nicht eindeutig möglich ist. So wird in Bild 6.4, Beispiel b, der Querschnitt nicht durch Antasten einer Kante allein, sondern erst durch Bezeichnen seiner Erstreckungsebene erkannt

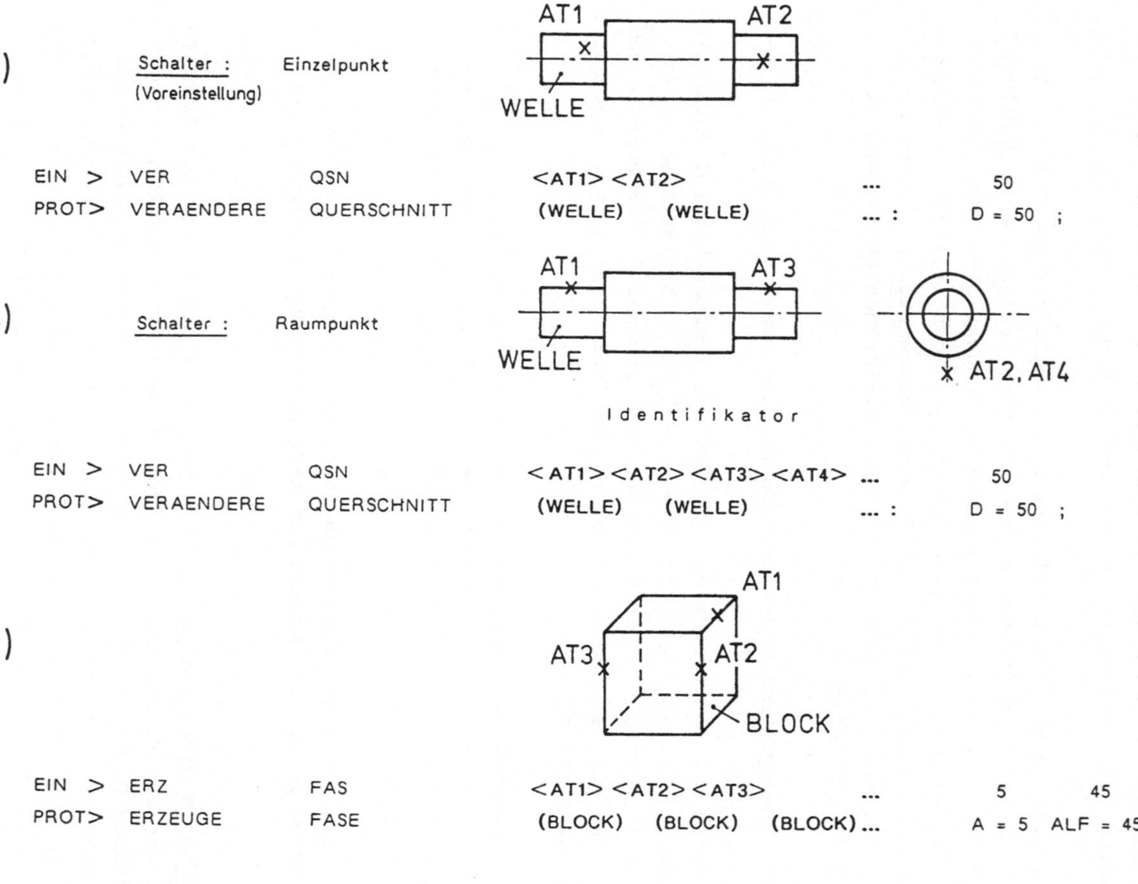

Erläuterung : <AT1> Antastung oder Koordinateneingabe

Bild 6.4 Mehrfachidentifikation an Geometrieelementen von Teilen mit Hilfe von Einzelpunkt- (a) und Raumpunkteingabe (b) sowie mit Hilfe von Antastungen in einer Dimetrie (c)

und so identifizierbar. Vielfach ist die Raumpunkteingabe erforderlich, wenn in der einen Darstellungsebene mehrere Flächen oder Kanten übereinanderliegen und durch den dritten Punkt die dahinterliegende, gültige Ebene bestimmt werden muß.

Das Beispiel c in Bild 6.4 weist auf die Möglichkeit der Mehrfachidentifikation durch Antasten hin, wenn mehrere Kanten zugleich z.B. mit einer Fase versehen werden sollen.

Bei erfolgreicher Identifikation sind folgende Reaktionen durch das System erforderlich:

- Geometrieelemente müssen graphisch markiert werden (z.B. Blinken, andere Farbe oder Zeichenmarkierungen) und das zugehörige Teil, wenn vorhanden, wird mit seinem Teilnamen protokolliert.
- Elemente der Baustruktur (Körper, Teile, Baugruppen) werden mit Namen protokolliert.

Bei nicht beabsichtigter Identifikation sollte der Benutzer die Möglichkeit der Rückweisung haben, was von Seiten des Systems zu einem neuen Angebot mit anderen in der Nähe liegenden Elementen oder Objekten führt. Bei Zustimmung des Benutzers wird dann die Identifikation erfolgreich.

Bei erfolgloser Identifikation werden dem Benutzer Abhilfemaßnahmen nahegelegt, die zum Erfolg führen können:

- Anderen Fangradius wählen.
- Vergrößerten Ausschnitt nutzen (Zoomen).
- Andere Ansicht wählen.

6.3.3 Liste aktiver Teile

Während des Konstruktionsprozesses ist es oft sehr hilfreich, nur eine bestimmte Geometriemenge zu betrachten und zu manipulieren. Hierfür kommt in erster Linie die gerade in Arbeit befindliche, also die operationelle Geometrie in Frage, während die nicht unmittelbar benötigte in den Hintergrund treten darf. Damit kann die Antwortzeit des Systems verkürzt und auch die Übersichtlichkeit für den Konstrukteur verbessert werden. Darstellungsorientierte Verfahren, wie die Layertechnik (vgl. Kap. 7), sind zwar für die Zeichnungserstellung nützlich, beim Gestaltungsprozeß, der sich auf Teile bezieht, aber wenig dienlich. Eine Gruppierung mit Hilfe der hierarchischen Baustruktur (vgl. Kap. 9) vorzunehmen, wäre zwar denkbar, umfaßt aber häufig nicht den temporär betrachteten Gestaltungsbereich. Deshalb wird nach [BAC 88] eine zusätzliche Gruppierungstechnik vorgeschlagen, die die jeweils in Arbeit befindliche Geometrie als Liste aktiver Teile umfaßt.

Die Liste aktiver Teile (LAT)

- umfaßt die jeweils operationelle Geometrie,
- faßt bestimmte Teile und Körper zusammen, die dann geschlossen manipuliert werden können, wodurch langwierige Aufzählungen vermieden werden,
- stellt damit einen Identifikator für eine vom Konstrukteur zeitweise bestimmte Gruppe dar und
- aktualisiert sich selbst.

Die Aktualisierung der Liste aktiver Teile erfolgt bei nachstehenden Ereignissen:

- Ein Teil wird bei Generierung und bei jeder Änderung, auch der von Lage und Anzahl, aufgenommen.
- Ein Teil wird herausgenommen, falls es gelöscht wird.
- Nach dem Einlesen eines archivierten Gesamtmodells werden alle Teile in die Liste aufgenommen.
- Nach Darstellungsaufträgen stehen die betreffenden Teile in der Liste aktiver Teile.
- Werden Erzeugnisse oder Baugruppen benannt, erfolgt der Eintrag ihrer Teile in die Liste.

Die in die Liste aktiver Teile aufgenommenen Teile sollten in der Darstellung farblich hervorgehoben sein bzw. die anderen zurückgenommen werden.

Der Benutzer kann jederzeit, auch während der Kommandoeingabe, Veränderungen an der Liste aktiver Teile vornehmen und so den Umfang den Verhältnissen anpassen. Im Grenzfall kann er die Liste der aktiven Teile bis auf ein Teil reduzieren, wenn er nur an diesem arbeiten will, wodurch sich Antwortzeiten und die Komplexität, z.B beim Identifizieren von bestimmten Gestaltungszonen, drastisch reduzieren.

Bild 6.5 zeigt die Möglichkeiten der Identifizierung von zusammenhängenden Baustrukturelementen auf, wobei die Nutzung der Liste aktiver Teile (LAT) die Manipulation vereinfacht.

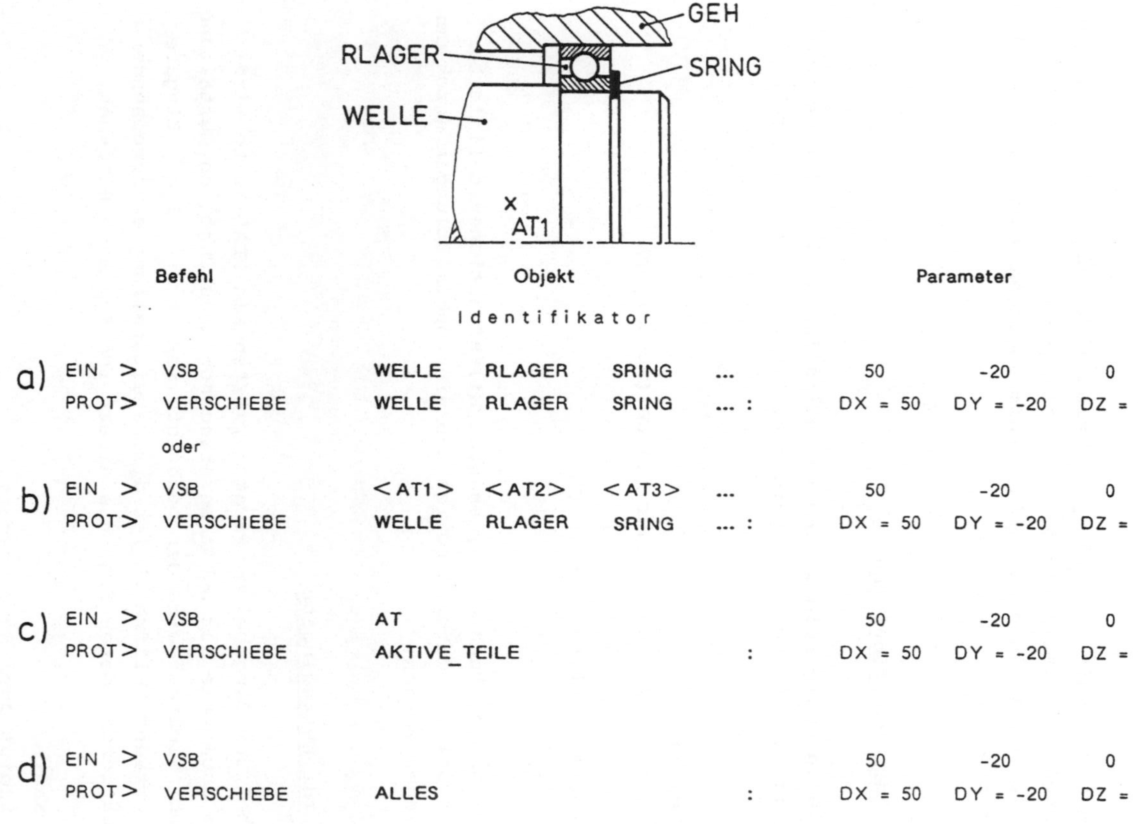

	Befehl		Objekt				Parameter			
			Identifikator							
a)	EIN >	VSB	WELLE	RLAGER	SRING	...	50	-20	0	
	PROT>	VERSCHIEBE	WELLE	RLAGER	SRING	... :	DX = 50	DY = -20	DZ = 0	;
		oder								
b)	EIN >	VSB	<AT1>	<AT2>	<AT3>	...	50	-20	0	
	PROT>	VERSCHIEBE	WELLE	RLAGER	SRING	... :	DX = 50	DY = -20	DZ = 0	;
c)	EIN >	VSB	AT				50	-20	0	
	PROT>	VERSCHIEBE	AKTIVE_TEILE			:	DX = 50	DY = -20	DZ = 0	;
d)	EIN >	VSB					50	-20	0	
	PROT>	VERSCHIEBE	ALLES			:	DX = 50	DY = -20	DZ = 0	;

Erläuterung : <AT1> Antastung oder Koordinateneingabe

Bild 6.5 Identifikation von Baustrukturelementen (Teile) durch Namensnennung (a), Antastung (b), mit Hilfe der Liste aktiver Teile (c) oder unter Bezug auf alles (d)

6.4 Hilfsfunktionen

Bei der Kommunikation mit dem CAD-System sind Hilfsfunktionen zum Finden von Koordinatenwerten oder sonstigen Berechnungswerten eine wichtige Unterstützung. Sie werden in erster Linie beim Positionieren und beim Eingeben von Parameterwerten benötigt.

6.4.1 Hilfen beim Positionieren

Beim Positionieren sowie beim Setzen von Hilfslinien wird sich der Anwender häufig auf bestimmte, ausgezeichnete Punkte der Geometrie beziehen:

- Endpunkt einer Kante,
- Mittelpunkt einer Kante oder einer Fläche (Schwerpunkt),
- Schnittpunkt zweier Kanten,
- Schnittpunkt zweier Hilfslinien,
- Tangentenpunkt.

Solche ausgezeichneten Punkte sollten über Hilfsfunktionen definierbar und ansprechbar sein, wodurch unnötige Koordinatenermittlungen durch den Benutzer vermieden werden.

6.4.2 Hilfen zur Werteeingabe

Insbesondere bei der Eingabe von Parameterwerten als REAL-Werte wird häufig auf die Geometrie der schon entstandenen konstruktiven Gestaltung zurückgegriffen. Vielfach wird der benötigte Wert erst bei der Eingabe des Kommandos erkannt. Hilfreich ist die Bereitstellung entsprechender Ermittlungsfunktionen, deren Ergebnis direkt ins Kommando eingehen:

- Länge einer Kante,
- Größe eines Radius oder Durchmessers,
- Abstand zweier Punkte,
- Abstand zwischen Parallelen,
- Winkel zwischen zwei Linien,
- trigonometrische Funktionen von Winkeln.

6.4.3 Hilfen zu Berechnungen

Während des Konstruktionsprozesses muß der Konstrukteur oftmals Objekteigenschaften ermitteln, die er über Berechnungen gewinnt. Es sind dies vornehmlich die Berechnung von Volumen, Masse, Gewicht, Schwerpunktlage, Flächenträgheitsmoment, Massenträgheitsmoment und eine Reihe von arithmetischen Funktionen. Ein CAD-System sollte in der Lage sein, aus der entstandenen Geometrie die erwähnten Eigenschaften selbsttätig zu ermitteln sowie einen "Taschenrechneralgorithmus" für elementare Berechnungen anzubieten.

6.5 Hilfe-Funktionen

Im Rahmen einer guten Benutzerführung ist es unerläßlich, dem Anwender Hilfen zu geben, wenn er nicht sicher ist, in welcher Weise er ein Kommando fortführen oder ordnungsgemäß beenden soll.

Generell soll dem Benutzer angezeigt werden, was das System von ihm als nächstes erwartet. So muß deutlich sein, ob das System noch mit der Ausführung eines Kommandos beschäftigt ist oder schon ein neues Kommando erwartet. Die Bereitschaft kann in unterschiedlicher Weise signalisiert werden:

- Das Fadenkreuz oder der Cursor ist sichtbar und verschiebbar.
- Der Cursor verändert seine Form.
- Am Bildschirm wird zur Kommandoeingabe aufgefordert.

Systemgeführte Dialoge sollten den Menübaum so anzeigen, daß ein Rückblick wie auch eine Vorschau auf die gerade aktivierten Äste möglich ist.

Benutzergeführte Dialoge müssen in einer jeweiligen Situation auf Anforderung entsprechend angepaßte Auskünfte erteilen können. Für die einzelnen Kommandoelemente sind beispielsweise folgende Hilfen nützlich:

- Befehl: Durch Eingabe eines Buchstabens werden alle Befehle aufgelistet, die mit diesem Buchstaben beginnen. Die Befehlsform ist dabei an die Sprache des Konstrukteurs angepaßt, wodurch er in der Regel den geeigneten Befehl richtig formuliert.

- Objekt: Nach Protokollierung des Befehls kann der Benutzer durch Eingabe von beispielsweise ?? alle zugehörigen Objekte erfragen. Bei Eingabe von ? werden alle Objekte mit dem damit gleichzeitig eingegebenen Anfangsbuchstaben angezeigt.
- Parameter: In einem Kommando wird die Eingabe von Parametern erwartet. Auf beispielsweise ?? werden alle benötigten Parameter genannt, auf beispielsweise ? nur der jeweils nächste. Ist sich der Benutzer über die Parameterzuordnung und deren Sinn im Unklaren, sollte er den Zweck und seine Zuordnung durch z.B. ? <Parameterbezeichnung> erfragen können.

6.6 Bildschirm-Layout

Unter Bildschirm-Layout wird die Aufmachung und Einteilung der Bildschirm-Darstellungsfläche verstanden. Durch eine zweckmäßige Gestaltung wird die Selbsterklärungsfähigkeit des Systems unterstützt sowie dem begrenzten Kurzzeitgedächtnis des Anwenders und dem Ablauf des Konstruktionsprozesses Rechnung getragen.

Die Haupttätigkeit des Benutzers bei der Bedienung des CAD-Systems ist die Formulierung von Kommandos, ihre Eingabe und die Überwachung der Ausführung. Dabei benötigt er neben der Ausgabe des graphischen Ergebnisses zwei alpha-numerische Ausgabefunktionen:

- Darstellung CAD-systembezogener Zustände und Vorgänge sowie die
- Darstellung konstruktionsbezogener Ergebnisse.

Gleichgültig, ob es sich um einen systemgeführten Dialog, meistens mit nur einer darstellenden Bildschirmfläche, oder um einen benutzergeführten Dialog, meistens mit einem graphischen und einem zusätzlichen alphanumerischen Sichtgerät, handelt, sollte eine räumliche und zeitliche Strukturierung der dargestellten Informationen vorgenommen werden.

- Die räumliche Strukturierung ermöglicht dem Konstrukteur eine gleichbleibend gewohnte Orientierung auf einen Blick ohne besonderes Suchen. Der graphische Teil sollte immer im Hauptblickfeld des Konstrukteurs sein, gleichgültig ob mit zusätzlichem alphanumerischen Sichtgerät gearbeitet wird oder nicht.
- Die zeitliche Strukturierung muß nach Darstellungszeitpunkt und -dauer so angelegt werden, daß Bedarf und Bereitstellung zusammenfallen, da-

mit das Gedächtnis des Konstrukteurs nicht unnötig als Speicher belastet werden muß.
- Außerdem dient eine Klassifizierung der Informationen mit einem entsprechendend charakteristischen Erscheinungsbild dazu, aktuell Wesentliches besser zu erkennen.

Nach [BAC 88] sind folgende Dialogphasen mit zugehörigen Prozeduren feststellbar:

1. Kommandoeingabe
   1.1 Hilfen zu Befehlen, Objekten, Parameter u.ä.
   1.2 Meldungen wie Eingabeaufforderung und Fehlermeldung
   1.3 Protokoll des Kommandos
2. Kommandoausführung
   2.1 Kommandobestätigung
   2.2 Protokoll der Kommandoausführung mit Kommentierung, wie Überbrückung der Antwortzeit, Erfolgs- oder Fehlermeldung
3. Präsentation der Ergebnisse und Zustände
   3.1 Nachrichten zur Systemsteuerung, z.B. Voreinstellungen
   3.2 Nachrichten zum Konstruktionsprozeß, z.B. Umfang einer Baustruktur oder der Liste aktiver Teile

Alle genannten Mitteilungen müssen teils dauernd, aber variabel, oder nur zeitweise bereitgestellt werden. Außerdem ist ihre Anordnung in der Darstellungsfläche den Bedürfnissen des Konstruktionsprozesses anzupassen.

Als Beispiel zeigt Bild 6.6 das Layout eines Bildschirms mit graphischer und alpha-numerischer Darstellung auf einer Darstellungsfläche für einen systemgeführten Dialog. Das Bemühen um eine möglichst große graphische Darstellungsfläche und eine geordnete Aufteilung in Felder für das Menü zur Kommandoeingabe (1.1), für Informationen zur Kommandoausführung (1.2, 2 und 3) und für Systembedienung und Systemmeldungen (3.1) ist deutlich erkennbar. In Bild 6.2 ist das Layout in einem praktischen Anwendungsfall wiedergegeben.

Bild 6.7 zeigt das Layout für einen benutzergeführten Dialog mit Hilfe eines getrennten alpha-numerischen Sichtgeräts nach [BAC 88]. Hier werden vier größere Bereiche in einer Anordnung vorgeschlagen, wie sie für den Konstruktionsprozeß zweckmäßig erscheint:

Im oberen Feld werden in der ersten Zeile die vorgenommenen Voreinstellungen zum Systemzustand (3.1) und in der zweiten Zeile die zum Kon-

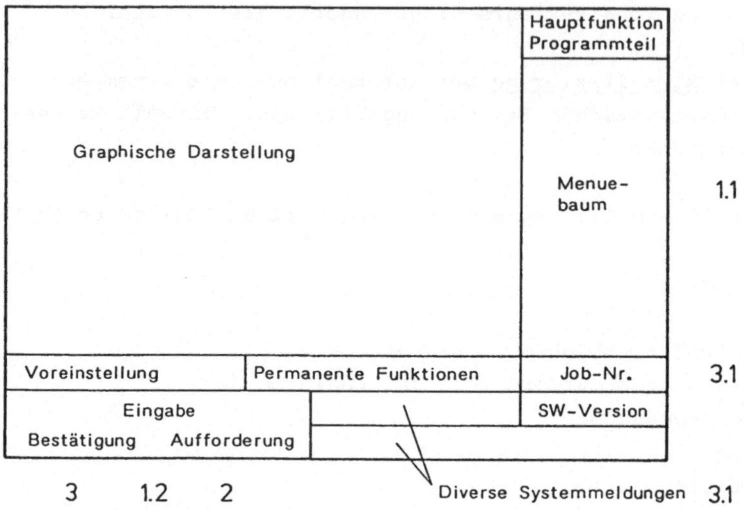

Bild 6.6 Layout einer Bildschirm-Darstellungsfläche für einen systemgeführten Dialog. System CATIA. (Zahlen vgl. Text)

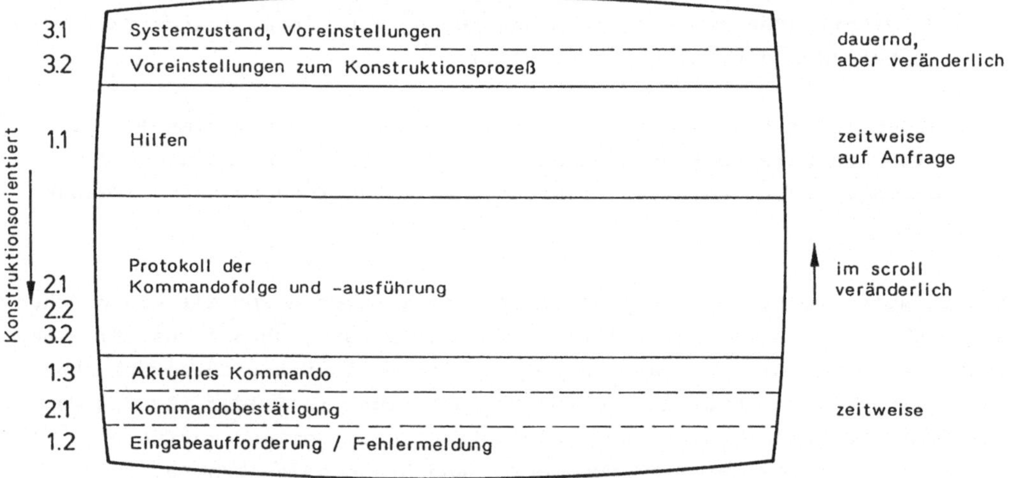

Bild 6.7 Layout eines alpha-numerischen Bildschirms neben dem graphischen Sichtgerät für einen benutzergeführten Dialog. (Zahlen vgl. Text)

struktionsprozeß (3.2) gehörigen dauernd, aber veränderbar dargestellt.

Im darunter liegenden Feld findet der Benutzer auf Anfrage gewünschte <u>Hilfen</u> (1.1), z.B. für benötigte Parameter, für Bezeichnung von Darstellungsfeldern und für die Wahl von Ansichten.

Im dritten Feld erfolgt die Protokollierung der gegebenen Kommandos mit Kommentaren zur Ausführung (2.1, 2.2 und 3.2), so daß die zuletzt abgelaufenen Vorgänge überblickt werden können, was insbesondere bei mehrstufigen Operationen zum Erreichen eines Gestaltungsziels nützlich ist.

Das vierte untere Feld nimmt in der ersten Zeile das aktuell gegebene Kommando bzw. seine Elemente auf (1.3). Bei Vollständigkeit erfolgt darunter die Kommandobestätigung (2.1) und in der letzten Zeile nach Ausführung die Aufforderung zu einer weiteren Kommandoeingabe (1.2). Bei Fehlern erfolgen stattdessen in diesem Bereich die Fehlermeldungen und die Hinweise auf fehlende Elemente.

7 Darstellungstechnik

7.1 Struktur des graphischen Darstellungssystems

Nach Kap. 3 waren alle Eingabe- und Ausgabefunktionen dem Kommunikationsbereich eines CAD-Systems zugeordnet worden. Während in Kapitel 6 hauptsächlich die Eingabeprozeduren mit Hilfe von Kommandos und ihre erkennbare Ausführung und Bestätigung behandelt wurden, ist es nun notwendig, die für den Dialog benötigten graphischen Ausgabemittel näher zu betrachten. Bild 7.1 zeigt den Kommunikationsbereich einschließlich der Routinen, die die Visualisierung des generierten Objektmodells betreffen.

In diesem Zusammenhang ist es nützlich, zwischen der Datenverarbeitung zwecks

- 3D-Modellierung und
- 2D-Darstellung

des Objektmodells zu unterscheiden.

Die Modellierung geschieht im 3D-Bereich in Bezug auf die Weltkoordinaten x, y, z des Systems mit Hilfe des Modellierers und entsprechender Ablage der Daten im 3D-Datenspeicher. Diese Daten sind die Grundlage zur Erstellung des jeweils vom Konstrukteur oder sonstigen Anwendern gewünschten Bildes zur Visualisierung.

Die Visualisierung erfordert die Ableitung eines Bildes bzw. von Ansichten in eine zweidimensionale Bildebene entweder als orthogonale Projektion oder als Axonometrie in unterschiedlicher Form, z.B. als Zeichnung oder als farbschattiertes Bild. Dabei erhalten wir die entsprechenden Bildkoordinaten x und y (Index B) des Bildes (Bild 7.2), die nur noch teilweise mit den Weltkoordinaten übereinstimmen. Zu dem gewünsch-

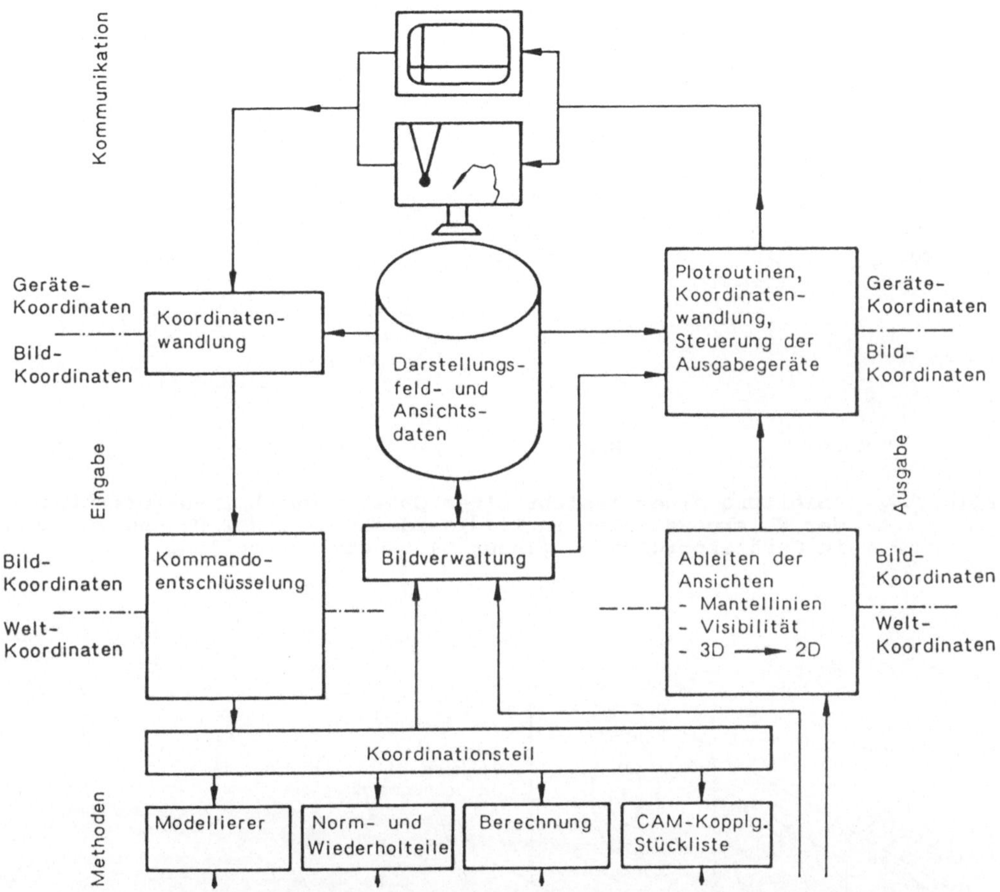

Bild 7.1 Kommunikationsbereich mit Koordinatenwandlungsroutinen, wie sie zur Ein- und Ausgabe nötig sind (Ausschnitt aus Bild 3.2). Als Beispiel System IKA

ten Bild müssen nun alle Mantellinien und in einer Visibilitätsprüfung alle verdeckten Kanten (Hidden lines) ermittelt werden, wenn letztere als solche anders dargestellt oder ausgeblendet werden sollen. Das Ergebnis dieser Verarbeitung wird in einem 2D-Bildspeicher abgelegt. Die Bildverwaltung weist die einzelnen Bilder, z.B. Ansichten, den jeweiligen Darstellungsfeldern des Geräts zu, in denen die Visualisierung gewünscht wird.

Das gewählte Bild ist aber noch nicht auf das Darstellungsfeld des betreffenden Geräts (Sichtgerät, Plotter) abgestimmt. Die 2D-Koordinaten des Bildes müssen noch in die Gerätekoordinaten x und y (Index G) trans-

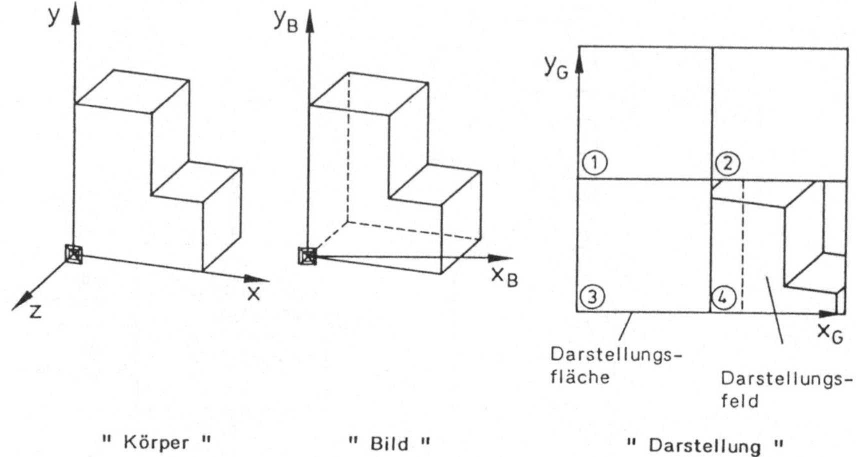

Bild 7.2 Ableitung einer Ansicht eines Objekts durch Transformation der Weltkoordinaten in Bildkoordinaten (Index B) und von dort in Gerätekoordinaten (Index G) zwecks Darstellung

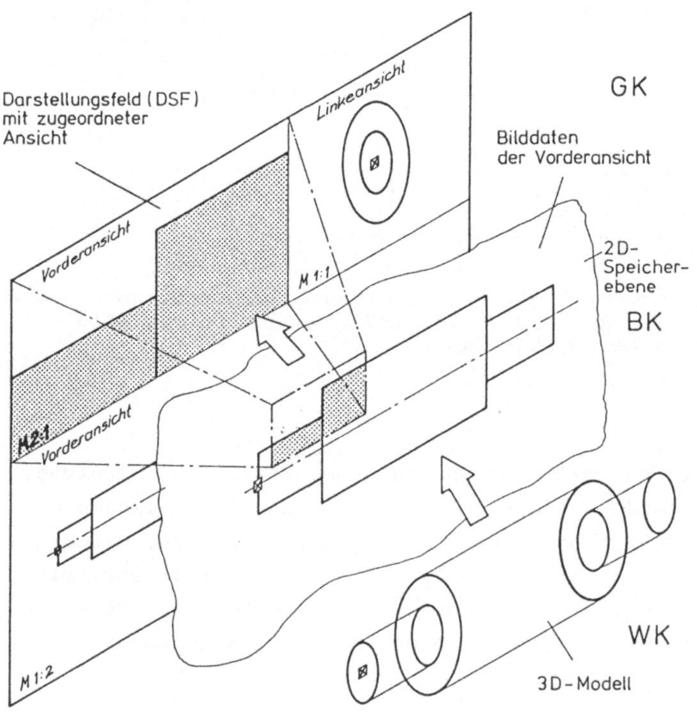

Bild 7.3 Erzeugung und Darstellung von Bilddaten, hier vergrößertes Detail einer Welle in einem oberen Darstellungsfeld. Im Darstellungsfeld darunter Darstellung der kompletten Welle

formiert werden, damit das Bild in der gewünschten Größe, als Ganzes oder im Ausschnitt, im Darstellungsfeld erscheinen kann (Bild 7.3).

Die Transformation von Weltkoordinaten in Bildkoordinaten und von diesen in die Gerätekoordinaten unter Nutzung des 2D-Bildspeicherbereichs und der Bildverwaltung wird auch als Darstellungsreihe (Viewing pipeline) bezeichnet (Bild 7.4).

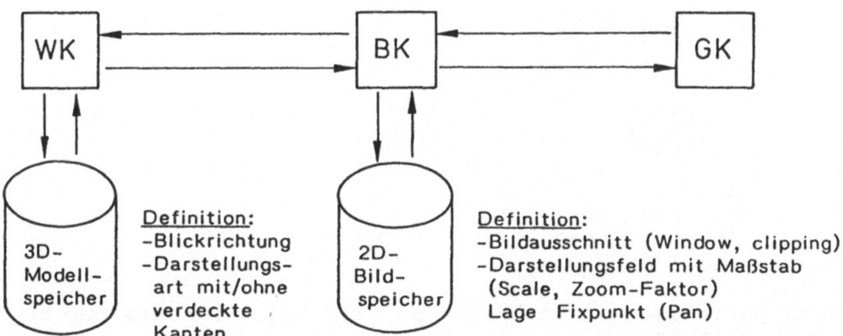

Bild 7.4 Transformation der Weltkoordinaten in Bildkoordinaten und diese in Gerätekoordinaten in einer Darstellungsreihe

Die Bildmanipulation geschieht mit Ausnahme der Ansichtsdrehung räumlicher Objekte stets ohne 3D-2D-Wandlung, also allein im 2D-Datenbereich. Sie kann daher besonders bei Verarbeitung mit einem geräteeigenen Mikroprozessor recht schnell erfolgen. Die üblichen Manipulationsoperationen zur Anpassung an das Darstellungsfeld sind:

- ZOOM: Vergrößern und Verkleinern,
- SCALE: Maßstab verändern,
- AUTOMAX: Automatisches Erstellen einer maximalen Darstellungsgröße im jeweiligen Darstellungsfeld,
- PAN: Bild verschieben, d.h. Fixpunkt verschieben in Bezug auf das Darstellungsfeld,
- WINDOWING: Ausschnitte bzw. Fenster bilden,
- CLIPPING: Ausblenden nicht gewünschter Darstellungen innerhalb oder außerhalb des Fensters. Oft mit Befehl WINDOWING gekoppelt und
- REPAINT: Bild neu aufbauen.

Bild 7.5 erläutert die dargestellten Funktionen zur Bildmanipulation, wobei nach [ENS 86] die Manipulationen zweckmäßigerweise im Bereich der Gerätekoordinaten abgehandelt werden.

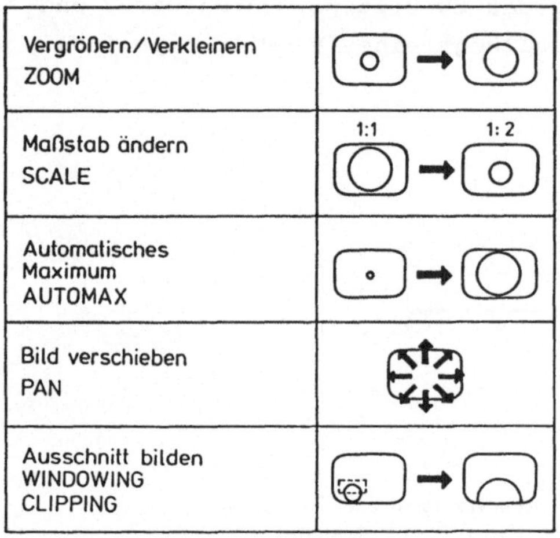

Vergrößern/Verkleinern ZOOM	
Maßstab ändern SCALE	1:1 1:2
Automatisches Maximum AUTOMAX	
Bild verschieben PAN	
Ausschnitt bilden WINDOWING CLIPPING	

Bild 7.5 Bildmanipulationen in Anlehnung an [EIM 86] zur Anpassung an das Darstellungsfeld

7.2 Darstellungsfelder und Zuordnung von Ansichten

An einem Gerät steht nur eine bestimmte Darstellungsfläche zur Verfügung. Unter Darstellungsfläche ist am Sichtgerät die gesamte aktiv nutzbare und beim Plotter die insgesamt beschreibbare Fläche zu verstehen. Diese Darstellungsfläche kann unterteilt werden.

Da der Konstrukteur häufig mehrere Ansichten benötigt, ist ihre gleichzeitige Darstellung erwünscht. Die Darstellungsfläche wird daher in Darstellungsfelder (Viewports) unterteilt. Hierzu gibt es beliebige Möglichkeiten. Eingeführt haben sich sogenannte Standardaufteilungen, die häufig benutzt werden:

- Keine Aufteilung, sondern Nutzung der gesamten graphisch zur Verfügung stehenden Fläche nur für jeweils eine Ansicht (vgl. Bild 6.2).

- Aufteilung in vier gleiche Felder, z.B. für Vorderansicht, Linke Ansicht, Draufsicht und Dimetrie (Bild 7.6).

- Aufteilung in zwei oder drei Felder, wobei eines eine bevorzugte Erstreckung z.B. für lange Teile hat (Bild 7.3).

Die Aufteilung der Darstellungsfläche ist meist vorbelegt und braucht nur angewählt zu werden. Daneben sollte auch eine spezielle Aufteilung (Nichtstandard-Aufteilung) erstellt werden können.

Die jeweils gewünschten Ansichten werden den Darstellungsfeldern zugeordnet, soweit dies nicht schon bei der Vorbelegung der Standardaufteilungen geschehen ist.

Eine Ansicht ist eine durch den Ansichtsvektor festgelegte Projektion eines Objekts auf eine unendlich große Fläche im Maßstab 1:1. Der Ansichtsvektor bestimmt also die Art der Ansicht: Vorderansicht, Seitenansicht, Draufsicht und Unteransicht sowie die Blickrichtung bei einer Axonometrie z.B. als Dimetrie oder Isometrie. Auch für letztere bestehen in CAD-Systemen Vorbelegungen. Vielfach kann mit Hilfe von Wertegebern die Ansichtsrichtung kontinuierlich verändert werden (Bild 7.7).

Durch die Zuordnung der Ansicht zum Darstellungsfeld wird die Größe und der Ansichtsausschnitt festgelegt. Es müssen daher zum Bildaufbau einer Ansicht eingegeben werden:

- Art der Ansicht,
- Ansichtstyp, d.h. ohne oder mit verdeckten Kanten. Bei letzterem Typ noch der Modus, d.h. Darstellung verdeckter Kanten als Vollinien oder als gestrichelte Linien,
- Maßstab oder maximale Ausnutzung des Darstellungsfeldes mit Hilfe des Kommandos AUTOMAX,
- Lage des Fixpunkts (Verschieben) bei einem Bildausschnitt.

Innerhalb eines Darstellungsfeldes können darüber hinaus mit Hilfe einer Fenstertechnik (Windowing) Ausschnitte oder zu einem definierten Ausschnitt weitere Ausschnitte gebildet werden.

Beim systemgeführten Dialog wird häufig ein Teil der aktiven Darstellungsfläche für das Menü zwecks Kommandoeingabe u.a. genutzt (vgl. Abschn. 6.6). Die für die graphische Ausgabe der Geometrie zur Verfügung stehende Fläche wird damit verkleinert.

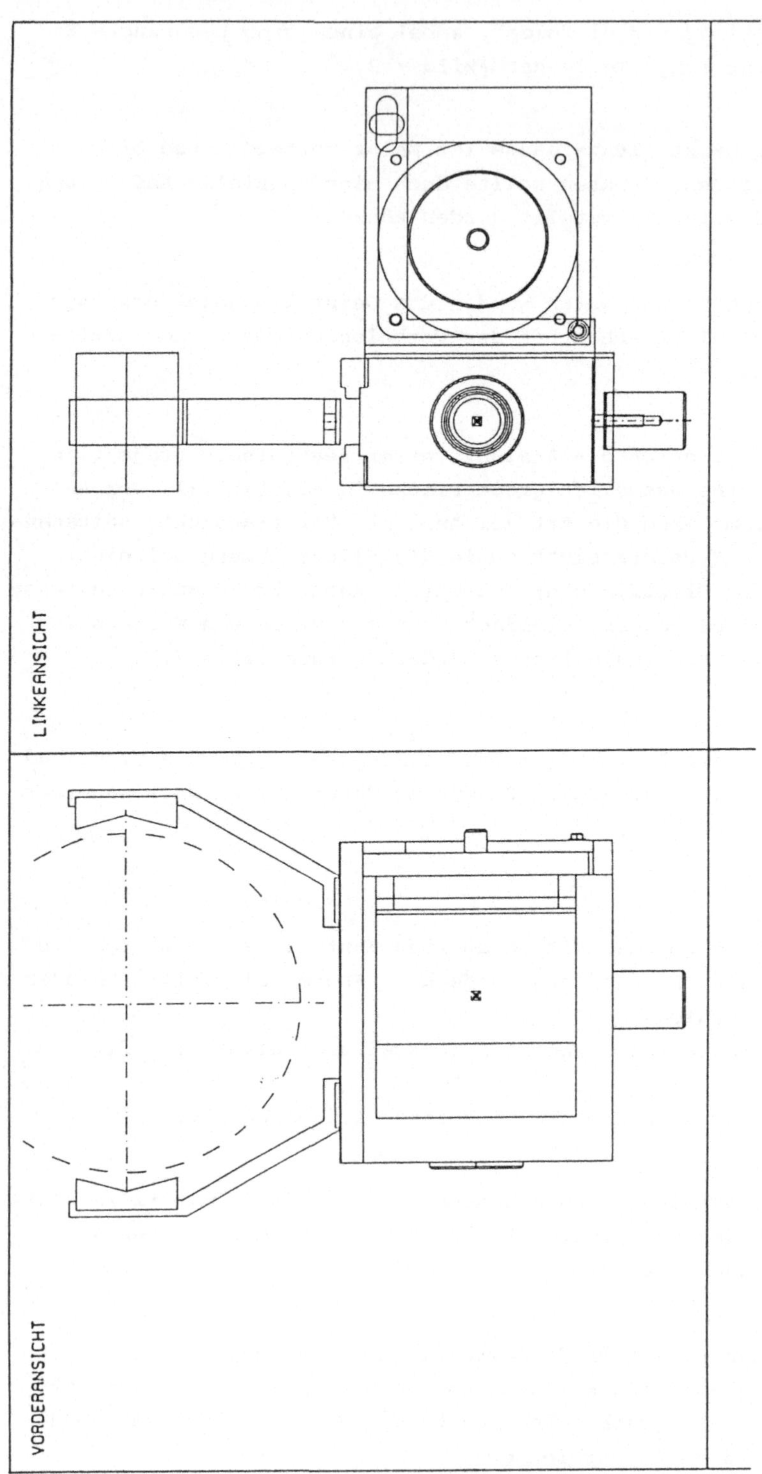
LINKEANSICHT
VORDERANSICHT

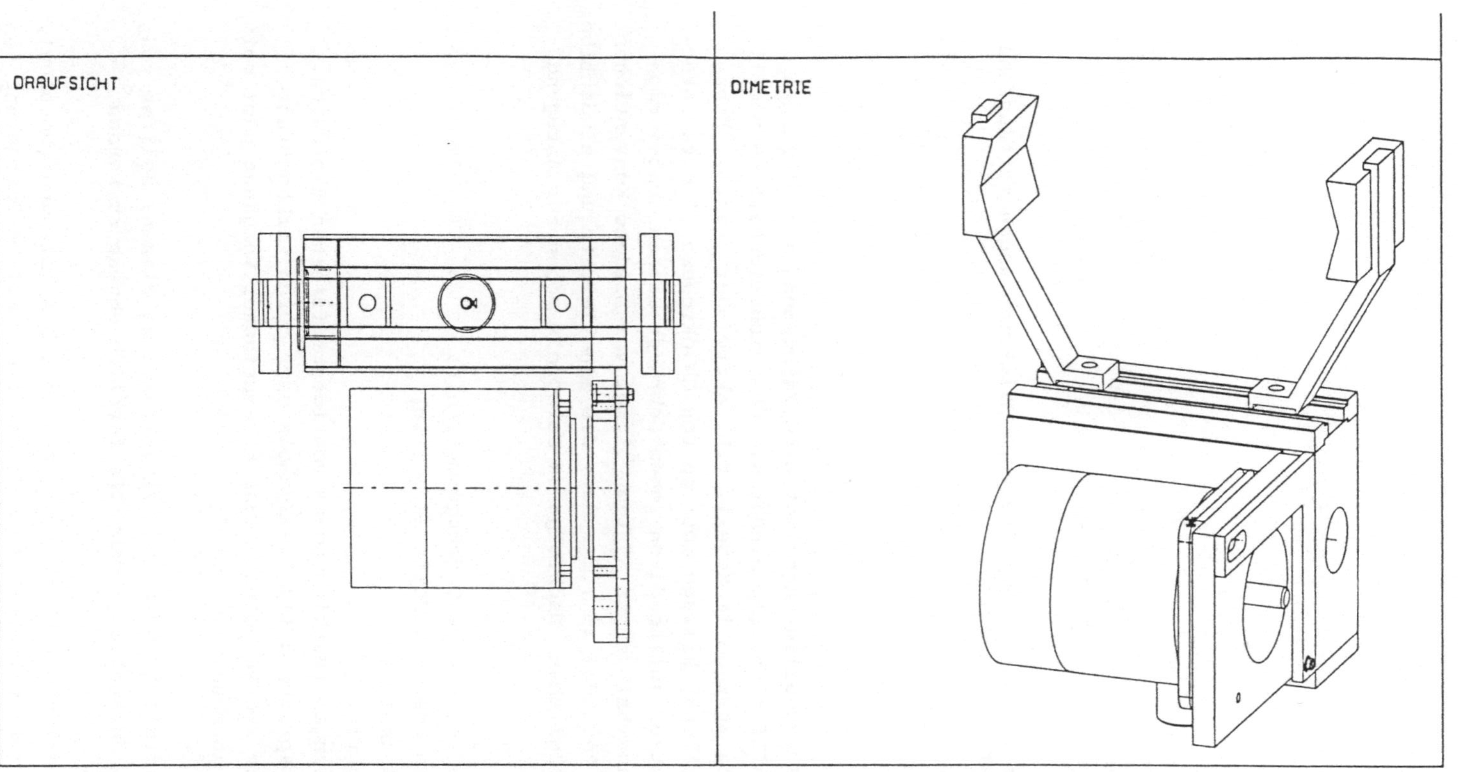

Bild 7.6 Darstellung eines Robotergreifers in einer Standardaufteilung mit Vorderansicht, Linke Ansicht, Draufsicht und Dimetrie im System IKA

Bild 7.7 Axonometrie unter verschiedenen Blickrichtungen fortlaufend über Wertegeber erzeugt

7.3 Farbgebung

Insbesondere bei 3D-Modellierungen ist eine Farbgebung der einzelnen Elemente äußerst hilfreich. Sie erhöht die Übersichtlichkeit im Modell, kann den jeweiligen Zustand im Modell, z.B. aktiv oder inaktiv, kennzeichnen und ermöglicht, Hilfsgeometrien von Objektgeometrien zu unterscheiden. Der Benutzer sollte davon regen Gebrauch machen. Dabei empfiehlt es sich, innerhalb eines Systems einmal verabredete Konventionen beizubehalten und Farbtöne zu verwenden, die eine leichte und eindeutige Unterscheidung ermöglichen. Nachfolgende Beispiele mögen zur Anregung dienen:

- weiß: Operationelle, aktive Objektgeometrie,
- rot: neu erzeugte oder geänderte Geometrie,
- blau: inaktive Geometrie,
- grün: Hilfsgeometrie,
- gelb: Kennzeichnungen (Markierungen) von identifizierten Elementen, sei es durch entsprechend farbige Symbole oder durch Farbänderung. Bewegte Geometrie zwecks Untersuchung kinematischer Vorgänge oder bei Kollisionsbetrachtungen.

Linienzüge, die lediglich zur Flächenvisualisierung dienen, sollten von Linien, die Kanten darstellen, ebenfalls farblich abgesetzt werden.

Die Übersichtlichkeit einer Darstellung kann durch Ausblenden (No show), durch Zurücknahme der Helligkeit oder durch eine dunklere Farbgebung von

Geometrien, die augenblicklich nicht interessant sind und daher inaktiv gesetzt werden können, bedeutend gesteigert werden. Eine solche Kategorisierung kann gleichzeitig rechnerintern genutzt werden, um aktive von inaktiver Geometrie zeitweise zu trennen. Dadurch werden Identifikationen erleichtert (vgl. Liste aktiver Teile in Abschn. 6.3.3) oder Antwortzeiten wegen geringerer interner Sucharbeit verkürzt werden [FAH 89].

Bei farbschattierten Bildern kann die Farbgebung dazu dienen, ein sehr realistisches Bild von dem generierten Objekt zu vermitteln, z.B. Anlegen einer metallfarbenen oder bereits entsprechend lackierten Oberfläche des Teils oder der Baugruppe. Andererseits kann eine unterschiedliche Farbgebung der einzelnen Teile merklich zum Verständnis über Funktion und Aufbau des Erzeugnisses beitragen. Welche Art der Farbschattierung gewählt wird, hängt vom Informationszweck ab.

7.4 Schnittbildung

Wird von einem 3D-Objektmodell ausgegangen und soll eine Schnittdarstellung genutzt werden, muß die 3D-Geometrie geschnitten werden. Dazu wird sie rechnerintern in Teile vor und hinter dem Schnittverlauf getrennt. Der Teil, der in Blickrichtung vor dem Schnittverlauf liegt, wird gelöscht, sodaß die Schnittfläche sichtbar wird. Den Schnittflächen wird eine Schraffur zugewiesen, die auf Grund der Flächenzuordnung zu Teilen (interne Verzeigerung, vgl. Kap. 4) von sich aus für jedes Teil bzw. für jeden Körper stets gleich ist. Von dem so gewonnenen Teilmodell können dann die gewünschten Ansichten abgeleitet werden.

Die Schnittbildung verläuft folgendermaßen:

- Vor dem Schneiden Ursprungsgeometrie sichern.
- Definieren einer (Hauptschnitt) oder mehrerer (abgewinkelter Schnitt) Ebenen, die dem Schnittverlauf entsprechen, dabei Blickrichtung festlegen (Bild 7.8a). Es wird diejenige Ansicht zur Definition benutzt, in der der Schnittverlauf am besten festgelegt werden kann.
- Schneiden (Trennen) und rechnerinternes Erzeugen der Teilkörper.
- Zuordnen der Schnittflächen zu den geschnittenen Teilen und deren Kennzeichnung.
- Löschen des Körpers vor dem Schnittverlauf.
- Ableiten der gewünschten Ansicht des Schnitteils. Die gewünschte Ansicht ist grundsätzlich frei wählbar und daher unabhängig von der Ansicht, in der der Schnittverlauf bestimmt wurde (Bild 7.8b).

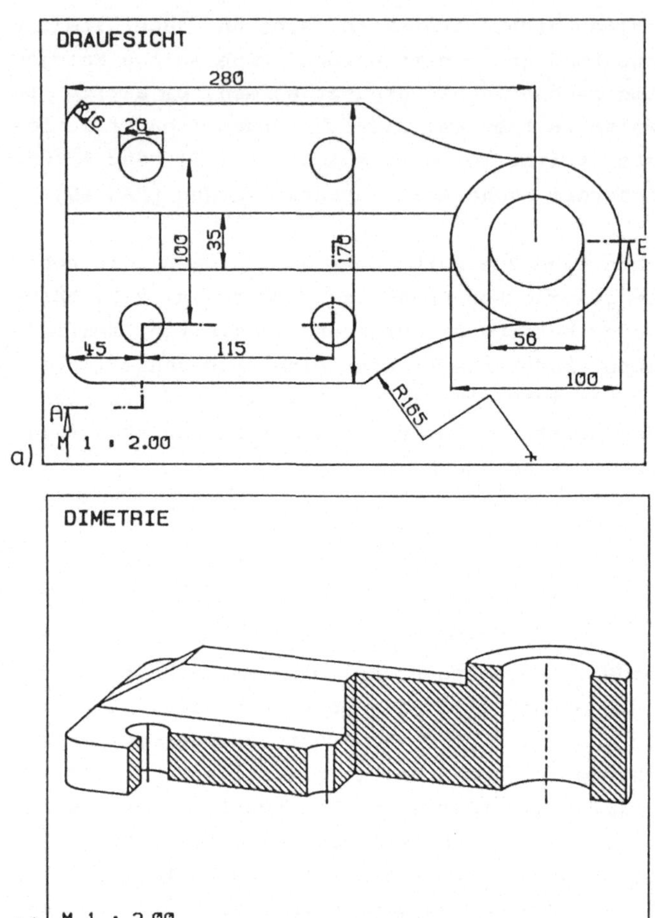

Bild 7.8 Schnittbildung im System IKA an einem 3D-Objekt:
a) Teil in Draufsicht und bemaßt.
b) Schnittergebnis in der Dimetrie.

- <u>Zuweisung</u> der Schraffurwerte (Richtung, Abstand und Winkel).
- <u>Ausführung</u> der Schraffur in der entsprechenden Ansicht auf Basis der 2D-Bilddaten.

Bild 7.8 zeigt Ausgangssituation und Ergebnis bei einem abgeknickten Schnittverlauf an einem Teil.

Aus dieser Darlegung geht der erhebliche Unterschied des Vorgehens und der rechnerinternen Abläufe im Vergleich zu einer 2D-Zeichnungserstellung hervor. Der Vorteil dieses Verfahrens ist wiederum die volle Integrität und Konsistenz zwischen Modell und Darstellung.

Das entstandene Teilmodell darf aber nur dann zur Änderung oder Weiterbearbeitung genutzt werden, wenn es mit dem ursprünglichen Objektmodell kompatibel verbunden ist bzw. bleibt. Anderenfalls dient es nur zur Ableitung der Schnittdarstellung aus dem jeweiligen Modellzustand und ist daher kein konsistent und gültig bleibendes Objektmodell. Änderungen und Weiterbearbeitungen dürfen immer nur am eigentlichen Objektmodell erfolgen. Gewünschte Schnittdarstellungen sind dann gegebenenfalls neu abzuleiten.

7.5 Ebenentechnik

Die Ebenentechnik ist eine Darstellungsart in mehreren Ebenen (Layer), die es gestattet, die Informationen zu strukturieren, indem jede Ebene nur eine bestimmte Art von Informationen aufnimmt: z.B. eine Ebene nur die Geometrie des Objekts, eine weitere nur die Schraffur und eine dritte nur die Bemaßung (Bild 7.9). Legt man die Ebenen wie durchsichtige Folien übereinander, ergibt sich die Gesamtinformation.

Diese Technik wird bei der Zeichnungserstellung zur Trennung von Informationsinhalten benutzt, um so für unterschiedliche Zwecke verschiedene Zeichnungsformen erstellen zu können. So genügt zur Visualisierung des Teils nur die Geometrie mit der Schraffur, die Bemaßung kann entfallen. Für die NC-Bearbeitung genügt die Kenntnis einer bestimmten Kontur mit ihren Abmessungen. In 2D-Zeichnungssystemen wird die Ebenentechnik auch genutzt, um eine Baustruktur zu definieren, indem die Teile auf verschiedene Layer gelegt werden. Die Ebenentechnik kann so sehr vielfältig eingesetzt werden [EIM 86].

Für die in einem 3D-Modell erzeugten Objekte im Sinne eines Erzeugnisses mit Baugruppen und -teilen hat die Ebenentechnik als Strukturierungsmittel aber keine Bedeutung, da die Bauteile und Baugruppen mittels einer Baustruktur (vgl. Kap. 9) direkt in Relation gebracht werden. Dies ist dann eine Frage der hierarchischen Zuordnung in der eigens beschriebenen Baustruktur und nicht eine der Darstellungstechnik.

Da aber aus einem 3D-Objektmodell jederzeit alle gewünschten Ansichten von Baugruppen oder einzelnen Teilen ableitbar sind und diese gegebenen-

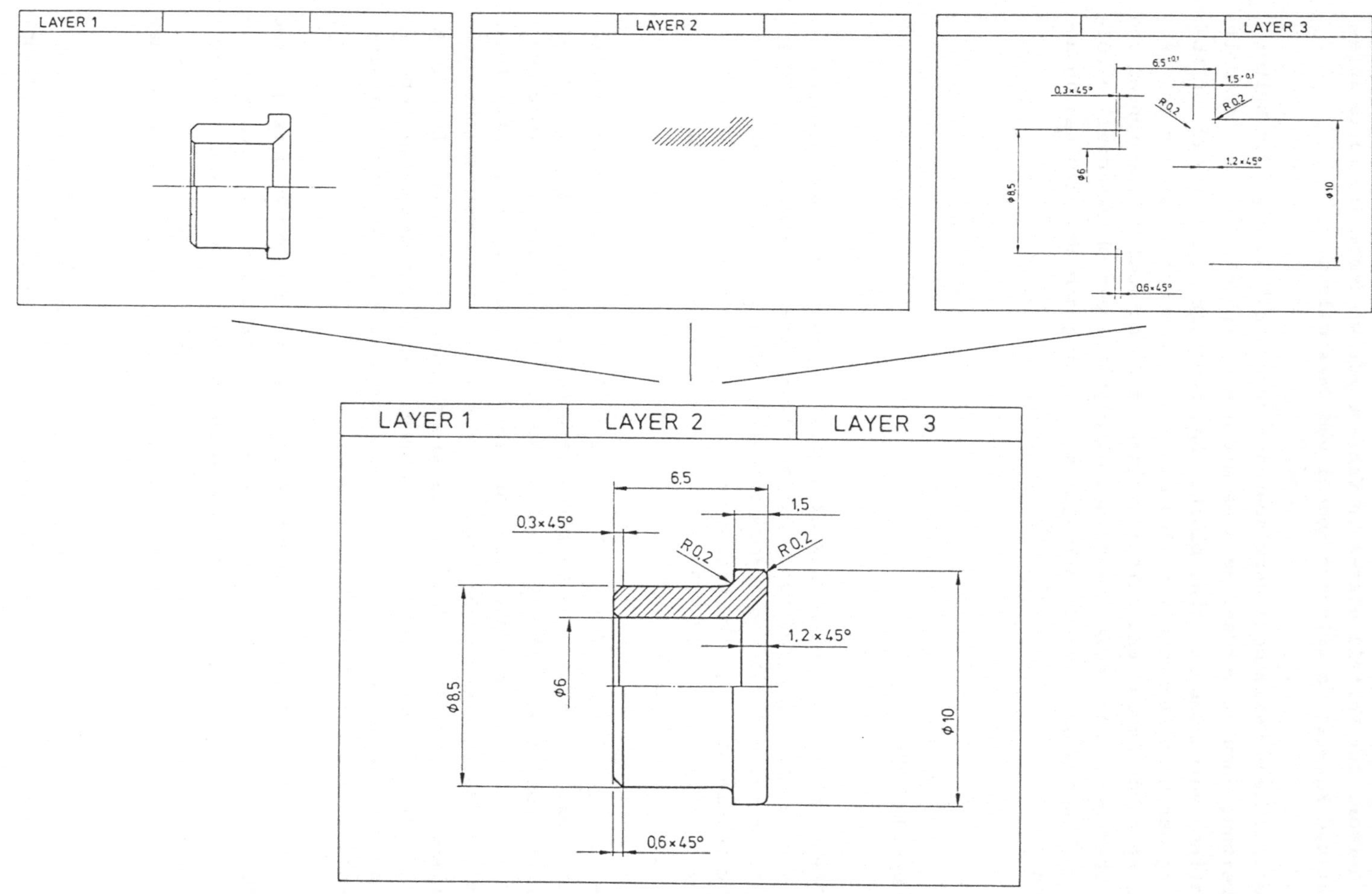

Bild 7.9 Anwendung der Ebenentechnik (Layer) in einem 2D-Zeichnungssystem. Die Zusammenfassung der Layer 1 bis 3 ergibt die vollständige Zeichnung.

falls in einem angeschlossenen Zeichnungssystem mit angepaßter Bemaßung für unterschiedliche Zwecke versehen werden können, erhält auch in dieser Anwendung die Ebenentechnik im 2D-Bereich des 3D-CAD-Systems die gleiche bereits beschriebene Bedeutung. So lassen sich z.B. Hilfslinien, Bemaßungen und Beschriftungen auf eigenen Ebenen ablegen. Dabei muß aber die Konsistenz mit den Daten des Objektmodells immer gewahrt bleiben.

8 Makro- und Variantentechnik

8.1 Ziele und Begriffe

Die Makro- und Variantentechnik ist ein wichtiges Hilfsmittel zur Erzeugung von häufig wiederkehrender und teilweise auch variabler, komplexer Geometrie bei geringem Eingabeaufwand. Die genannten Geometrien betreffen neben der reinen Variantenbildung von Teilen im wesentlichen

- Wiederholzonen,
- Wiederholteile und
- Normteile.

Dabei können solche Geometrien invariabel oder im Sinne einer Parametrierung auch variabel sein. In der Literatur [EIM 86, SCH 87] ist folgende Verwendung von Begriffen üblich:

- Makro: Beschreibung von Teilen mit Hilfe von vordefinierten, zusammengefaßten und invarianten Geometrieelementen.
- Variante: Beschreibung eines abmessungs- und/oder gestaltvariablen Objekts mit Hilfe eines Variantenprogramms oder eines parametrisierten rechnerinternen Modells.

In der praktischen Anwendung ist aber der Übergang vom Makro zur Variante fließend, wenn z.B. in einem Makro bestimmte feste Werte für Abmessungen durch variable Werte, also Parameter, ersetzt werden. Umgekehrt kann in einer Variante ein Teil der Parameter als feste Werte bestimmt sein. Im folgenden wird daher eine strenge Unterscheidung zwischen Variante und Makro nicht mehr vorgenommem, weil gerade im fließenden Übergang zwischen beiden nützliche Möglichkeiten der Anwendung liegen können. Ihre jeweilige Bezeichnung richtet sich daher mehr nach der Ähnlichkeit mit einem Makro oder einer Variante.

Hingegen ist eine Unterscheidung hinsichtlich des rechnerinternen Aufbaus und der Entstehung eines Makros oder einer Variante (bzw. Variantensystems) und der Anwendungsmöglichkeiten bedeutsam:

- Gestaltmakros,
- Befehlsmakros,
- Variantenprogramme und
- Parametric-Module.

Dabei sind Makro- bzw. Variantensysteme meist nicht selbstverständliche Bestandteile eines CAD-Systems, sondern werden als zusätzliche Module angeboten und entsprechend ihrer Eigenart auch unterschiedlich in den CAD-Systemen eingebunden. Bild 8.1 weist darauf in vereinfachter Form hin.

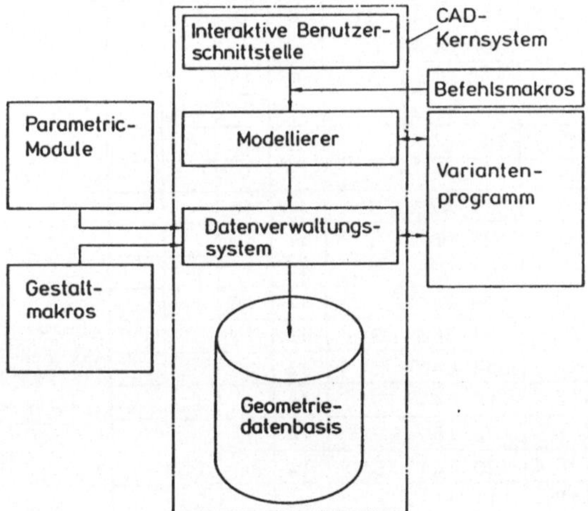

Bild 8.1 Unterschiedliche Einbindung von Makro- und Variantensystemen in ein CAD-System. Darstellung in vereinfachter Form

8.2 Gestaltmakros

Gestaltmakros sind vordefinierte, zusammengefaßte und <u>invariable</u> Beschreibungen von Geometrieelementen, die in einer Bibliothek (Library) abgelegt sind und bei Bedarf von dort aus in das in Arbeit befindliche Objektmodell kopiert werden. Sie werden hauptsächlich in 2D-Systemen genutzt.

HELLA Westf. Metall-Industrie KG Hueck & Co Lippstadt	LINSEN-BLECHSCHRAUBEN DIN 7981			A 30 STD LIB: A30			
Bemerkung: Ofl.-Abarten siehe Teilecode-Sachmerkmal-Verzeichnis							
				Ansicht:			
				A	B	C	D
NORM-NR.	NENNGROESSE	ZEICHNUNGS-NR.	WERK-STOFF	DET-NR.			
DIN 7981	ST 2,9x6,5-C	852 916	St	1	2		
DIN 7981	ST 2,9x9,5-C	854 472	St	1	3		
DIN 7981	ST 2,9x13-F	855 635	St	1	4		
DIN 7981	ST 2,9x19-C	103 171	St	1	5		
DIN 7981	ST 3,5x6,5-C	51 684	St	6	7		
DIN 7981	ST 3,5x9,5-C*	110 204	St	8	9		
DIN 7981	ST 3,5x16-C	852 198	St	6	10		
DIN 7981	ST 3,5x25-F	130 711	St	6	11		
DIN 7981	ST 3,9x38-C	108 307	St	12	13		
DIN 7981	ST 4,2x9,5-C	51 472	St	14	15		
DIN 7981	ST 4,2x9,5-F	128 261	St	14	16		
DIN 7981	ST 4,2x13-C	103 673	St	14	17		
DIN 7981	ST 4,2x16-C	109 241	St	14	18		
DIN 7981	ST 4,2x19-C	73 363	St	14	19		
DIN 7981	ST 4,2x22-C	853 045	St	14	20		
	ST 4,2x24x13-C	118 444	St	14		21	
DIN 7981	ST 4,2x25-C	102 180	St	14	22		
	ST 4,2x28x12-F	120 364	St	14		23	
	ST 4,2x32x18-C	114 419	St	14		24	
DIN 7981	ST 4,8x9,5-C	120 269	St	25	26		
DIN 7981	ST 4,8x19-C	98 843	St	25	27		
DIN 7981	ST 4,8x25-C	102 008	St	25	28		
DIN 7981	ST 4,8x32-F	83 651	St	25	29		
DIN 7981	ST 4,8x38-F	116 639	St	25	30		

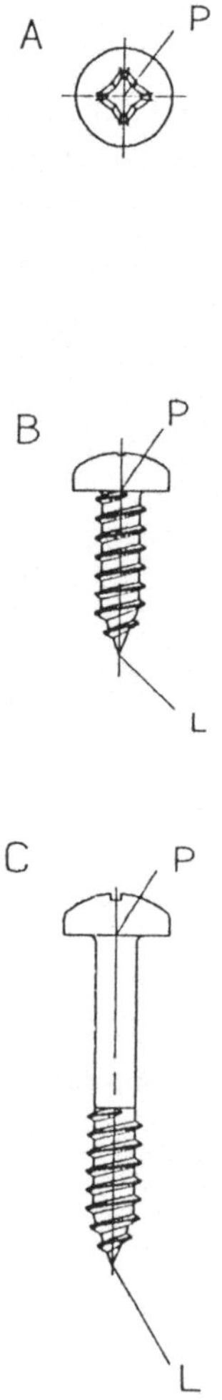

A P

B P L

C P L

P=PIVOT L=LEVER

Schraubenenden: Form C mit Spitze Form F mit Zapfen

*PZ-Kreuzschlitz (Pozidriv)

Ausgabe: 04.04.86

NST: CASTIES

Blz: 1 Bl:

Bild 8.2 **Beispiel für Gestaltmakros: Linsen-Blechschrauben nach DIN 7981 im 2D-CAD-System CADAM. Quelle HELLA**

- Vorteile: Kurze Antwortzeiten, einfache Austauschbarkeit bei Änderung der Objekte, wenn eine geringe Variantenvielfalt gegeben ist.
- Nachteile: Bei einer großen Variantenzahl kann der Änderungsaufwand sehr groß werden, wobei auch die Fehlermöglichkeit steigt.

Bild 8.2 zeigt beispielsweise aus einem 2D-Zeichnungssystem die als Gestaltmakros zur Verfügung stehenden Linsen-Blechschrauben nach DIN 7981, wobei für jede Art, Größe und Ansicht jeweils ein Gestaltmakro erstellt werden muß. Die für ein gleiches Objekt erstellten Gestaltmakros sind aber rechnerintern nicht voneinander abhängig, wodurch bei Änderungen Fehler oder Widersprüche entstehen können.

Bild 8.3 gibt aus einem 3D-CAD-System Sechskantschrauben ebenfalls als Gestaltmakros wieder. Auch hier ist für jeden Nenndurchmesser und jede Länge ein gesondertes Makro erforderlich. Hingegen kann die jeweilige Ansicht frei aus dem 3D-Modell des Makros abgeleitet werden.

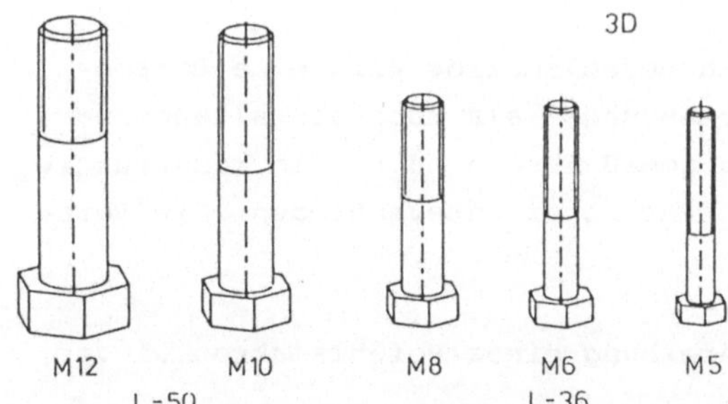

Bild 8.3 Beispiel für Gestaltmakros: Sechskantschrauben nach DIN 931, DIN 960 verschiedener Größe und Länge im 3D-CAD-System IKA

8.3 Befehlsmakros

8.3.1 Definition und Anwendung

Befehlsmakros sind die Beschreibungen von vordefinierten und zusammengefaßten Geometrieelementen in Form einer Befehlsfolge, wie sie zur Generierung der Elemente erforderlich ist und die bei Bedarf erneut aufgerufen wird. Dadurch ist es leicht möglich, unter teilweiser Verwendung von Variablen anstelle von Festwerten, aktuell benötigte Varianten unmittelbar zu erzeugen.

Die Erzeugung der betreffenden Geometrie erfolgt mit Hilfe des systemeigenen Modellierers über die gleiche Schnittstelle, wie sie sonst vom Kommunikationsmodul genutzt wird (vgl. Bild 8.1). Befehlsmakros werden unter Nutzung einmal entstandener Befehlsfolgen und nach deren Überarbeitung mit Hilfe spezieller Dienstprogramme erstellt. Die Befehlsmakros können invariabel oder auch variabel sein, indem bei letzteren die Kommandoparameter der einzelnen Befehle teilweise oder ganz durch freie Variablen bestimmt werden. Diese Variablen können vom Konstrukteur eingegeben, aus Tabellen entnommen oder/und durch Berechnungen ermittelt werden.

- Vorteile: Geringer Speicherplatzbedarf. Einfacher Änderungsdienst, da nur einzelne Befehlsfolgen und kleinere Tabellen zu ändern sind und nicht viele, sich wiederholende Festwerte einzelner Varianten, wie sie bei Gestaltmakros vorliegen.
- Nachteile: Relativ lange Antwortzeiten, weil jede Variante rechnerintern neu berechnet und erzeugt werden muß.

Durch die Verwendung von Variablen in Befehlsmakros wird eine Parametrierung möglich, die sich sowohl abmessungs- als auch gestaltändernd auswirken kann. Die Variablen werden gemäß Abschn. 8.6.1 in konstruktiv variable (freie) und davon abhängige Parameter unterschieden. Die Parameter sind meistens Abmessungen.

Bild 8.4 gibt die vollständige Beschreibung eines Befehlsmakros wieder, das ein Anschlußstück beschreibt.

Bildteil a) betrifft die Definition des Makros mit Name, Makroinformation, konstruktiv variable Parameter, abhängige Parameter sowie die zugelassenen Nenngrößen und den zugelassenen Nenngrößenbereich. In der Liste der abhängigen Parameter ist gleichzeitig ihre Abhängigkeit von den konstruktiv variablen Parametern angegeben.

Bildteil b) zeigt die Befehls- bzw. Kommandofolge zur Erzeugung des Anschlußstücks. Die Generierung erfolgt gemäß der Kommandofolge aus einzelnen Grundkörpern und flächenorientierter Anpassung unter Nutzung der für die abhängigen Parameter gegebenen rechnerischen Abhängigkeiten. Die Bildfolge verdeutlicht den durch die Kommandofolge ausgelösten Generierungsvorgang.

In einem 3D-CAD-System mit benutzergeführtem Dialog kann auf die Kommandofolge problemlos zugegriffen werden, weswegen bei solchen Systemen eine einfache Erstellung von Befehlsmakros möglich ist, die ihrerseits ei-

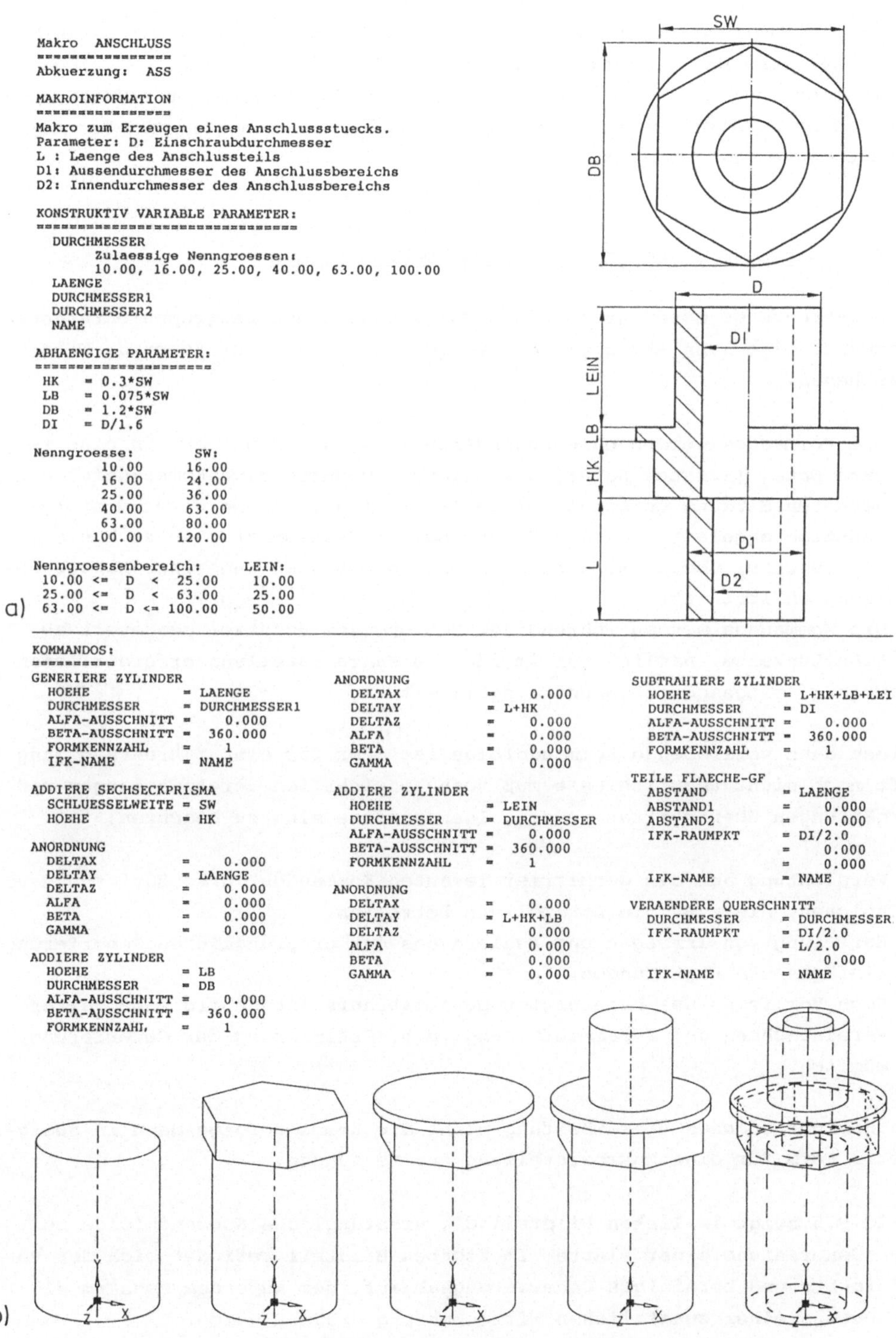

Bild 8.4 **Beispiel eines Befehlsmakros für ein Anschlußstück im System IKA:**
a) Makroinformation, konstruktiv variable und abhängige Parameter, Nenngrößenbereich und zugelassene Nennwerte.
b) Kommandofolge und Darstellung der Entstehung

ne komfortable Erzeugung von Varianten gestatten. Dies trifft besonders dann zu, wenn die Varianten nur wenige konstruktiv variable Parameter aufweisen und/oder einer bestimmten Systematik unterliegen sollen. Auch ist keine zusätzliche Programmierung mittels einer bestimmten Programmiersprache erforderlich.

8.3.2 Entstehung und Anpassung von Kommandofolgen

Die während der Generierung eines Teils oder einer Baugruppe entstandene Kommandofolge kann abgespeichert werden. Dies kann auf folgende Weisen geschehen:

- Die Kommandos werden ohne besonderes Zutun des Benutzers in eine temporäre Datei (Scratch-Datei) geschrieben, wodurch eine Kommandofolge der gesamten Sitzung entsteht. Diese Datei wird im Sinne einer History-Funktion angelegt, um eine Sicherung bei Systemabstürzen zu bieten. Der Benutzer übernimmt daraus die für die Erstellung eines Makros relevanten Abschnitte.
- Die Kommandos werden während der Sitzung vom Benutzer gesteuert abschnittsweise, nämlich nur im für die Makroerstellung erforderlichen Umfang, mitgeschrieben und ausgelagert.

Diese dann vorliegende Kommandofolge ist aber für eine Makroerstellung oft noch nicht tauglich, sie muß noch hinsichtlich Vereinfachungen und Ergänzungen überarbeitet werden. Insbesondere sind zu beachten:

- Verdichtung auf die geometrierelevanten Kommandos, also Entfernung von solchen, die z.B. die Darstellung betreffen.
- Befreiung von Irrwegen und Fehlern aus der ursprünglichen Generierung.
- Einfügen von Ergänzungen.
- Nach Vorliegen des bereinigten Gesamtablaufs ist häufig eine weitere Vereinfachung und Zusammenfassung, d.h. Optimierung der Generierung, möglich.

Nach einer solchen Überarbeitung steht die Kommandofolge dann in geeigneter Form für eine Makroerstellung zur Verfügung.

Bild 8.5 zeigt im linken Bildteil die ursprüngliche Kommandofolge bei der Generierung einer Platte. Im rechten Bildteil befindet sich der vereinfachte und bereinigte Generierungsablauf, der außerdem noch um die Erzeugung einer zusätzlichen Mittenbohrung ergänzt wurde.

Protokoll des Datensatzes GRDPLTE

```
GENERIERE QUADER        B=100.0 H=10.0 T=100.0 IFN=PLATTE
SUBTRAHIERE ZYLINDER    H=10.0 D=20.0 AA=0.0 BA=360.0 FKZ=1
VERSCHIEBE KOERPER      DX=20.0 DY=0.0 DZ=0.0 IFN=KO2
VERSCHIEBE KOERPER      DX=0.0  DY=0.0 DZ=-20.0 IFN=KO2
VERV.TRANS KOERPER      DX=60.0 DY=0.0 DZ=0.0 ANZ=1 IFN=KO2
VERSCHMELZE TEIL        IFN=PLATTE
SUBTRAHIERE ZYLINDER    H=10.0 D=20.0 AA=0.0 BA=360.0 FKZ=1
ANORDNUNG               DX=20.0 DY=0.0 DZ=-80.0
VERV.TRANS  KOERPER     DX=60.0 DY=0.0 DZ=0.0 ANZ=1 IFN=KO4
VERSCHMELZE TEIL        IFN=PLATTE
```

Protokoll des Datensatzes GRDPLTE1

```
GENERIERE QUADER        B=100.0 H=10.0 T=100.0 IFN=PLATTE
SUBTRAHIERE ZYLINDER    H=10.0 D=13.0 AA=0.0 BA=360.0 FKZ=1
ANORDNUNG               DX=13.0 DY=0.0 DZ=-13.0
VERSCHIEBE TEIL         DX=-50.0 DY=0.0 DZ=50.0 IFN=PLATTE
VERV.ROT KOERPER        A1P=0.0/0.0/0.0 A2P=0.0/10.0/0.0
                        ALF=90.0 ANZ=3 IFN=KO2
SUBTRAHIERE ZYLINDER    H=10.0 D=25.0 AA=0.0 BA=360.0 FKZ=1
VERSCHMELZE TEIL        IFN=PLATTE
```

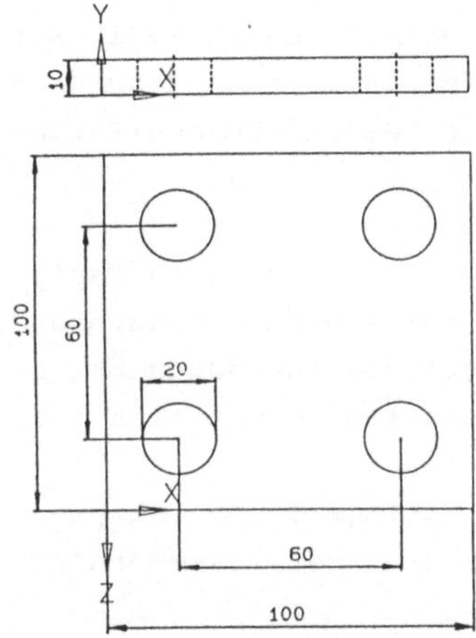

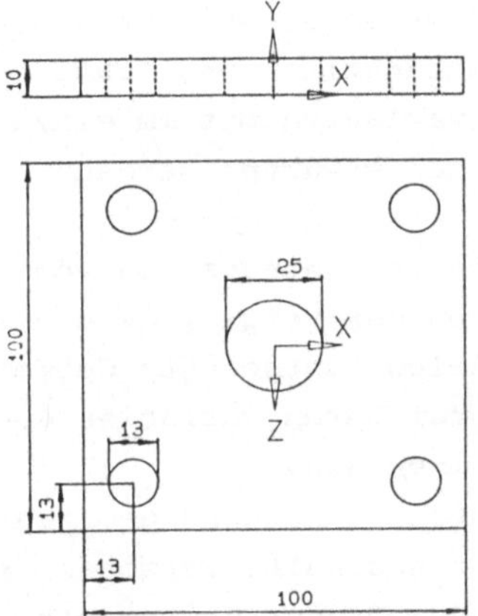

Bild 8.5 Überarbeitung der ursprünglichen Kommandofolge (links) zu einer vereinfachten und ergänzten Folge (rechts) zwecks Erstellung eines Befehlsmakros am Beispiel einer Platte. System IKA

8.4 Variantenprogramm

Variantenprogramme basieren zur Erzeugung von Varianten auf systemspezifischen Variantenprogrammiersprachen. Diese sind ähnlich einer höheren Programmiersprache, wie z.B. FORTRAN, aufgebaut. Die Geometrieerzeugung erfolgt unter Verwendung von Modellierfunktionen, die vom Variantenprogramm veranlaßt werden. Diese Modellierfunktionen entsprechen oft nicht dem Umfang der normalen Modellierungsmöglichkeiten im jeweiligen Kernsystem. Die Erstellung des Variantenprogramms erfolgt außerhalb des CAD-Systems mit Hilfe eines Text-Editors und wird durch Dienstprogramme unterstützt. Die erforderlichen Kommunikationsfunktionen zur Eingabe der Parameterwerte müssen ebenfalls programmiert werden. Es können Berechnungsprogramme eingebunden werden, die zur Auslegung und Optimierung auch recht umfangreich sein können und dürfen.

Da in einem Variantenprogramm alle Erzeugungsprozeduren vorausgedacht werden müssen, kann der Ersteller solcher Programme nur auf schon bekannte Abläufe und bereits definierte Objekte gedanklich zurückgreifen, um dann ihre Entstehung und ihren Umfang im Variantenprogramm festzulegen. Eine mehr oder weniger spontane Nutzung einer in einem Konstruktionsprozeß gewonnenen, zusammengefaßten Geometrie, wie z.B. bei Befehlsmakros, ist nicht möglich oder auch nicht gewollt. Der Planungsaufwand ist daher unter Beachtung einer sinnvollen Produktsystematik (vgl. Kap. 10) beträchtlich und lohnt nur, wenn mit Hilfe eines solchen Programms viele Varianten mit im einzelnen nicht im voraus festzulegenden Parameterwerten erwartet werden.

- Vorteile: Integration von Berechnungsmöglichkeiten, logischen Fähigkeiten des Vergleichs und von Entscheidungen sowie eine geplante und zugleich festgelegte Geometrieerzeugung. Bevorzugte Anwendung bei umfangreicheren variablen Geometrien in einem bestimmten konstruktiven Zusammenhang.
- Nachteile: Aufwendige Programmerstellung und -pflege durch entsprechend geschulte Personen. Sehr enger und langfristiger Zusammenhang mit der Produktsystematik.

Variantenprogramme werden insbesondere bei Systemen mit systemgeführtem Dialog basierend auf CSG-Modellen auch für weniger umfangreiche Varianten in Frage kommen, da bei ihnen der Zugriff auf eine Kommando- bzw. Befehlsfolge nicht immer möglich ist und die Erstellung von Befehlsmakros für eine schnellere Variantenbildung auch geringeren Umfangs Schwierigkeiten macht.

Bild 8.6 gibt die Variantenprogrammierung im System EUCLID wieder, nach der Varianten des in Bild 8.4 bereits gezeigten Anschlußstücks erzeugt werden können. Bildteil a) zeigt den in der spezifischen Variantensprache festgelegten Generierungsablauf. Bildteil b) zwei denkbare Varianten.

Eine sehr gute Grundlage für die Erzeugung von Varianten bieten Systeme auf der Grundlage objektorientierter Programmierung (vgl. Abschn. 4.3.4). Da hier der Benutzer die Prozedur zum Erreichen eines Endzustands beschreibt und bei anderen Parameterwerten die Erzeugung grundsätzlich neu durchlaufen wird, sind alle Voraussetzungen einer Variantenbildung gegeben, ohne ein neues Variantenprogramm erstellen zu müssen. Das Variantenprogramm entsteht gewissermaßen bei der Erstgenerierung und kann jederzeit erweitert oder geändert werden. Das Verfahren entspricht in seinem Wesen einem generativen Modell mit einem benutzer-

```
SUBROUTINE GRMANS

DIMENSION DNETAB(6)
DATA DNETAB /10.,16.,25.,40.,63.,100./
CALL INIPAG ('DNPA',TYPE('REEL'))
CALL ADPAG  (6,DNETAB)

CALL DONNEE ('%ANS_D','\Nenndurchmesser:\',
&                TYPE('CHO2'),PARMI('DNPA'))
CALL DONNEE ('%ANS_D1','\Aussendm D1     :\',
&                TYPE('REEL'),AUMOIN(0.1))
...
CALL DONNEE ('%ANS_AUS',EXECUT('%ANS_EXE'))
CALL GRAMMA ('%ANS','ET')
RETURN
END
```

Definition der Menuestruktur
Konstruktiv variable Parameter
einlesen

```
SUBROUTINE EXEANS (*,CODE)

CALL TABDON ('%ANS_D',IPOS)
CALL ELMPAG (IPOS,'DNPA',D)

CALL TABDON ('%ANS_D2',D2)
...
```

unabhängige
Variablen
zuweisen

```
IF ( D1 .LT. D2 ) THEN
   CALL MDIAG
&('\D1 muss groesser D2 sein\')
   CALL GTODON ('%ANS_AUS')
   GOTO 999
ENDIF
```

Eingabe
überprüfen

```
...
HK = 0.3*SW
DB = 1.2*SW
RLB = 0.25*HK
```

abhängige
Variablen
bestimmen

```
CALL GEOANS (D,DI,D1,D2,RL,
&        RLEIN,SW,HK,DB,RLB)

RETURN
END
```

```
SUBROUTINE GEOANS (D,DI,D1,D2,RL,RLEIN,
&                            SW,HK,DB,RLB)

 ORI = POINT (0.  ,0.    ,0.              )
 P1  = POINT (0.  ,D1/2. ,0.              )
 P2  = POINT (0.  ,D1/2. ,RL+HK           )
 P3  = POINT (0.  ,DB/2. ,RL+HK           )
 P4  = POINT (0.  ,DB/2. ,RL+HK+RLB       )
 P5  = POINT (0.  ,D/2.  ,RL+HK+RLB       )
 P6  = POINT (0.  ,D/2.  ,RL+HK+RLB+RLEIN)
 P7  = POINT (0.  ,0.    ,RL+HK+RLB+RLEIN)

C---  Punkte zu offener Linie verbinden

 EOK1  = OLIGNE (ORI,P1,P2,P3,P4,P5,P6,P7)

C---  Rotationskoerper erzeugen

 EROT1 = REVOLZ (EOK1,30,360.)

C--- Drei Punkte fuer Sechseckprisma

 P1  = POINT (0.  ,0.    ,RL    )
 P2  = POINT (0.  ,0.    ,RL+HK)
 P3  = POINT (0.  ,SW/2. ,RL+HK)

 CALL SEPRIM (P1,P2,P3,SEPRI)

C--- Verschmelzen Rot-koerper/Sechseckpr.

 ETEIL = FUSION (EROT1,SEPRI)
 ...

 CALL NOUVEL (ETEIL)
 RETURN
 END
```

Geometrie erzeugen und anzeigen

a)

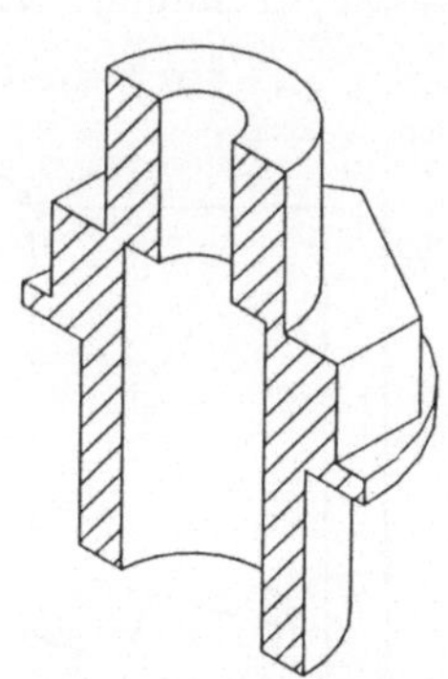

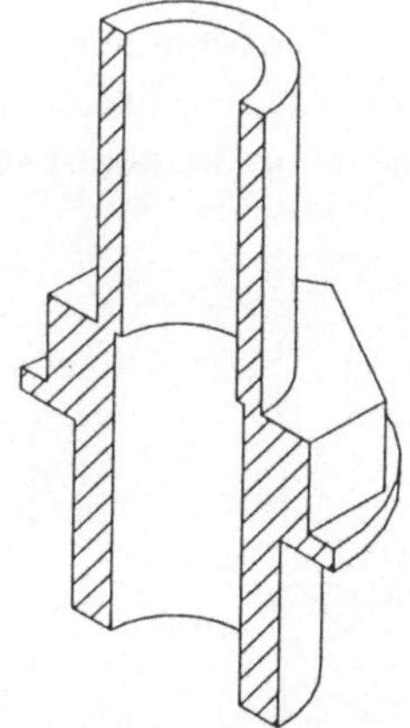

b)

Bild 8.6 Variantenprogramm zur Erzeugung von Varianten des in Bild 8.4 gezeigten Anschlußstücks erstellt mit dem System EUCLID

geführten Dialog, jedoch auf einem anderen, höherem Niveau der Programmierung.

Das System ICAD [BRE 88] bietet daher deutliche Zeitvorteile, wenn mehrere Varianten erzeugt werden müssen und versteht sich in diesem Zusammenhang auch als ein intelligentes System, das in der Lage ist, bei der weiteren Detaillierung oder Zeichnungsausgabe die geometrischen Fähigkeiten gegebener oder schon vorhandener CAD-Systeme zu nutzen oder zusammenzubinden.

8.5 Parametric-Modul

Manche CAD-Systeme bieten eine Variantentechnik an, bei der der Benutzer über eine Bemaßung die Gestaltung der Teile vornimmt. Durch Zugriff auf die Maßzahl kann nun der Benutzer ein anderes Maß eintragen und die Geometrie wird automatisch an die neue Situation nach Lage und Größe angepaßt. Diese Technik kann direkt an 3D-Volumenmodellen vorgenommen werden, von denen dann automatisch bemaßte 2D-Zeichnungen abgeleitet werden können (z.B. PRO-ENGINEER von Parametric Technology).

Das System MEDUSA-Parametric-Baustein [GRI 83] geht von einer 2D-Darstellung eines 3D-Modells aus und bemaßt dort. Ausgehend von einer Mutterzeichnung ist auch eine Generierung von 3D-Teilen möglich. Bild 8.7 gibt ein Beispiel wieder, bei dem in einer 2D-Zeichnung durch Austausch von Maßzahlen eine Zeichnungsvariante erzeugt wird. Bild 8.8 zeigt die Erstellung eines flanschförmigen Teils in einer Mutterzeichnung, von der dann Varianten in 3D abgeleitet werden können.

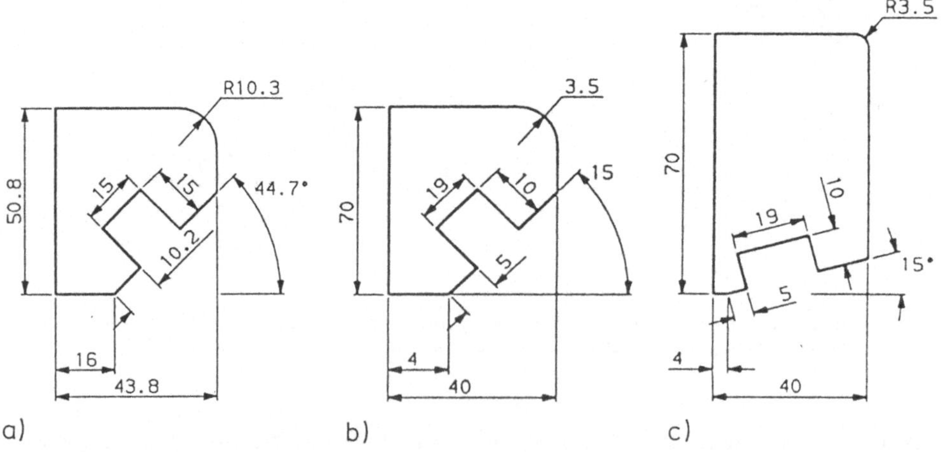

Bild 8.7 2D-Beispiel für freie Variantentechnik durch Ändern der Bemaßung mit dem Parametric-Baustein im System MEDUSA [GRI 83]:
a) Fertigzeichnung mit Bemaßung als Muttermodell,
b) Muttermodell mit ausgetauschten Maßzahlen,
c) daraus entstandene Variante mit neuer Bemaßung

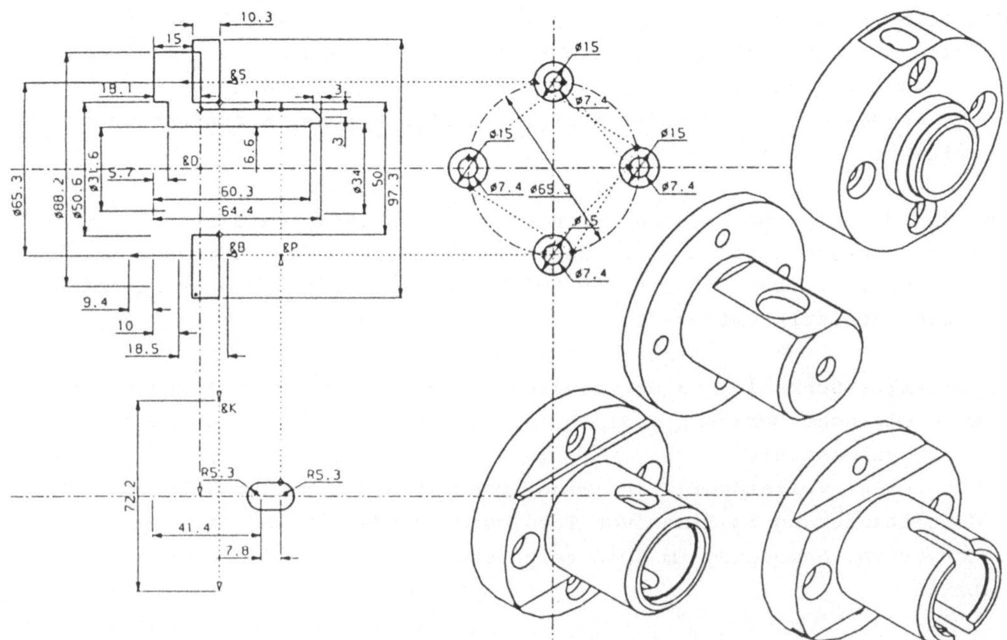

Bild 8.8 Definition von 3D-Modellen ausgehend von einer Parametric-Mutterzeichnung (links) und einige Varianten durch Eingabe anderer Bemaßungswerte (rechts). System MEDUSA: Parametric-Baustein nach [GRI 83]

Anstelle eines konkreten Maßes können Variablen eingeführt werden, denen bei Aufruf der zu bildenden Variante vom Benutzer oder aus Tabellen die aktuellen Werte zugewiesen werden.

Die Bemaßung wird damit zu einer gestalt- und abmessungsändernden Funktion. Sie muß vollständig und widerspruchsfrei vorgenommen werden und es entsteht damit ein enger Zusammenhang mit der Geometriebeschreibung. Die Bemaßung ist nicht mehr nur informelle Geometrie.

Die Gestaltvariation ist Grenzen unterworfen, da gewisse Topologieänderungen im Widerspruch zum Bemaßungsaufbau stehen können.

Wenn das betrachtete Objekt nicht über den eingangs beschriebenen Weg erzeugt worden ist und soll ein Mutterteil zwecks späterer Variantenbildung erstellt werden, muß es nachbemaßt werden, wenn das System nicht in der Lage ist, dies automatisch zu vollziehen.

Im Rahmen von 3D-Generierungen und insbesondere beim Konstruieren im Baugruppenzusammenhang ist das Einbeziehen einer expliziten Bemaßung von

Bauteilen problematisch, möglicherweise umständlich und im Arbeitsablauf störend wie unübersichtlich. Die Nutzung von Parametric-Modulen scheint daher eher sinnvoll, wenn von vornherein Einzelteile als Mutterteile erzeugt werden sollen, die durch einen vorangegangenen Konstruktionsprozeß bereits bekannt und definiert sind.

Aus den dargelegten Gründen haben Parametric-Module ihre Stärken im 2D-Zeichnungserstellungsbereich oder bei der Bildung von Varianten in Form vordefinierter, bekannter Einzelteile, was wiederum eine durchdachte Produktsystematik erfordert.

- Vorteile: Schnelle und anschauliche interaktive Variantenerstellung, wenn einfache Bemaßung möglich ist, was für die Anwendung im 2D-Bereich prädestiniert.
- Nachteile: Vollständige und widerspruchsfreie Bemaßung erforderlich, Gestaltänderung im Sinne von Topologieveränderung ist oft Grenzen unterworfen, Anwendung im 3D-Bereich eher nur für vordefinierte Einzelteile.

8.6 Erstellung und Handhabung von Varianten

Die Erstellung von Makros bzw. Variantenprogrammen erfordert unabhängig davon, welche Art von Variantentechnik gewählt wird, die Beachtung bestimmter Grundsätze in Verbindung von mehreren zu durchlaufenden Arbeitsschritten. Nachfolgend wird der Schwerpunkt auf die parametrierbare Geometrieerzeugung gelegt, da sie im 3D-Bereich von hoher Bedeutung ist.

Grundsätzlich kann der Konstrukteur mit einer Variantentechnik beliebige Varianten bilden. Er ist, wenn nicht systembedingt oder durch entsprechende Programmierung Abhängigkeiten festgelegt sind, an keine Restriktionen gebunden. Die in den vorhergehenden Abschnitten beschriebenen Möglichkeiten sind bei der Variantenbildung im Zusammenhang mit der Anpassungs- und Variantenkonstruktion sehr vorteilhaft, weil bei Vorliegen einer schon erstellten Geometrie dann sehr rasch geändert oder eine andere Variante erzeugt werden kann.

Ungeachtet dessen sollte der Anwender aber danach trachten, daß die Variantenbildung auf einer technisch sinnvollen und zugleich systematisch begründeten Basis erfolgt. Durch das Hilfsmittel CAD sollte der Konstrukteur nicht verleitet werden, eine nicht mehr überschaubare Variantenvielfalt zu erzeugen, die sich in der nachfolgenden Fertigung, Montage und Auftragsabwicklung mit der Zeit mehr als störend auswirken würde. Beachte hierzu das Thema Produktsystematik in Kap. 10 und die nachfolgenden Arbeitschritte zur Erstellung von Makro- oder Variantenprogrammen.

8.6.1 Definition der Variablen

Die in das Makro- oder Variantenprogramm einzubringenden Variablen sind wie folgt zu definieren:

- Konstruktiv variable Parameter, auch freie Parameter, die der Konstrukteur bei der Erzeugung der jeweiligen Variante frei wählen kann. Im Mutterprogramm (Makro- oder Variantenprogramm) sind sie die unabhängigen Variablen.
- Abhängige Parameter, die nach vorbestimmten Gesetzmäßigkeiten einer mathematischen Beziehung (Berechnung) oder aus Tabellen (z.B. Normen) in Abhängigkeit von den unabhängigen Variablen abgeleitet werden. Sie sind dann die abhängigen Variablen.
- Feste Werte, die bei jeder Variantenbildung gleichbleiben und daher als konstant festgelegt werden.

Die erwähnten Parameter und festen Werte sind in der überwiegenden Mehrzahl Abmessungen, können aber auch technologische Angaben und Werkstoffe betreffen.

8.6.2 Vorbereitung

Sofern nicht eine völlig freie Variantenvielfalt beabsichtigt ist, muß zunächst aus der Produktsystematik (vgl. Kap. 10) ein gewisser Standardisierungsumfang festgelegt werden. Dieser umfaßt folgende Bereiche:

Familien festlegen. Es ist der Umfang und die Art der beabsichtigten Makros bzw. Varianten näher zu bestimmen:

- Welche Norm- oder Wiederholteile bzw. welche Wiederholzonen, die später andere Teile ergänzen, sind aufzunehmen?
- Für welche Teile oder Baugruppen könnten sich Makros lohnen?
- Sind diese Objekte in einem 3D-Modell entweder in einer Grobgestalt (nicht vollständig, aber vorläufig und dabei in Gestalt und Abmessung im wesentlichen zutreffend und aussagefähig)

oder
in einer Feingestalt (vollständig und endgültig) zu erzeugen?
(Vgl. Abschn. 8.7.3)

Repräsentatives Teil oder Baugruppe bestimmen. Aus den einzelnen Familien sind die für die Makro- bzw. Variantenerstellung typischen Objekte auszusuchen, die auch unter dem Gesichtspunkt der Parametrierung geeignet sind, eine Basis für die einzelnen Varianten zu sein. Existiert ein solches Objekt nicht, wäre ein fiktives zu entwickeln, das alle Variationsgesichtspunkte erfassen kann.

Geometrie festlegen, die das Muttermodell umfassen soll. Dies kann das repräsentative Objekt insgesamt umfassen oder nur in einzelnen Teilen als entsprechende Module definiert sein. Damit wird der Umfang und die Komplexität des Makros bzw. des Variantenprogramms bestimmt, was sich auf die Erstellung und die Anwendung auswirkt. Komplexe Muttermodelle sind aufwendiger zu erstellen und fehleranfälliger. Einfache Muttermodelle, die einen kleineren Umfang haben und dann aber in größerer Zahl auftreten, erfordern dagegen höheren Verwaltungsaufwand im System.

Parameter und feste Werte bestimmen. Die konstruktiv variablen und die davon abhängigen Parameter sowie die konstant bleibenden Werte sind zu definieren. Damit werden der Variationsumfang und die Variationsmöglichkeiten festgelegt. Restriktionen bewirken eine strengere Standardisierung und engen die Variationsmöglichkeit ein. Welche Tendenz bevorzugt wird, hängt von der Produktsystematik und der Unternehmensphilosophie ab, wie der Kunde zufrieden gestellt werden kann.

Erst nach dieser Vorbereitung, die stark von der Produktsystematik und von bestehenden Normen beeinflußt wird, ist eine zweckmäßige und länger gültige Definition von parametrierbaren Makros bzw. Varianten möglich.

8.6.3 Definition des Muttermodells

Nach Durchlaufen der Vorbereitungsphase umfaßt die Definition des Muttermodells die Erstellung eines entsprechenden Makro- bzw. Variantenprogramms und erfordert folgende Eingaben bzw. Festlegungen:

Organisatorische Festlegungen.

- Eindeutige Bezeichnung (vollständiger Name und die entsprechende Kurzform) des Makro- bzw. Variantenprogramms.

- Parameterbezeichnungen, z.B. Länge: L; Durchmesser: D.
- Größenbereich und -stufung der konstruktiv variablen Parameter.
- Beschreibung des Makro- bzw. Variantenprogramms als Information für den Benutzer.

Ihre auch für den Benutzer zugängliche Dokumentation und Erklärung im Kopf des Programms ist unerläßlich (vgl. Bild 8.4).

Eingabe der Geometrie. Zunächst muß die Geometrie als Muttermodell vollständig und widerspruchsfrei abgelegt werden. Hierfür wird bei Befehlsmakros die überarbeitete Kommandofolge genutzt (vgl. Bild 8.5). In Variantenprogrammen muß das neu entstandene Modell geprüft werden. Parametric-Module sichern die Konsistenz über die in allem korrekte Bemaßung.

Parameter zuweisen. Alle abmessungs- und gestaltbestimmenden Parameter erhalten nun die gewünschten Zuweisungen in Form von unabhängigen (kon-

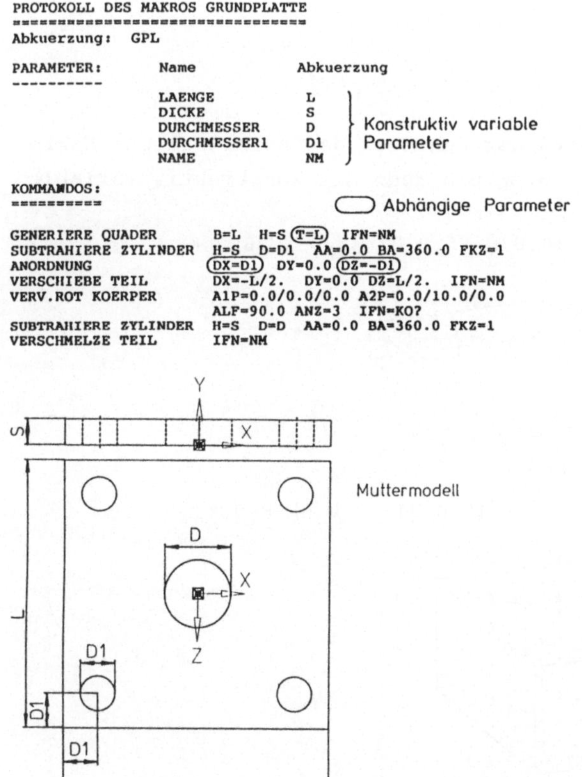

```
PROTOKOLL DES MAKROS GRUNDPLATTE
================================
Abkuerzung:  GPL

PARAMETER:        Name              Abkuerzung
----------
                  LAENGE            L
                  DICKE             S
                  DURCHMESSER       D
                  DURCHMESSER1      D1
                  NAME              NM

KOMMANDOS:
==========

GENERIERE QUADER         B=L  H=S (T=L)  IFN=NM
SUBTRAHIERE ZYLINDER     H=S  D=D1  AA=0.0 BA=360.0 FKZ=1
ANORDNUNG                (DX=D1)  DY=0.0 (DZ=-D1)
VERSCHIEBE TEIL          DX=-L/2.  DY=0.0 DZ=L/2.  IFN=NM
VERV.ROT KOERPER         A1P=0.0/0.0/0.0 A2P=0.0/10.0/0.0
                         ALF=90.0 ANZ=3  IFN=KO?
SUBTRAHIERE ZYLINDER     H=S  D=D  AA=0.0 BA=360.0 FKZ=1
VERSCHMELZE TEIL         IFN=NM
```


Bild 8.9 Protokoll des Makros GRUNDPLATTE mit der nach Bild 8.5 überarbeiteten Kommandofolge und den zugewiesenen Parametern

struktiv variabel) und abhängigen Variablen sowie als Festwerte. Ausgehend von den konstruktiv variablen Parametern sind die von ihnen abhängigen Parameter in die beabsichtigte Abhängigkeiten durch Rechenstrings oder mittels Tabellen zu bringen (z.B. kann die Kopfhöhe einer Schraube durch die Gleichung $H = 0{,}8 \cdot D$ beschrieben werden).

Bild 8.9 gibt das Protokoll des Befehlsmakros GRUNDPLATTE wieder, zu dem in Bild 8.5 die Kommandofolge bereits bereinigt wurde. Es sind jetzt der Name und die konstruktiv variablen Parameter bestimmt worden. Die bereinigte Kommandofolge wurde eingebracht und in ihr ist auch die Zuweisung der konstruktiv variablen Parameter zu den einzelnen in den Kommandos befindlichen Größen vorgenommem worden. Da es sich bei diesem Beispiel um eine quadratische Grundplatte handeln soll, wurde die Größe T des Quaders als abhängiger Parameter mit dem konstruktiv variablen Parameter L belegt, auch die Anordung der Bohrung mit dem Durchmesser D1 folgt über abhängige Parameter, nämlich über den Parameter D1 selbst. Das Makro steht nun für eine Nutzung mit unterschiedlichen Parametern bereit.

8.6.4 Nutzung

Für bestimmte Anwendungsfälle wird der Benutzer das erforderliche Makro unter Angabe des Makronamens aufrufen und dann die konstruktiv variablen

GENERIERE GRUNDPLATTE L=100.0 S=10.0 D=25.0 D1=13.0 NM=BLOCK

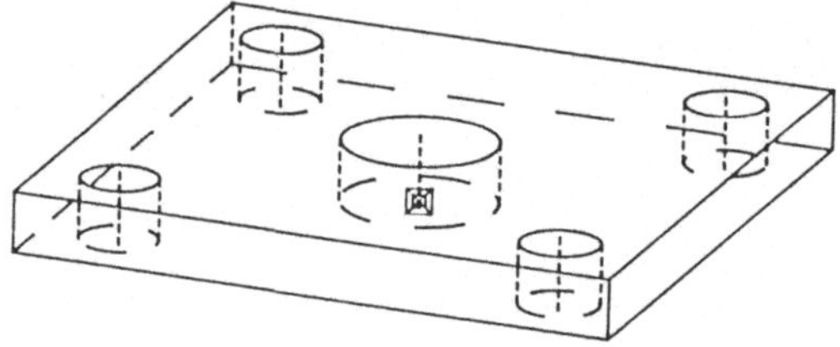

GENERIERE GRUNDPLATTE L=75.0 S=30.0 D=18.0 D1=18.0 NM=BLOCK1

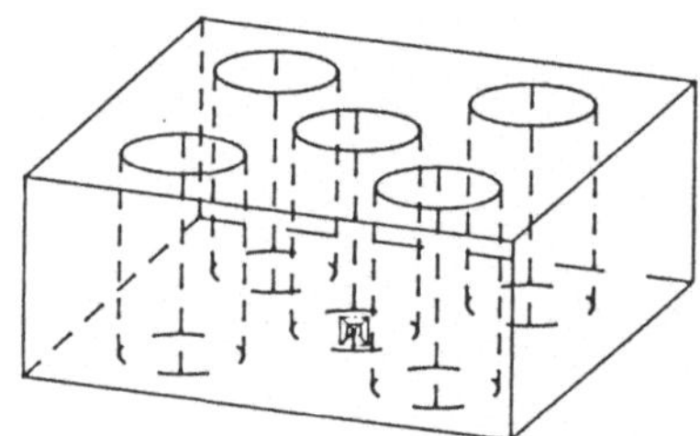

Bild 8.10 Aus dem Befehlsmakro GRUNDPLATTE nach Bild 8.9 generierte Varianten, die als neue Teile mit dem Identifikationsnamen BLOCK bzw. BLOCK1 in das Objektmodell eingehen. System IKA

Parameter mit aktuellen Werten belegen. Durch Ablauf des Makro- bzw. Variantenprogramms wird dann die gewünschte Variante erstellt. Je nach Parameterwahl und ihren Abhängigkeiten untereinander können dabei reine Abmessungsvarianten oder aber auch Gestaltvarianten entstehen.

Bild 8.10 gibt zwei Varianten des vorher beschrieben Makros GRUNDPLATTE mit verschiedenen Parameterwerten wieder.

8.7 Norm- und Wiederholteilsysteme

8.7.1 Prinzipieller Aufbau

Norm- und Wiederholteilsysteme (NWT-Systeme) beschreiben ebenfalls eine sich wiederholende Geometrie und haben wegen weiterer Funktionen und den großen Datenmengen einen erheblichen Umfang und Komplexität. Sie basieren oft auf Gestalt- oder Befehlsmakros und nutzen zur Geometrieerzeugung in der Regel den entsprechenden Generierungsmodul des CAD-Systems. Makro- und Variantensysteme allein reichen aber zum Aufbau von NWT-Systemen nicht aus:

Norm- und Wiederholteile können auch Zulieferteile oder nur Wiederholelemente sein. Sie werden im NWT-System mit Hilfe von Daten, die in einer getrennten Datenbasis in Form von Tabellen oder als Vektoren vorliegen und mit Hilfe von Befehlsmakros als Folge von Kommandos (Prozeduren, Algorithmen) beschrieben und von einem Steuersystem verwaltet, das die Verarbeitungs- und Zugriffslogik regelt. Die Datenbasis für NW-Teile ist absolut selbständig und von den Daten des Objektmodells getrennt. Weiterhin benötigen NWT-Systeme ein Informationsmodul mit dessen Hilfe der Benutzer sich über den Inhalt informieren kann und einen Editor über den der Systembetreuer auf einfache Weise Datenbestände erweitern und ändern kann.

NWT-Systeme werden firmenintern abgestimmt für häufig wiederkehrende NW-Teile erstellt. Üblich sind 2D-Makros, während NW-Teile in 3D nur ansatzweise und dann vereinfacht eingesetzt werden. Hinweise zu Letzteren sind in [PMS 82, LEW 89] zu finden. In [GGH 85] wird darauf aufmerksam gemacht, daß große Mengen von standardisierten Varianten sich wirtschaftlich nur in Prozeduren (Programme mit Datendateien) und nicht ausschließlich in Tabellen der Normteilgeometrien abspeichern lassen.

Überbetrieblich bestehen erhebliche Bemühungen um die Schaffung einer FORTRAN-Schnittstelle für Normteil-Programme, die auf der Basis der Vornorm DIN 66304 "Format zum Austausch von Normteilen" [DIN 87] erstellt werden sollen [JSS 87]. Diese Arbeiten wurden von der Automobilindustrie initiiert. Sie haben den Austausch von Normteilen zum Ziel, wie sie vor allem in Zusammenarbeit mit der Zulieferindustrie erforderlich sind (VDA-PS), ohne dabei aber auch eine allgemein nutzbare Anwendung zu vernachlässigen. Z.Z. werden aber nur 2D-Darstellungen und 3D-Drahtmodelle bearbeitet, was für das Entwerfen mit 3D-Systemen sehr nachteilig ist [LEW 89].

Ohne dem Bemühen auf überbetrieblicher Ebene vorzugreifen, werden nachstehend einige Gesichtspunkte genannt, die insbesondere für den Fall der 3D-Modellierung und dem damit zusammenhängenden Einsatz von NW-Teilen von Interesse sind.

8.7.2 Anforderungen und Funktionen

Norm- und Wiederholteilsysteme sollten folgenden Anforderungen genügen:

- Vom Objektmodell unabhängige Datenbasis.
- Übersichtliche Informationsmöglichkeit, wobei der Einstieg funktions-, dann teil- und sachmerkmalsorientiert sein soll (Sachmerkmale vgl. DIN 4000).
- Einfache Kommandoeingabe zwecks Information, Bestimmung und Generierung bzw. Übernahme ins Objektmodell.
- Abruf unterschiedlicher Darstellungsarten.
- Einfacher Ergänzungs- und Änderungsdienst.

Dem Benutzer von Norm- und Wiederholteilsystemen müssen folgende Funktionen zur Verfügung stehen:

- **INFORMIEREN** über Inhalt, Bereiche und Werte.
- **BESTIMMEN** des NW-Teils unter Eingabe der entsprechenden konstruktiv variablen Parameter wie Nennmaß, Ausführungsart und -form, Werkstoff.
- **GENERIEREN**, d.h. Übernahme des bestimmten NW-Teils in das jeweilige Objektmodell unter gleichzeitigem Eintrag in die vorläufige Stückliste mit der richtigen Normbezeichnung.

8.7.3 Definition von Norm- und Wiederholteilen

Liegen die in Betracht gezogenen Normteile durch externe nationale oder internationale Normung bereits vor, so ist lediglich der zu übernehmende

Bereich nach Art und Größe festzulegen. Die für den jeweiligen Bereich erforderlichen Normteile werden ausgesucht. Das gilt auch in entsprechender Weise für Zukaufteile. In einigen Fällen können davon auch nur einzelne Elemente betroffen sein.

Bei Wiederholteilen sind analoge interne Festlegungen zu treffen. Sie werden rechnerintern wie Normteile verarbeitet.

Sehr zweckmäßig können Wiederholelemente sein, die von sich aus nicht Teile sind, sondern partiell sich wiederholende Zonen in oder an Bauteilen betreffen. Dabei können solche Wiederholelemente unter Nutzung von Form- und Wirkelementen sowie von Wirkkomplexen (vgl. Abschn. 5.1.2) auch komplexerer Natur sein. Wiederholelemente werden dem Objektmodell unter Verknüpfung (Verschmelzung) mit anderen Geometrien, die Körper oder Teile sind, hinzugefügt.

Bild 8.11 verweist auf solche Wiederholelemente, die beispielsweise bei der Konstruktion von Heckleuchten benötigt werden. Die dort wiedergegebenen Elemente, wie Auswerfer, Fangstifte, Lampenfassung, Raste und Steckeraufnahme, werden nach Einfügen in die Kappe oder das Gehäuse miteinander verschmolzen (vgl. Bild 5.55). In jedem Erzeugnis lassen sich solche wiederkehrenden Elemente finden. Dabei sollten sie, wenn möglich, sogleich auch bestimmten Fertigungsmodulen entsprechen. Auf diese Weise kann der Generierungsaufwand und die Erstellung von NC-Programmen bedeutend verringert werden.

In diesem Zusammenhang ist die Beschreibungstiefe besonders bei 3D-Modellierung von wesentlicher Bedeutung, um Antwortzeiten klein zu halten und das Objektmodell nicht unnötig zu überladen, was schnell zum Erreichen der Modellgrenze führen kann.

NW-Teile sind rechnerintern nur soweit zu beschreiben, daß der Konstrukteur folgende Informationen zweifelsfrei erhalten kann:

- Art und Form, aus der die Funktion ersichtlich ist,
- charakteristische Abmessungen, die den benötigten Bauraum und die Lage beschreiben und
- ein Referenzsystem, mit dem Position und Lage im Objektmodell einfach festgelegt werden können (vgl. Abschn. 5.3.2).

Für den Konstruktionsprozeß kann sich die Beschreibung der NW-Teile auf die vorgenannten Anforderungen beschränken, denn detaillierte Angaben über einzelne Ausprägungen sind hier nicht erforderlich. Insofern wird

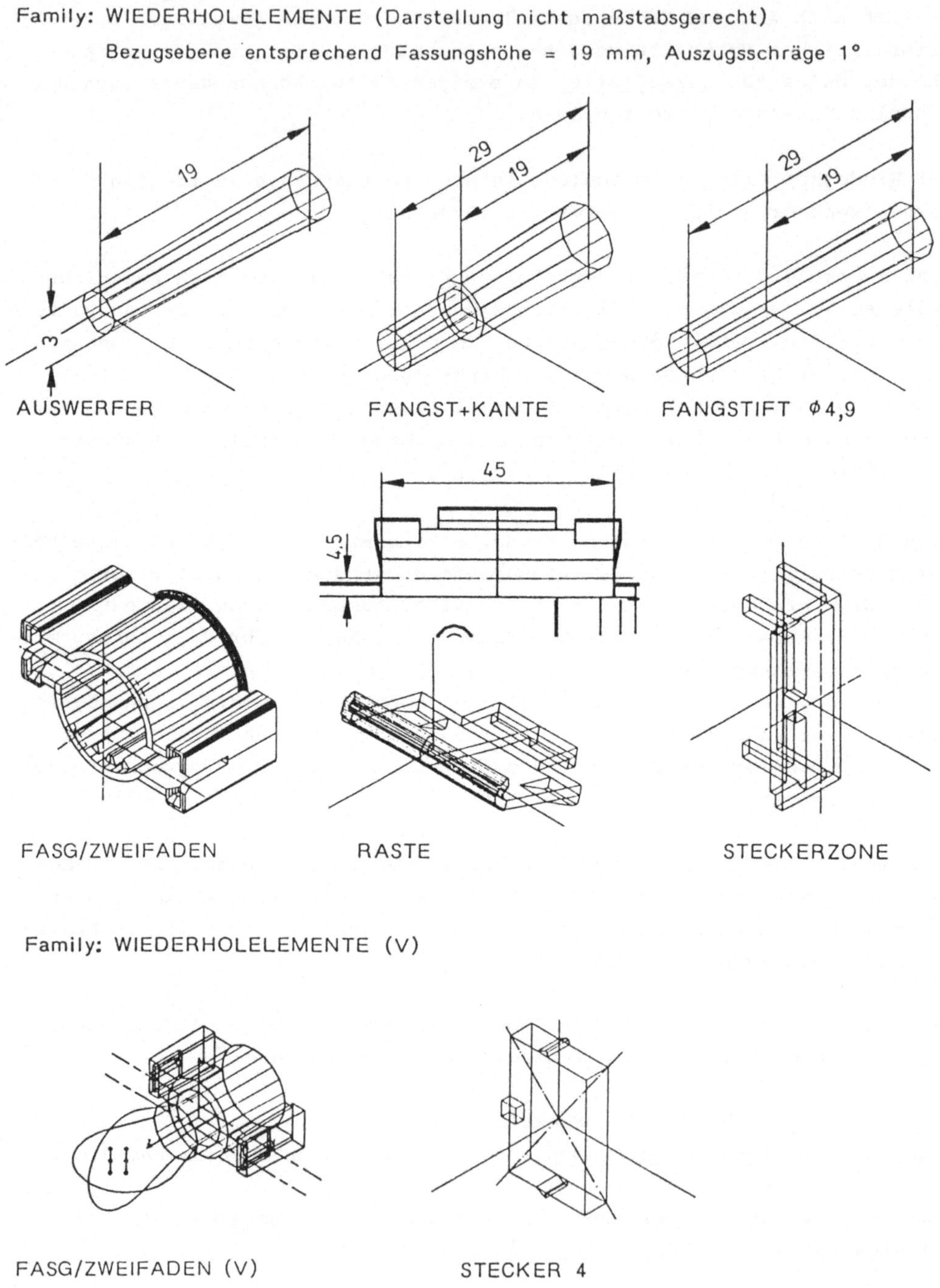

Family: WIEDERHOLELEMENTE (Darstellung nicht maßstabsgerecht)

Bezugsebene entsprechend Fassungshöhe = 19 mm, Auszugsschräge 1°

19 3 29 19 29 19

AUSWERFER FANGST+KANTE FANGSTIFT ∅4,9

45 4,5

FASG/ZWEIFADEN RASTE STECKERZONE

Family: WIEDERHOLELEMENTE (V)

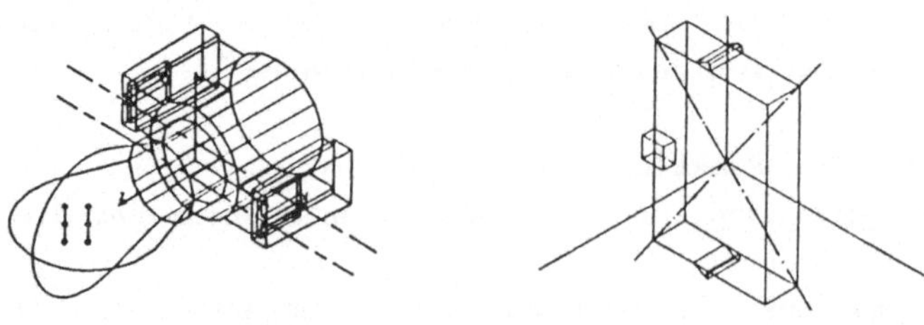

FASG/ZWEIFADEN (V) STECKER 4

Bild 8.11 Beispiele für Wiederholelemente, die in Teile eingefügt bzw. mit ihnen verschmolzen werden. Quelle HELLA. Im oberen Bildteil endgültige und im unteren Bildteil vorläufige, als Drahtmodelle vereinfachte Elemente im System CATIA.

eine vereinfachte Beschreibung in Form einer Grobgestalt unter Verwenden elementarer Ersatzkörper und unterstützender Symbole vielfach ausreichend sein [LEW 89]. Bild 8.12 zeigt, daß beispielsweise Normteile, wie Unterlegscheiben, Federringe u.ä. in der 3D-Generierung zu einem größenvariablen Makro SCHEIBE zusammengefaßt werden können. Ihre Funktion wird in der Darstellung symbolhaft vermittelt und die gewählten Abmessungen werden parametriert im Funktionszustand des jeweiligen Normteils wirklichkeitsgetreu wiedergegeben.

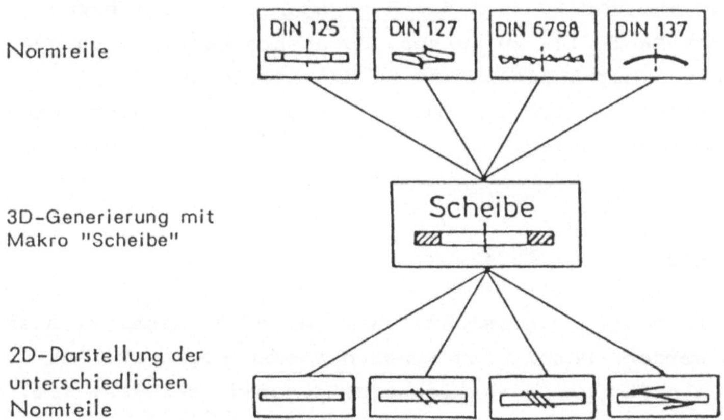

Bild 8.12 Vereinfachte Beschreibung verschiedener Normteile auf der Basis eines 3D-Befehlsmakros SCHEIBE nach [MEN 83]. Bei Übernahme in den 2D-Darstellungsbereich werden Symbole eingefügt, die die Funktion erklären

Zur Reduzierung von Antwortzeiten und Minimierung des Modellumfangs besonders in den ersten Phasen eines Entwurfs, wo häufig geändert wird und noch Anordnungen optimiert werden, reicht eine vereinfachte Beschreibung des Normteils unter Verzicht auf weiterführende Details aus. In Bild 8.11 unten sind solche vereinfachten Beschreibungen in Form eines Drahtmodells für eine Zweifadenlampe mit Fassung und ein Stecker als Beispiel wiedergegeben. Zu einem späteren, fortgeschrittenen Zeitpunkt der Konkretisierung können im Objektmodell diese vereinfachten Beschreibungen durch detailliertere ersetzt werden, wenn es überhaupt erforderlich ist.

8.7.4 Darstellung von Norm- und Wiederholteilen

Der vorherige Abschnitt befaßte sich mit der rechnerinternen Beschreibung, die so einfach wie möglich, aber so detailliert wie nötig sein sollte. Das gleiche gilt auch für die aus dem Objektmodell abgeleitete

Darstellung in unterschiedlichen Ansichten und Schnitten. Wenn im 3D-Bereich oftmals eine vereinfachte Beschreibung und damit auch eine entsprechend vereinfachte abgeleitete Darstellung ausreicht, wird aber nach einem gewissen Abschluß der Entwurfsentwicklung die Erstellung von abgeleiteten Gesamtansichten und Repräsentationsbildern mit einer detallierten und normgerechten Darstellung der NW-Teile erwünscht sein.

In solchen Fällen wäre beim Übergang in den 2D-Darstellungsbereich nicht die abgeleitete Darstellung aus dem 3D-Objektmodell, sondern an ihre Stelle ein entsprechend ausführlicheres Zeichnungsmakro in Form einer Feingestalt des gleichen NW-Teiles zu setzen. Umgekehrt könnte auch der Wunsch bestehen im Sinne einer Entfeinerung an die Stelle der detailliert dargestellten NW-Teile lediglich Symbole zu setzen, die aber Funktion und Raumbedarf erkennen lassen.

8.7.5 Darbietung und Zugriff auf NW-Teile

Norm- und Wiederholteile sollten übersichtlich in einem Bildschirm- oder Tablettmenü angeboten werden. Dabei wird immer nur eine begrenzte Auswahl vorzusehen sein, die für die jeweilige Arbeit gerade relevant ist. Die Austauschmöglichkeit solcher Menüs erleichtert die Nutzung auch umfangreicherer Systeme, wenn nicht durch "Blättern" mittels einer Fenstertechnik am graphischen Bildschirm oder an einem zusätzlichen alphanumerischen Bildschirm ein größeres Angebot bewältigt werden kann.

Unabhängig von der Angebotsform sollten NWT-Systeme hierarchisch aufgebaut sein, nämlich in der Weise, daß der Einstieg

- funktionsorientiert, z.B. Kraft und Momente leiten; Verbinden; Dichten,
- dann innerhalb einer Funktionsgruppe bauteilorientiert erfolgt, z.B. genormtes Halbzeug, wie Profile und Bleche, Schrauben mit Muttern und Sicherungselemente, und schließlich
- sachmerkmalsorientiert entsprechend den Sachmerkmalsleisten (DIN 4000) [DIN 81] abgeschlossen wird.

Bild 8.13 gibt den Auschnitt eines Tablettmenüs, abgestimmt auf Anforderungen im allgemeinen Maschinenbau, wieder [MEN 83]. Jedes Arbeitsgebiet oder jede Branche wird eine bestimmte spezifische Auswahl benötigen.

Die in einem Menü angebotenen Norm- und Wiederholteile sind zweckmäßigerweise in einem Menü-Einzelfeld [PMS 82] dargestellt. Das Menü-Einzelfeld unterstützt die direkte Eingabe des NW-Teils durch Antastung. Es ist nach konstruktionsmethodischen Gesichtspunkten hierarchisch aufgebaut und entspricht bei der Abarbeitung der Denk- und Vorgehensweise des Konstrukteurs:

- Mit der ersten und zweiten Hierarchiestufe werden <u>Art und Form</u> bzw. Ausführung des NW-Teils bestimmt. Nicht unterlegte Felder sind vorbelegt. Bild 8.14 zeigt ein solches Menü-Einzelfeld. In dem dort verwendeten Beispiel einer Sechskantschraube wären also das metrische Gewin-

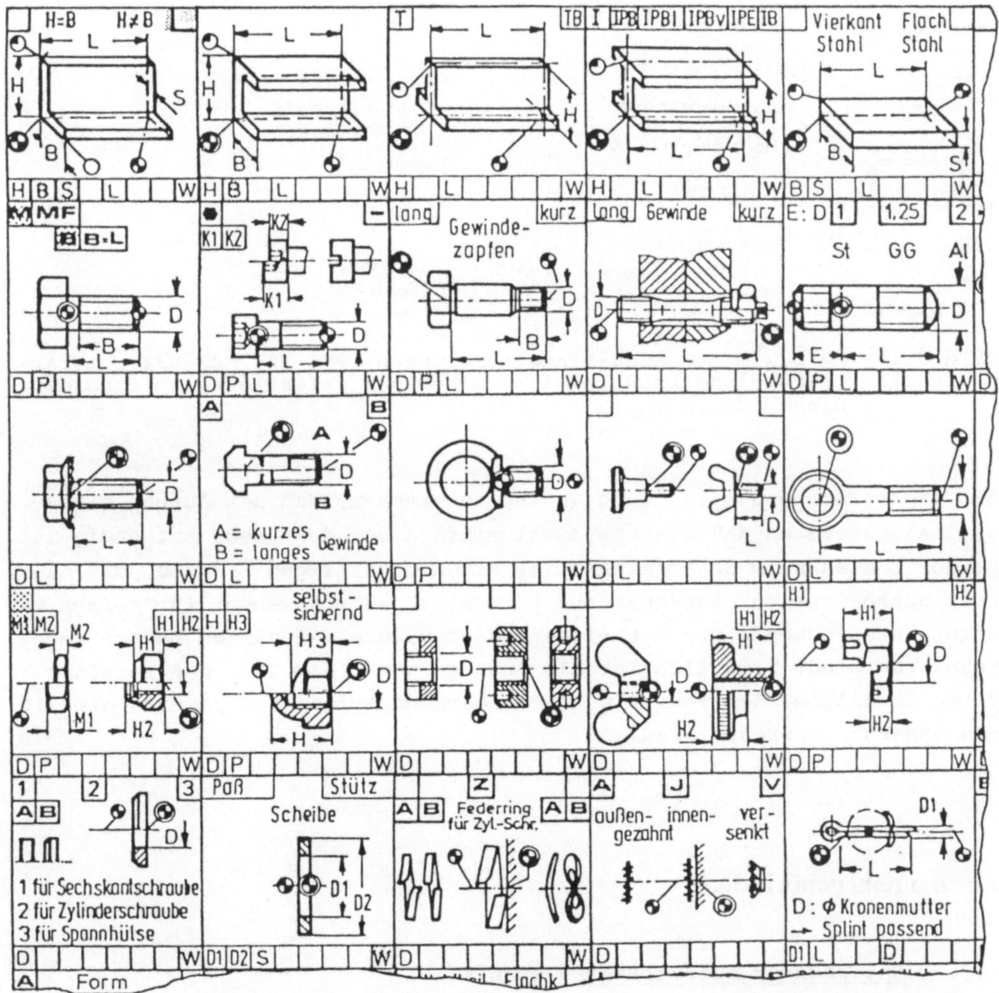

Bild 8.13 Ausschnitt aus einem Tablettmenü für Norm- und Wiederholteile nach [MEN 83]. Die Menü-Einzelfelder sind zunächst funktionsorientiert, dann bauteilorientiert angeordnet

de und "Gewindelänge = Schaftlänge" vorbelegt. Nur für den Fall, daß der Konstrukteur ein Feingewinde oder eine kürzere Gewindelänge wünscht, wären die unterlegten Felder anzutasten.

- Die untere Parameterleiste erinnert daran, daß der Schraubennenndurchmesser und die Schraubenlänge sowie der Werkstoff als Parameterwerte, z.B. über Tastatur, einzugeben sind.
- Die in der Darstellung angegebenen Punkte für Position und Lage (Referenzsystem) erleichtern die Anordnung in der Funktionslage. Im Beispiel des Bildes 8.14 liegt der Positionspunkt in der maßgebenden Funktionsfläche (Kopfauflagefläche) der Schraube.

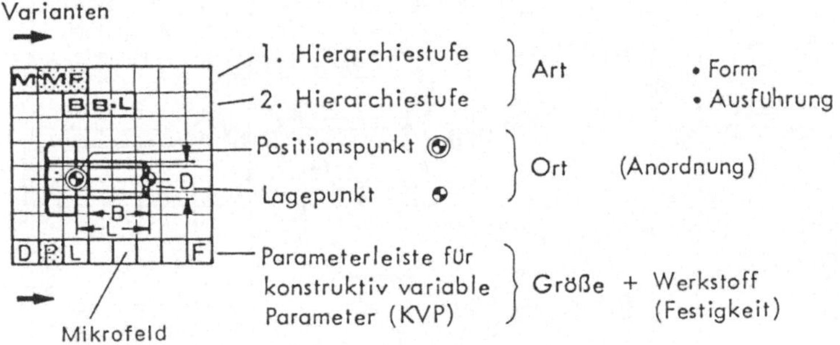

Bild 8.14 Aufbau eines Menü-Einzelfelds nach [PMS 82, MEN 83]. Hierarchische und konstruktionsmethodisch orientierte Abfolge der Eingabedaten

Aus den vorstehenden Darlegungen ist zu ersehen, daß der Aufbau eines optimal nutzbaren NWT-Systems nicht einfach und dazu sehr aufwendig ist. Leider bestehen im 3D-Bereich keine allgemeingültigen Systeme, die direkt nutzbar wären. Zunächst muß sich hier jeder Anwender für seinen Bereich entsprechende Möglichkeiten schaffen, die auf seinen Bedarf zugeschnitten sind. Tröstlich ist die Aussage nach [HAW 84], daß in einer Firma im allgemeinen von 24 000 vorliegenden Normen nur jeweils etwa 1% von näherem Interesse sind.

8.8 Baureihenentwicklung

8.8.1 Unterschied zur Variantentechnik

Unter einer Baureihe werden technische Gebilde (Maschinen, Baugruppen oder Einzelteile) verstanden, die

- dieselbe Funktion
- mit der gleichen Lösung
- in mehreren Größenstufen
- bei möglichst gleicher Fertigung

in einem weiten Anwendungsbereich erfüllen [PAB 86].

Kennzeichnend ist weiterhin, daß die einzelnen, größengestuften Glieder einer Baureihe einem gleichen Wachstumsgesetz folgen, das aus Ähnlichkeitsgesetzen abgeleitet ist. Dabei kann dann geometrische Ähnlichkeit oder Halbähnlichkeit vorliegen. Bei Halbähnlichkeit wachsen nicht alle beteiligten Längenabmessungen im gleichen Verhältnis wie bei geometrischer Ähnlichkeit. Halbähnlichkeit ist nötig beim Auftreten von nicht vernachlässigbaren Schwerkräften, bei Berücksichtigung von thermischen Vorgängen, bei besonderen Funktionsbedingungen, z.B. Einhalten konstant bleibender Verformung, oder sonstigen verfahrenstechnisch gesetzten Bedingungen, z.B. die Konstanz der Reynolds- oder Sommerfeldzahl. Auch können Normen in bestimmtem Gestaltungszonen Halbähnlichkeit erzwingen.

Eine rechnerunterstützte Baureihenentwicklung ist daher nicht durch einfaches Skalieren, d.h. durch Vergrößern oder Verkleinern im Sinne der geometischen Ähnlichkeit, möglich.

Im Gegensatz zur Variantenkonstruktion werden in einer Baureihe nicht beliebig viele Varianten erzeugt, sondern nur relativ wenige Glieder, die einer ganz bestimmten Größenstufung unterliegen.

Der Entwicklung einer Baureihe liegt in der Regel ein bekannter Bezugsentwurf oder eine schon vorliegende Ausführung vor. Bei der Entwicklung einer Baureihe bezeichnet man diese allgemein als Grundentwurf. Von ihm wird bei der Anwendung der aus Ähnlichkeitsbeziehungen und gleichzeitig spezifisch bestehenden Bedingungen gewonnenen Wachstumsgesetzen ausgegangen. Die Daten und Abmessungen der Folgeentwürfe werden durch Hochrechnen gewonnen.

Die vorgenannte besondere Aufgabenstellung einer Baureihenentwicklung unterscheidet sich daher von der üblichen Makro- oder Variantentechnik. Es sind eine Reihe von Tätigkeiten und Bedingungen zu beachten:

- Einen konstruktiv variablen Parameter als Nenngröße bestimmen. Letztere ist nötig zur Bezeichnung einer Baugrößenstufe und zum Festlegen der Stufung durch Beschränkung auf bestimmte zugelassene Werte innerhalb der Baureihe.

- Bestehende physikalische Zusammenhänge erkennen, gültige Ähnlichkeitsbeziehungen ermitteln und nach Einführen der spezifischen Bedingungen Wachstumsgesetze aufstellen.
- Von der Nenngröße abhängige Variablen definieren. Die Werte dieser Variablen werden durch Berechnungsgleichungen gemäß den ermittelten Wachstumsgesetzen in den einzelnen Makros näher bestimmt. Lassen sich diese nicht aus Wachstumsgesetzen ableiten, sind entsprechende Zuweisungen über Tabellen vorzunehmen, was insbesondere durch Normen oder Fertigungsaspekte erforderlich werden kann.
- Im Vergleich zur üblichen Variantenkonstruktion bestehen in einer Baureihe nur relativ wenige Baureihenglieder als Varianten.

Somit sind allgemein unterstützende und CAD-spezifische Funktionen nötig:

- Es muß möglich sein, von einem in einem CAD-System vorhandenen oder gerade erstellten Grundentwurf ausgehen zu können.
- Der Grundentwurf und die Wachstumsgesetze müssen zur Parametrierung herangezogen werden.
- Hohe Benutzerfreundlichkeit des Erstellungssystems für die Beschreibung der Baureihenglieder, d.h. keine besondere Programmiersprache, gute Anpassungsmöglichkeit im Dialog und wenig aufwendiges Vorgehen angesichts einer relativ geringen Variantenzahl.
- Bei der Baureihenentwicklung entstandene Makros müssen vom Bereich der sonstigen Makro- und Variantentechnik organisatoriach getrennt bleiben. Die Makros werden nur zur Erstellung und Änderung der Baureihe benötigt. Sie dürfen daher in einem anderen Zusammenhang nicht verändert werden, weil sie sonst nicht mehr konsistent zur Baureihe bleiben würden.

8.8.2 Rechnerunterstütztes Vorgehen

Unter Nutzung des Systems IKA ist erstmalig eine durchgängige Rechnerunterstützung bei der Baureihenentwicklung nach [KLO 89] erstellt worden:

Es lassen sich unterschiedliche Tätigkeiten, die nacheinander vollzogen werden müssen, unterscheiden:

- Wachstumsgesetze ausgehend vom Grundentwurf ermitteln und darstellen,
- Folgeentwürfe festlegen,
- Grundentwurfskommandofolge bereinigen und gemäß der Baustruktur aufteilen,
- Makros für die einzelnen Baureihen-Elemente erstellen,

- Makrostruktur im Baugruppen- bzw. Erzeugniszusammenhang erstellen,
- Variable und abhängige Parameter festlegen und
- Geometrie der Folgeentwürfe erzeugen.

Bild 8.15 gibt den prinzipiellen Ablauf und die Programmstruktur bei einer rechnerunterstützten Baureihenentwicklung wieder. Nachfolgend werden die erforderlichen Arbeitsschritte näher beschrieben und durch ein bewußt einfach gehaltenes Beispiel erläutert, damit der Leser den Entwicklungsgang im einzelnen noch nachvollziehen kann.

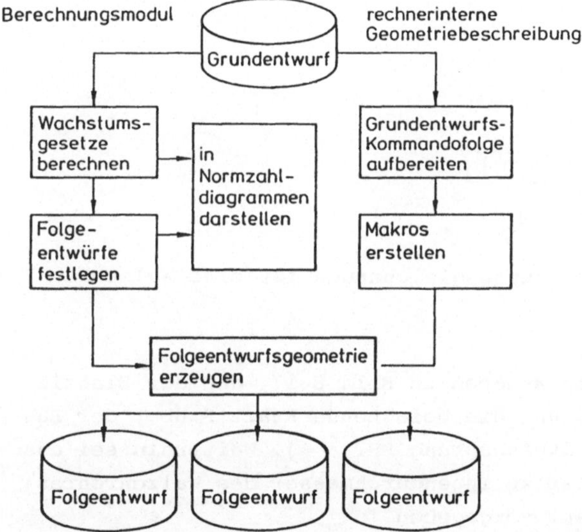

Bild 8.15 Prinzipieller Ablauf rechnerunterstützter Baureihenentwicklung

Wachstumsgesetze ermitteln

Vom Grundentwurf ausgehend wird die Situation analysiert, indem zunächst die bestehenden physikalischen Abhängigkeiten durch die entsprechenden Berechnungsgleichungen erfaßt werden.

Bei dem in Bild 8.16 dargestellten Beipiel einer Walzenbaureihe wird von dem Grundentwurf (Index 0) mit einem Walzendurchmesser von 200 mm und einer Walzenlänge von 1000 mm ausgegangen. Die Berechnungsgleichungen für die Durchbiegung U und für die Biegebeanspruchung σ sind angegeben.

Mit Hilfe des Berechnungsmoduls werden die Wachstumsgesetze berechnet. Dazu werden die Berechnungsgleichungen vom Benutzer eingegeben und von ihm sogleich die zu beachtenden Bedingungen formuliert.

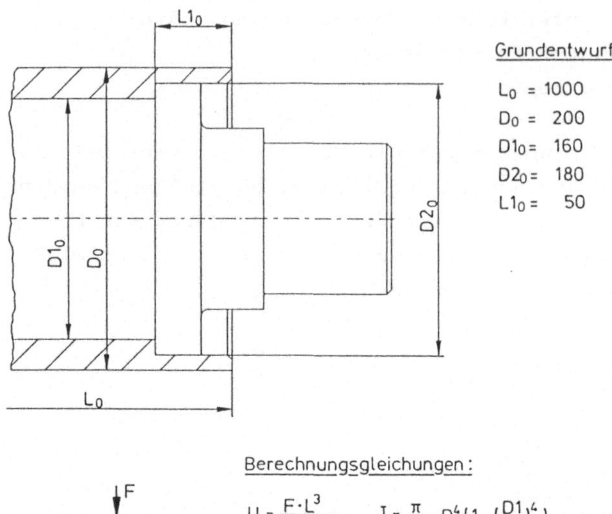

Berechnungsgleichungen:

$$U = \frac{F \cdot L^3}{48 \cdot E \cdot I} \qquad I = \frac{\pi}{64} \cdot D^4 \left(1 - \left(\frac{D1}{D}\right)^4\right)$$

$$\sigma = \frac{M_B}{W_B} \qquad W_B = \frac{I \cdot 2}{D} \qquad M_B = \frac{F \cdot L}{4}$$

Bild 8.16 Grundentwurf und Berechnungsgleichungen für eine Walzenbaureihe

In unserem Beispiel bedeuten die Angaben in Bild 8.17, daß der Elastizitätsmodul E, die Durchbiegung U und die belastende Kraft F über der Baureihe konstant bleiben sollen (Stufensprung PHI = 1). Weiterhin sei das Verhältnis D/D1 (Außendurchmesser zu Innendurchmesser des Walzenrohres) in Tabellenform, z.B. aus Normen, vorgegeben.

Das Berechnungsprogramm wandelt alle Berechnungsgleichungen in Exponentengleichungen [PAB 86] um. Hierbei wird lediglich ein Exponentenvergleich vorgenommen, wodurch nicht benötigte Konstanten entfallen. Die Exponentengleichungen sind dann Summengleichungen, so daß die Lösung des Gleichungssystems mit Methoden der lineraren Algebra ermöglicht wird. Hierzu werden sie so umgeformt, daß alle Gleichungen die gleiche Form aufweisen, nämlich rechte Seite = 0. Die Überführung in eine quadratische Matrix ist dann möglich, wobei die Anzahl der abhängigen Variablen gleich der Anzahl der Exponentengleichungen ist. Die einzige unabhängige Variable ist dabei die Baugröße = Nenngröße.

Das Verfahren ist auf Potenzfunktionen beschränkt. Nichtpotenzfunktionen und Tabellen werden nach einer Approximation mit Hilfe von Potenzfunktionen in das Berechnungsmodul eingeführt. Mit Hilfe eines Gauß-Algorithmus werden die Exponenten für die Stufensprünge PHI aller abhängigen Variablen automatisch berechnet.

Berechnungsgleichungen:	Tabelle:		Aehnlichkeitsbedingungen:
U=F*L**3/(48*E*I)	D	D1	PHI(E)=1
I=3.14*D**4*(1-R**4)			PHI(U)=1
R=D1/D	203.	131.	PHI(F)=1
SIG=MB/WB	298.5	168.5	
WB=I*2/D	355.6	195.6	
MB=F*L/4	406.4	206.4	

Wachstumsgesetze (Exponenten)

PHI = PHI(L)	Exponent	PHI = PHI(L)	Exponent
U	0.000E+00	D1	0.47 —— $\varphi_{D1} = \varphi_L^{0.47}$
F	0.000E+00	SIG	-1.30
E	0.000E+00	MB	1.00
I	3.00	WB	2.30
D	0.71	R	-0.23

Bild 8.17 Eingabe der Berechnungsgleichungen und bestehenden Bedingungen sowie Ausgabe der Wachstumsexponenten in Abhängigkeit von der Nenngöße der Walzenlänge L

Das Ergebnis sind die Wachstumsexponenten der Stufensprünge PHI für alle beteiligten Größen in Abhängigkeit von der Nenngröße, hier L als Walzenlänge. So steigt z.B. der Stufensprung für D1 in Abhängigkeit vom Stufensprung für L mit dem Exponent 0,47 (Bild 8.17).

Folgeentwürfe festlegen

In einem weiteren Modul kann das Ergebnis der Ermittlung der Wachstumsexponenten in Form von Normzahldiagrammen über der Nenngröße dargestellt werden. In Bild 8.18a handelt es sich beispielsweise um die ermittelten physikalisch begründeten Abhängigkeiten und im Bildteil b um die geometrischen Kenngrößen. Diese Darstellungsform hat den Vorteil, daß der Benutzer die ermittelten Abhängigkeiten recht anschaulich erkennt.

Anschließend besteht die Möglichkeit, einzelne Parameterwerte an Normen, Normzahlen o.ä. anzupassen, wenn dies erforderlich oder zweckmäßig erscheint (Bild 8.19a). Anschließend wird die gewünschte Größenstufung festgelegt, indem bestimmte Werte der Nenngröße ausgewählt oder weitere eingefügt werden. Die Folgeentwurfswerte werden dabei automatisch angepaßt. Schließlich läßt sich das Ergebnis auch in tabellarischer Form abrufen (Bild 8.19b).

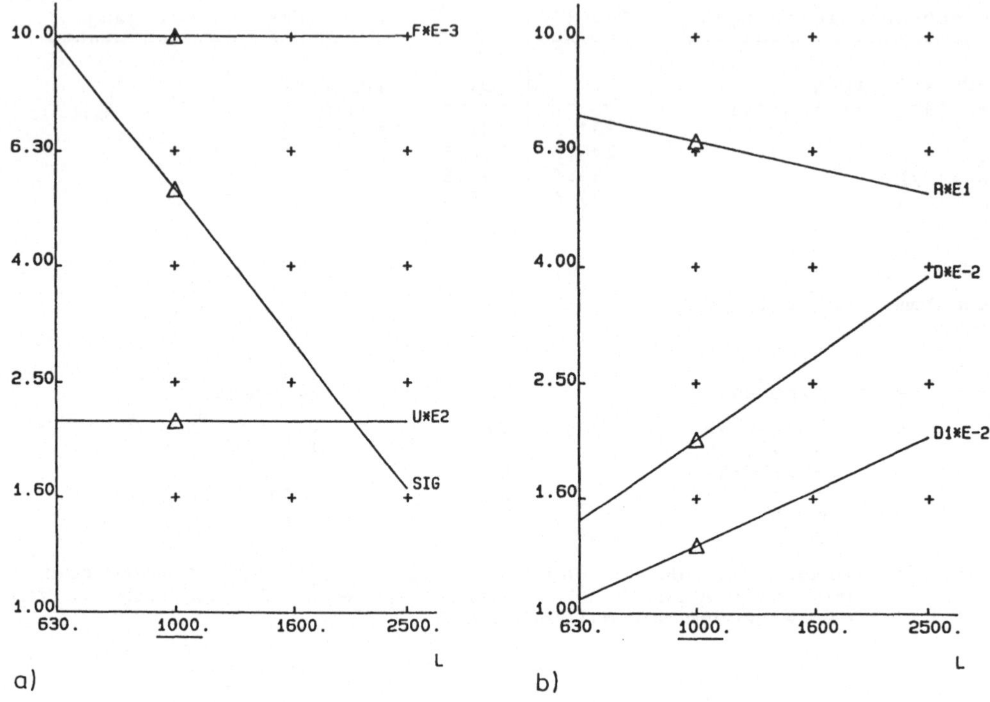

Bild 8.18 Darstellung der gewonnenen Abhängigkeiten in einem automatisch erstellten Normzahldiagramm.
a) Physikalische Kenngrößen Kraft F, Durchbiegung U und Beanspruchung σ,
b) geometrische Kenngrößen Außen- und Innendurchmesser D bzw. D1 und Durchmesserverhältnis der Rohres R = D1/D

Grundentwurfskommandofolge bereinigen

Unter Rückgriff auf die Kommandofolge des Grundentwurfs, was bei benutzergeführten Dialogen und bei Variantenprogrammen nach objektorientierter Programmierung kein grundsätzliches Problem darstellt, wird nun diese Kommandofolge überarbeitet. Dieser Schritt ist notwendig, um für die nachfolgende Makroerstellung möglichst einfache und kurze Kommandofolgen zu erhalten, denn die ursprünglich entstandene enthält konstruktive Um- oder Irrwege, ist bauteilübergreifend entstanden und vielfach nicht zur unmittelbaren Parametrierung geeignet.

Liegt keine Kommandofolge vor (z.B. bei systemgeführten Dialogen), muß dann mit Hilfe von Variantenprogrammen ein entsprechender Ablauf erstellt werden.

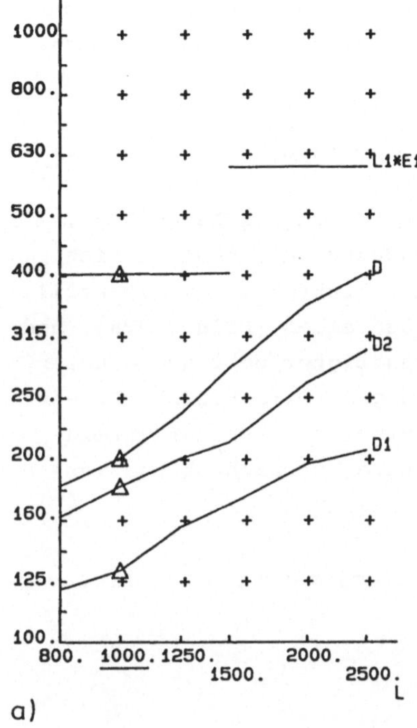

a)

Nenngröße: L

Nennwerte:		800.	1000.	1250.	1500.	2000.	2500.
Kenngrößen:	D	180.	200.	236.	280.	355.	400.
	D1	121.7	131.	154.5	168.5	195.6	206.4
	L1	40.	40.	40.	60.	60.	60.
	D2	160.	180.	200.	212.	265.	300.

b)

Bild 8.19 a) Angepaßter Verlauf wegen Normung oder Lagerhaltung, b) auf Wunsch Ausdruck in Listenform

Ein besonderes Dienstleistungsprogramm (Bild 8.20) führt unter Benutzerführung folgende Operationen zur Überarbeitung der vorliegenden Kommandofolge durch:

- automatische Eliminierung sich aufhebender Generierungs- und Löschekommandos (Bild 8.21),
- automatische Sortierung und anschließende Aufteilung in Datensätze, die den Baustrukturelementen entsprechen. Dadurch entstehen in sich unabhängige Teilkommandofolgen, die jedes Baustrukturelement (Bauteil bzw. Zone eines Teils) für sich getrennt beschreiben (Bild 8.22a), und
- auf Wunsch im Dialog die Entfernung nicht benötigter oder gewünschter Details der Gestaltung, z.B. Fasen und Rundungen (Bild 8.22b). Dieser Schritt ist dann vorteilhaft, wenn die Baureihe zunächst nur vereinfacht im Sinne einer Grobgestalt (Grobgeometrie) betrachtet und verfolgt werden soll.

Mit diesem Entwicklungsschritt wird die Erstellung der Befehlsmakros vorbereitet.

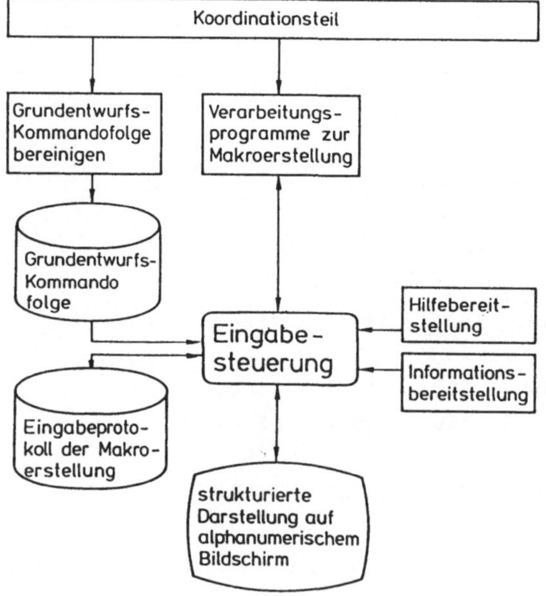

Bild 8.20 Dienstleistungsprogramme zwecks Benutzerunterstützung bei der Bereinigung der Kommandofolge des Grundentwurfs und Makroerstellung

automatische Bereinigung →

Protokoll des Datensatzes WAL aus Datei WALZE

```
GEN HOHLWELLE  D=200. H=500. BR=20. IFN=ROHR
ANORDNUNG  DX=0. DY=0. DZ=0. ALF=0. BET=0. GAM=90.
GEN ZYLINDER H=150. D=120. AA=0. BA=360. FKZ=1 IFN=ANSCHL
ANORDNUNG DX=0. DY=0. DZ=0. ALF=0. BET=0. GAM=-90.
TEILE FLAECHE-GF A=50. A1=0. A2=0. IFN=ANSCHL IRX=0./60./0.
VERAENDERE QUERSCHNITT D=80. IFN=ANSCHL IRX=47.5/60./0.
ADDIERE HOHLWELLE D=80. H=50. BR=40. TNM=
LOESCHE KOERPER IFN=KO3
ADDIERE HOHLWELLE D=80. H=30. BR=40. TNM=
ANORDNUNG DX=50. DY=0. DZ=0. ALF=0. BET=0. GAM=90.
LOESCHE TEIL IFN=ROHR
GEN HOHLWELLE D=160. H=500. BR=20. IFN=ROHR
ANORDNUNG DX=0. DY=0. DZ=0. ALF=0. BET=0. GAM=90.
LOESCHE KOERPER IFN=KO4
LOESCHE TEIL IFN=ANSCHL
GEN ZYLINDER H=150. D=120. AA=0. BA=360. FKZ=1 IFN=ANSCHL
ANORDNUNG DX=0. DY=0. DZ=0. ALF=0. BET=0. GAM=-90.
TEILE FLAECHE-GF A=30. A1=0. A2=0. IFN=ANSCHL IRX=0./60./0.
VERAENDERE QUERSCHNITT D=160. IFN=ANSCHL IRX=27.5/60./0.
VERAENDERE QUERSCHNITT D=180. IFN=ANSCHL IRX=28.75/80./0.
TEILE FLAECHE-GF A=50. A1=0. A2=0. IFN=ROHR IRX=0./-80./0.
VERAENDERE QUERSCHNITT D=180. IFN=ROHR IRX=-47.5/-80./0.
TEILE FLAECHE-GF A=80. A1=0. A2=0. IFN=ANSCHL IRX=150./60./0.
VERAENDERE QUERSCHNITT D=100. IFN=ANSCHL IRX=71.25/60./0.
VERSCHIEBE TEIL DX=-50. DY=0. DZ=0. IFN=ANSCHL
ERZEUGE FASE-GF A=3. ALF=45. IFN=ANSCHL IRX=100./50./0.
ERZEUGE FASE-GF A=3. ALF=45. IFN=ROHR IRX=0./-90./0.
ERZEUGE RUNDUNG-GF R=5. IFN=ANSCHL IRX=-20./60./0.
ERZEUGE RUNDUNG-GF R=1. IFN=ANSCHL IRX=20./50./0.
VERSCHIEBE TEIL DX=500. DY=0. DZ=0. IFN=ROHR
VERSCHIEBE TEIL DX=500. DY=0. DZ=0. IFN=ANSCHL
GEN BGR NM1=ROHR NM2=ANSCHL NM3= ... IFN=WALZE
SPIEGELE BGR E1P=0/0/0 E2P=0/10/0 E3P=0/0/10 MOD=1 IFN=WALZE
```

Protokoll des Datensatzes WAL_BER aus Datei WALZE

```
GEN HOHLWELLE D=160. H=500. BR=20. IFN=ROHR
ANORDNUNG DX=0. DY=0. DZ=0. ALF=0. BET=0. GAM=90.
GEN ZYLINDER H=150. D=120. AA=0. BA=360. FKZ=1 IFN=ANSCHL
ANORDNUNG DX=0. DY=0. DZ=0. ALF=0. BET=0. GAM=-90.
TEILE FLAECHE-GF A=30. A1=0. A2=0. IFN=ANSCHL IRX=0./60./0.
VERAENDERE QUERSCHNITT D=160. IFN=ANSCHL IRX=27.5/60./0.
VERAENDERE QUERSCHNITT D=180. IFN=ANSCHL IRX=28.75/80./0.
TEILE FLAECHE-GF A=50. A1=0. A2=0. IFN=ROHR IRX=0./-80./0.
VERAENDERE QUERSCHNITT D=180. IFN=ROHR IRX=-47.5/-80./0.
TEILE FLAECHE-GF A=80. A1=0. A2=0. IFN=ANSCHL IRX=150./60./0.
VERAENDERE QUERSCHNITT D=100. IFN=ANSCHL IRX=71.25/60./0.
VERSCHIEBE TEIL DX=-50. DY=0. DZ=0. IFN=ANSCHL
ERZEUGE FASE-GF A=3. ALF=45. IFN=ANSCHL IRX=100./50./0.
ERZEUGE FASE-GF A=3. ALF=45. IFN=ROHR IRX=0./-90./0.
ERZEUGE RUNDUNG-GF R=5. IFN=ANSCHL IRX=-20./60./0.
ERZEUGE RUNDUNG-GF R=1. IFN=ANSCHL IRX=20./50./0.
VERSCHIEBE TEIL DX=500. DY=0. DZ=0. IFN=ROHR
VERSCHIEBE TEIL DX=500. DY=0. DZ=0. IFN=ANSCHL
GEN BGR NM1=ROHR NM2=ANSCHL NM3= ... IFN=WALZE
SPIEGELE BGR E1P=0/0/0 E2P=0/10/0 E3P=0/0/10 MOD=1 IFN=WALZE
```

Bild 8.21 Automatische Bereinigung der ursprünglichen Kommandofolge des Grundentwurfs

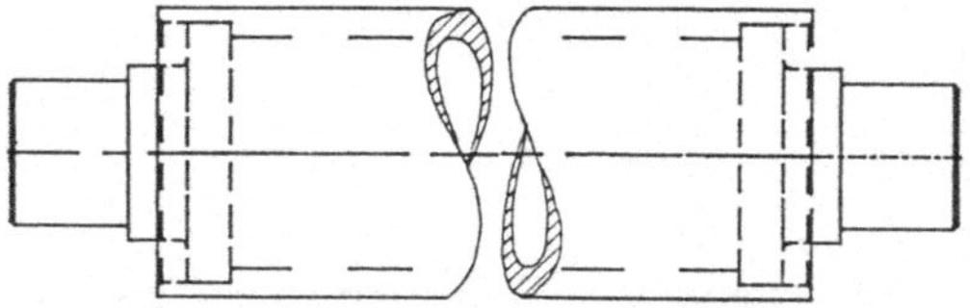

automatisch

a)

Protokoll des Datensatzes ROHR_0 aus Datei WALZE

```
GEN HOHLWELLE D=160. H=500. BR=20. IFN=ROHR
ANORDNUNG DX=0. DY=0. DZ=0. ALF=0. BET=0. GAM=90.
TEILE FLAECHE-GF A=50. A1=0. A2=0. IFN=ROHR IRX=0./-80./0.
VERAENDERE QUERSCHNITT D=180. IFN=ROHR IRX=-47.5/-80./0.
ERZEUGE FASE-GF A=3. ALF=45. IFN=ROHR IRX=0./-90./0.
VERSCHIEBE TEIL DX=500. DY=0. DZ=0. IFN=ROHR
GEN BGR NM1=ROHR NM2=ANSCHL NM3= ... IFN=WALZE
```

Protokoll des Datensatzes ANSCHL_0 aus Datei WALZE

```
GEN ZYLINDER H=150. D=120. AA=0. BA=360. FKZ=1 IFN=ANSCHL
ANORDNUNG DX=0. DY=0. DZ=0. ALF=0. BET=0. GAM=-90.
TEILE FLAECHE-GF A=30. A1=0. A2=0. IFN=ANSCHL IRX=0./60./0.
VERAENDERE QUERSCHNITT D=160. IFN=ANSCHL IRX=27.5/60./0.
VERAENDERE QUERSCHNITT D=180. IFN=ANSCHL IRX=28.75/80./0.
TEILE FLAECHE-GF A=80. A1=0. A2=0. IFN=ANSCHL IRX=150./60./0.
VERAENDERE QUERSCHNITT D=100. IFN=ANSCHL IRX=71.25/60./0.
VERSCHIEBE TEIL DX=-50. DY=0. DZ=0. IFN=ANSCHL
ERZEUGE FASE-GF A=3. ALF=45. IFN=ANSCHL IRX=100./50./0.
ERZEUGE RUNDUNG-GF R=5. IFN=ANSCHL IRX=-20./60./0.
ERZEUGE RUNDUNG-GF R=1. IFN=ANSCHL IRX=20./50./0.
VERSCHIEBE TEIL DX=500. DY=0. DZ=0. IFN=ANSCHL
GEN BGR NM1=ROHR NM2=ANSCHL NM3= ... IFN=WALZE
```

interaktiv

b)

Protokoll des Datensatzes ROHR aus Datei WALZE

```
GEN HOHLWELLE D=160. H=500. BR=20. IFN=ROHR
ANORDNUNG DX=0. DY=0. DZ=0. ALF=0. BET=0. GAM=90.
TEILE FLAECHE-GF A=50. A1=0. A2=0. IFN=ROHR IRX=0./-80./0.
VERAENDERE QUERSCHNITT D=180. IFN=ROHR IRX=-47.5/-80./0.
```

Protokoll des Datensatzes ANSCHL aus Datei WALZE

```
GEN ZYLINDER H=150. D=120. AA=0. BA=360. FKZ=1 IFN=ANSCHL
ANORDNUNG DX=0. DY=0. DZ=0. ALF=0. BET=0. GAM=-90.
TEILE FLAECHE-GF A=30. A1=0. A2=0. IFN=ANSCHL IRX=0./60./0.
VERAENDERE QUERSCHNITT D=180. IFN=ANSCHL IRX=27.5/60./0.
TEILE FLAECHE-GF A=80. A1=0. A2=0. IFN=ANSCHL IRX=150./60./0.
VERAENDERE QUERSCHNITT D=100. IFN=ANSCHL IRX=71.25/60./0.
```

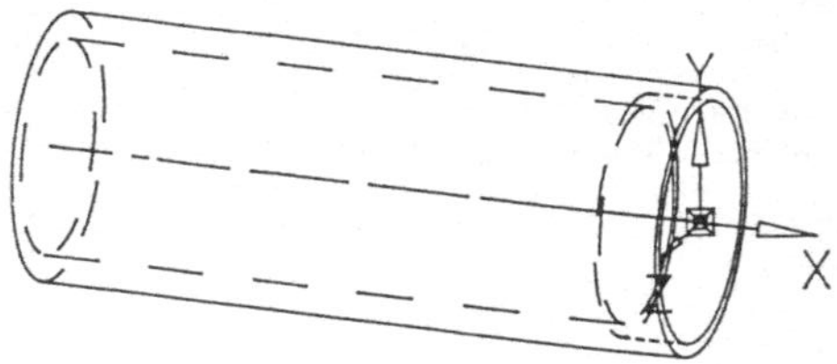

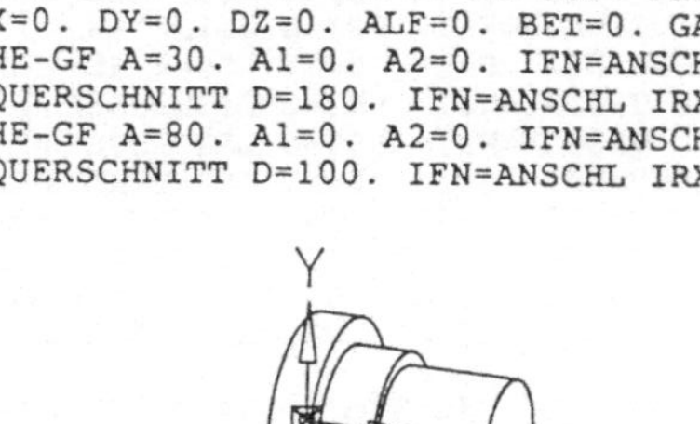

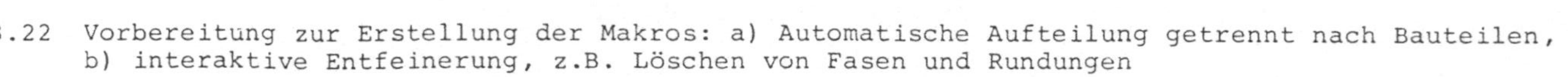

Bild 8.22 Vorbereitung zur Erstellung der Makros: a) Automatische Aufteilung getrennt nach Bauteilen, b) interaktive Entfeinerung, z.B. Löschen von Fasen und Rundungen

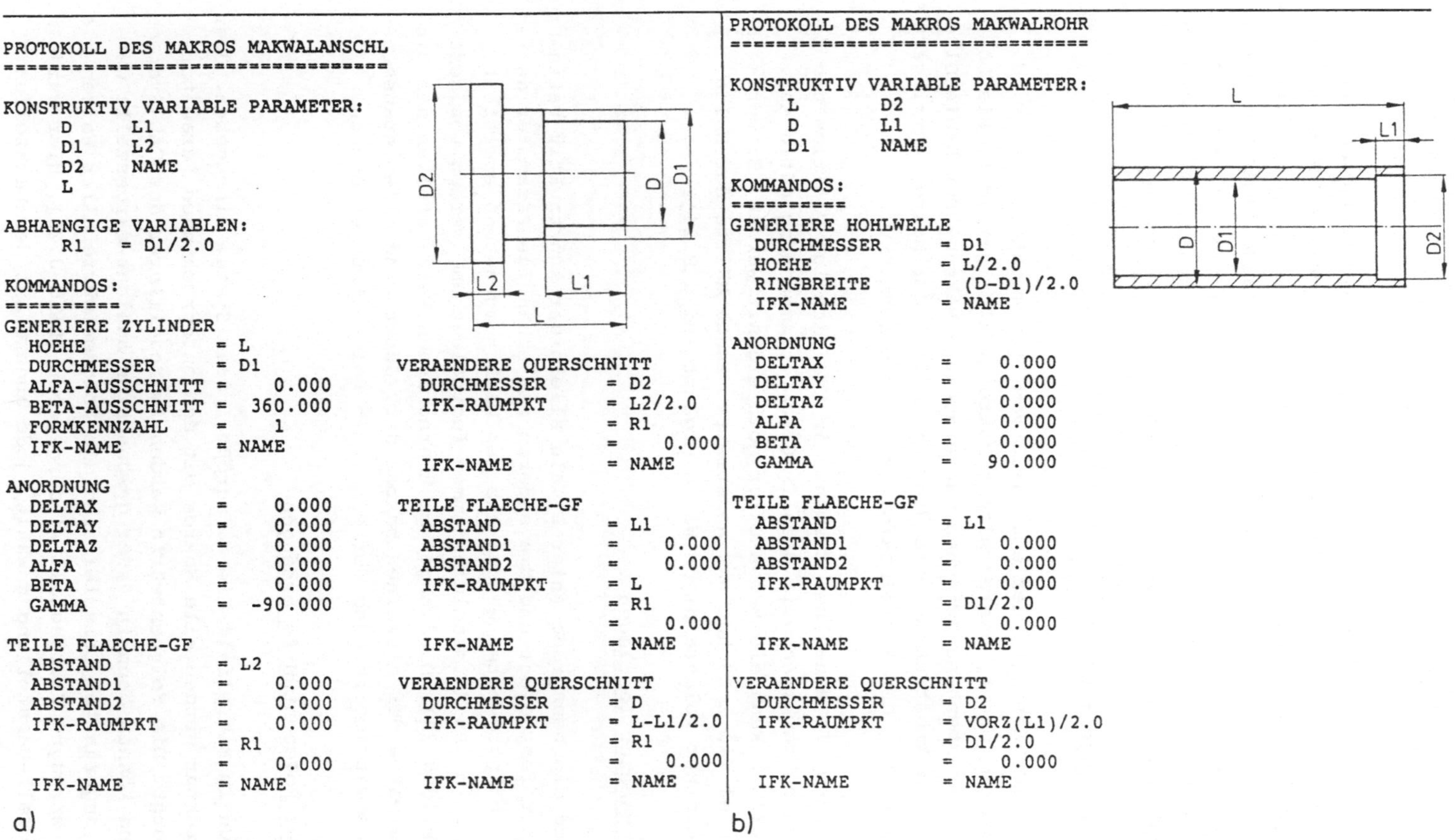

```
PROTOKOLL DES MAKROS MAKWALANSCHL
=================================

KONSTRUKTIV VARIABLE PARAMETER:
     D      L1
     D1     L2
     D2     NAME
     L

ABHAENGIGE VARIABLEN:
     R1    = D1/2.0

KOMMANDOS:
==========
GENERIERE ZYLINDER
  HOEHE              = L
  DURCHMESSER        = D1
  ALFA-AUSSCHNITT    =     0.000
  BETA-AUSSCHNITT    =   360.000
  FORMKENNZAHL       =     1
  IFK-NAME           = NAME

ANORDNUNG
  DELTAX             =     0.000
  DELTAY             =     0.000
  DELTAZ             =     0.000
  ALFA               =     0.000
  BETA               =     0.000
  GAMMA              =   -90.000

TEILE FLAECHE-GF
  ABSTAND            = L2
  ABSTAND1           =     0.000
  ABSTAND2           =     0.000
  IFK-RAUMPKT        =     0.000
                     = R1
                     =     0.000
  IFK-NAME           = NAME

VERAENDERE QUERSCHNITT
  DURCHMESSER        = D2
  IFK-RAUMPKT        = L2/2.0
                     = R1
                     =     0.000
  IFK-NAME           = NAME

TEILE FLAECHE-GF
  ABSTAND            = L1
  ABSTAND1           =     0.000
  ABSTAND2           =     0.000
  IFK-RAUMPKT        = L
                     = R1
                     =     0.000
  IFK-NAME           = NAME

VERAENDERE QUERSCHNITT
  DURCHMESSER        = D
  IFK-RAUMPKT        = L-L1/2.0
                     = R1
                     =     0.000
  IFK-NAME           = NAME
```

a)


```
PROTOKOLL DES MAKROS MAKWALROHR
===============================

KONSTRUKTIV VARIABLE PARAMETER:
     L      D2
     D      L1
     D1     NAME

KOMMANDOS:
==========
GENERIERE HOHLWELLE
  DURCHMESSER        = D1
  HOEHE              = L/2.0
  RINGBREITE         = (D-D1)/2.0
  IFK-NAME           = NAME

ANORDNUNG
  DELTAX             =     0.000
  DELTAY             =     0.000
  DELTAZ             =     0.000
  ALFA               =     0.000
  BETA               =     0.000
  GAMMA              =    90.000

TEILE FLAECHE-GF
  ABSTAND            = L1
  ABSTAND1           =     0.000
  ABSTAND2           =     0.000
  IFK-RAUMPKT        =     0.000
                     = D1/2.0
                     =     0.000
  IFK-NAME           = NAME

VERAENDERE QUERSCHNITT
  DURCHMESSER        = D2
  IFK-RAUMPKT        = VORZ(L1)/2.0
                     = D1/2.0
                     =     0.000
  IFK-NAME           = NAME
```

b)

Bild 8.23 Protokolle der einzelnen Makros für die jeweiligen Baureihen-Elemente

Einzelmakros erstellen

Mit Hilfe eines weiteren Dienstprogramms (Bild 8.20) werden nun für jedes Bauteil getrennt die einzelnen Makros erstellt, wobei der Benutzer vom System geführt und durch eine Eingabesteuerung und -verarbeitung unterstützt wird. Er gibt in den bereinigten Teilkommandofolgen die Parameter an bzw. vervollständigt sie und ersetzt dabei die Realwerte des Grundentwurfs durch die Abhängigkeiten von den konstruktiv variablen Parametern (vgl. Bild 8.23). Dieses geschieht Makro für Makro.

Makrostruktur erstellen

In einem weiteren Schritt, der ebenfalls vom System unterstützt wird, wird eine übergeordnete, hierarchische Makrostruktur gebildet. Sie beschreibt den Zusammenhang zwischen den einzelnen Makros. Durch die Gliederung in eine Makrostruktur wird die Komplexität der Makros verringert und die Bearbeitung der Einzelmakros erst ermöglicht.

Weiterhin werden die einzelnen Elemente in die richtige Position und Lage zueinander gebracht, soweit dies im Gesamtzusammenhang nötig ist. Wenn erforderlich kann die Baustruktur noch ergänzt werden. So wurde in diesem Beispiel die zunächst nur generierte rechte Hälfte der Walze durch Spiegeln zur vollständigen Walze ergänzt (Bild 8.24).

Abhängige Parameter festlegen

Zunächst wird die Nenngröße (hier L) als alleiniger konstruktiv variabler Parameter festgelegt und die anderen als abhängige Parameter definiert. Ihre Abhängigkeiten werden aus den Wachstumgesetzen ermittelt oder sie sind in den Normzahldiagrammen festgelegt und werden von dort abgerufen (Bild 8.25). Die insgesamt übernommenen Werte stellen die Eingabeparameterwerte der einzelnen Makros dar. Jetzt sind alle Voraussetzungen zur Geometrieerzeugung der einzelnen Folgeentwürfe gegeben.

Geometrie der Folgeentwürfe erzeugen

Es genügt nun im Einzelfall die Nenngröße in das System einzugeben. Über die Makrostruktur werden alle Makros mit den entsprechenden Parameterwerten versorgt. Die Folgeentwürfe werden im Modellierer des CAD-Systems generiert und können dann in jeder gewünschten Ansicht dargestellt werden. In dem angeführten Beispiel sind die Folgeentwürfe aller Walzen als automatisch erzeugte Grobgestalt wiedergegeben (Bild 8.26). Hier wurde eine Drahtmodell-Darstellung gewählt, jede andere Art der Darstellung wäre aber auch möglich gewesen.

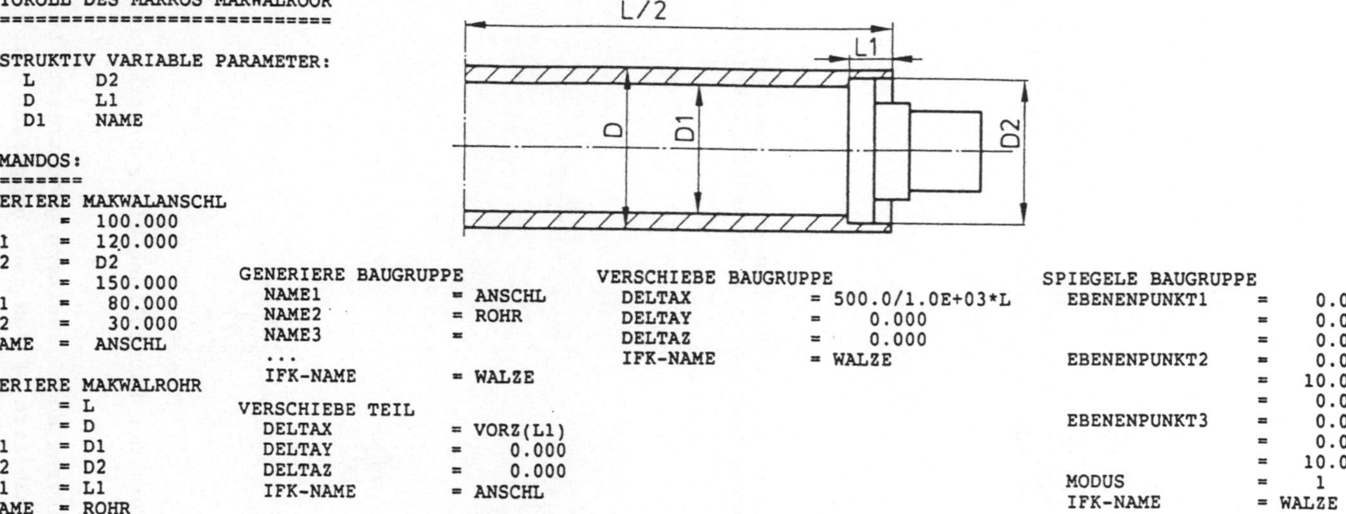


```
PROTOKOLL DES MAKROS MAKWALKOOR
===============================

KONSTRUKTIV VARIABLE PARAMETER:
     L       D2
     D       L1
     D1      NAME

KOMMANDOS:
==========
GENERIERE MAKWALANSCHL
  D     =  100.000
  D1    =  120.000
  D2    =  D2
  L     =  150.000
  L1    =   80.000
  L2    =   30.000
  NAME  =  ANSCHL

GENERIERE MAKWALROHR
  L     = L
  D     = D
  D1    = D1
  D2    = D2
  L1    = L1
  NAME  = ROHR

GENERIERE BAUGRUPPE
  NAME1              = ANSCHL
  NAME2              = ROHR
  NAME3              =
  ...
  IFK-NAME           = WALZE

VERSCHIEBE TEIL
  DELTAX             = VORZ(L1)
  DELTAY             =     0.000
  DELTAZ             =     0.000
  IFK-NAME           = ANSCHL

VERSCHIEBE BAUGRUPPE
  DELTAX             = 500.0/1.0E+03*L
  DELTAY             =     0.000
  DELTAZ             =     0.000
  IFK-NAME           = WALZE

SPIEGELE BAUGRUPPE
  EBENENPUNKT1       =     0.000
                     =     0.000
                     =     0.000
  EBENENPUNKT2       =     0.000
                     =    10.000
                     =     0.000
  EBENENPUNKT3       =     0.000
                     =     0.000
                     =    10.000
  MODUS              =     1
  IFK-NAME           = WALZE
```

Bild 8.24 Erstellung der gesamten Baustruktur und der Zuordnung von Position und Lage, soweit erforderlich

```
PROTOKOLL DES MAKROS MAKWALBERECH1
==================================

KONSTRUKTIV VARIABLE PARAMETER:
     L    zulaessige Nennwerte :
            800.00      1500.00
           1000.00      2000.00
           1250.00      2500.00

ABHAENGIGE VARIABLEN:
     L          D       D1       L1      D2
   800.00     180.00  121.70   40.00   160.00
  1000.00     200.00  131.00   40.00   180.00
  1250.00     236.00  154.50   40.00   200.00
  1500.00     280.00  168.50   60.00   212.00
  2000.00     335.00  195.60   60.00   265.00
  2500.00     400.00  206.40   60.00   300.00

KOMMANDOS:
==========
GENERIERE MAKWALKOOR
  L     = L
  D     = D
  D1    = D1
  D2    = D2
  L1    = L1
  NAME  = WALZE
```

Bild 8.25 Festlegen des konstruktiv variablen Parameters (Nenngröße) und der abhängigen Parameter und Zuordnen der Abhängigkeiten

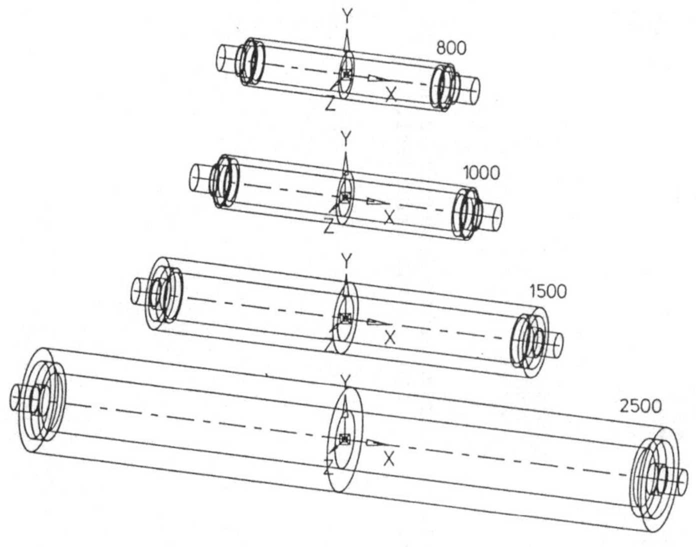

Bild 8.26 Baureihe der Walzen in Form der Darstellung eines Drahtmodells

Es ist möglich, in dieses rechnerinterne Modell weitere geometrische Details, z.B. Freistiche, Bearbeitungsabsätze, Fasen usw. graphisch interaktiv einzufügen, die bei der Baureihenentwicklung bis jetzt nicht größen- oder gestaltungsbestimmend waren. Von dieser Grundlage aus kann für jeden Folgeentwurf die Feingestaltung fortgesetzt werden, die sich dann nur noch auf die nicht baureihenabhängigen Aspekte beziehen soll. Eine solche Feingestaltung verändert die vorher erstellten Makros nicht.

Hinsichtlich einer weiter zu entwickelnden Feingestalt, bei der z.B. die Fasen nicht mehr baugrößenabhängig sein müssen und sich ausschließlich nach Fertigungsanforderungen richten können, ist noch folgender Hinweise zweckmäßig: Sollen solche Details z.B. für alle Baugrößen gleich bleiben oder genau geometrisch ähnlich wachsen, wäre zu überlegen, ob dieser Zusammenhang nicht nachträglich in die Makros eingefügt werden soll. Dies würde sich dann lohnen, wenn weitere Baugrößen in Zukunft zu erwarten sind oder die Baureihe bereits relativ viele Baugrößen umfaßt.

Bild 8.27 zeigt eine komplexere Anwendungen bei der Entwicklung einer Baureihe von halbähnlichen hydro-pneumatischen Vorschubeinheiten. Die Einheiten sind in der Gesamtbeschreibung und -darstellung nur grobgestaltet, was zur Beurteilung von Anordnung und Platzbedarf ausreichend ist. Bild 8.28 gibt dagegen das abgeleitete zweiteilige, aber feingestaltete Getriebegehäuse dieser Einheiten wieder.

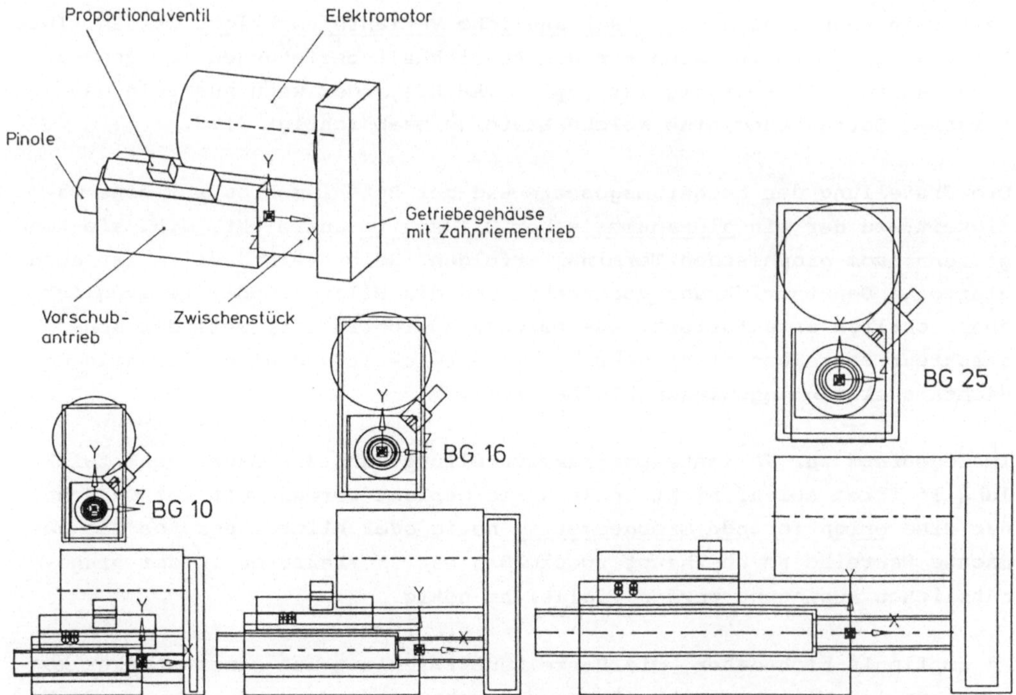

Bild 8.27 Komplexeres Beispiel einer Baureihe von hydro-pneumatischen Vorschubeinheiten in halbähnlicher Ausführung. System IKA

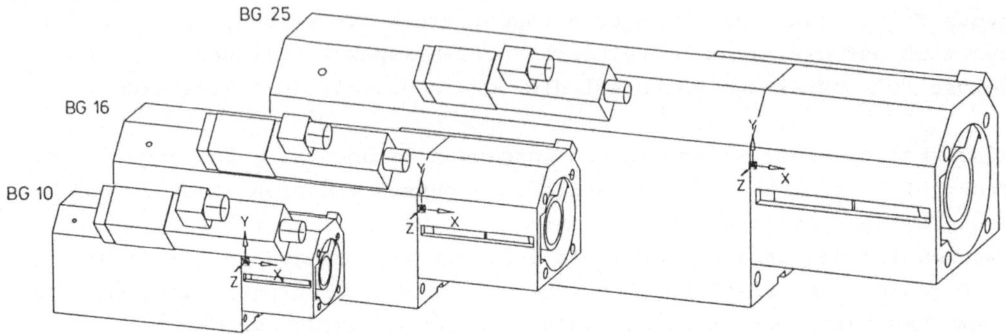

Bild 8.28 Folgeentwürfe des Vorschubantriebs mit Zwischenstück zur Baureihe nach Bild 8.27

8.8.3 Besonderheiten der Rechnerunterstützung

In dem vorgestellten System ist eine einfache Plausibilitätsprüfung möglich: Durch Eingabe der Werte des Grundentwurfs muß sich der Grundentwurf selbst wieder ergeben.

Weiterhin kann eine geometrisch ähnliche Variante vorbelegt werden. Ihre Nutzung hat Vorteile, wenn von den Ähnlichkeitsbeziehungen her geometrische Ähnlichkeit zulässig ist (vgl. [PAB 86]) oder wenn aus rein geometrischer Betrachtung eine solche Baureihe beabsichtigt wird.

Die Erstellung der Wachstumsgesetze und der Befehlsmakros ist eine Tätigkeit, zu der ein alphanumerischer Bildschirm ausreicht, d.h. sie kann getrennt vom graphischen Terminal erfolgen. Selbstverständlich ist auch hier eine Benutzerführung vorgesehen und die Bildschirmdarstellung ist übersichtlich strukturiert, was besonders wichtig ist, weil der Konstrukteur Baureihen nicht sehr häufig entwickelt und nicht auf sein Gedächtnis allein angewiesen bleiben soll.

Im Gegensatz zur Variantenprogrammerstellung kann die Baureihenentwicklung in ihrem Ablauf nicht vollständig geplant werden. Oft ist zunächst nur eine orientierende Grobgeometrie nötig oder hilfreicher, ob die gedachte Baureihe so überhaupt zweckmäßig ist. Korrekturen in der grundsätzlichen Auslegung werden vielleicht nötig.

Es empfiehlt sich daher, die Baureihenentwicklung auf einem stärker konzeptionellen Niveau durchzuführen und dabei zunächst auf untergeordnete Details zu verzichten. Diese können nach Optimierung und grundsätzlicher Akzeptanz der Baureihe nachgetragen werden.

In der Nutzung des Berechnungsmodells stellen sich keine Schwierigkeiten ein: es werden entsprechende Varianten durchgerechnet und die geeignete zu Grunde gelegt.

Die Makroerstellung muß iterativ auf unterschiedlichen Konkretisierungsstufen möglich bzw. ergänzbar sein. Aus diesem Grunde werden Eingaben der Parametrierung protokolliert und können bei einer Weiterentwicklung eines Makros als Vorbelegung verwendet werden. Diese kann korrigiert oder ergänzt werden. Dabei prüft das Verarbeitungsprogramm die Eingaben auf Zulässigkeit.

Die organisatorische Trennung von allgemeinen Makros der Variantentechnik von denen der Baureihenentwicklung ist erforderlich, weil diese auf die Baureihe bezogen spezifisch sind und nur für die Dauer der Baureihenentwicklung oder zu deren Änderung benötigt werden. Die einzelnen Glieder einer Baureihe sind nach Abschluß der Entwicklung dann als feste, nicht mehr änderbare Geometrie in ein entsprechendes Objektmodell zu überführen.

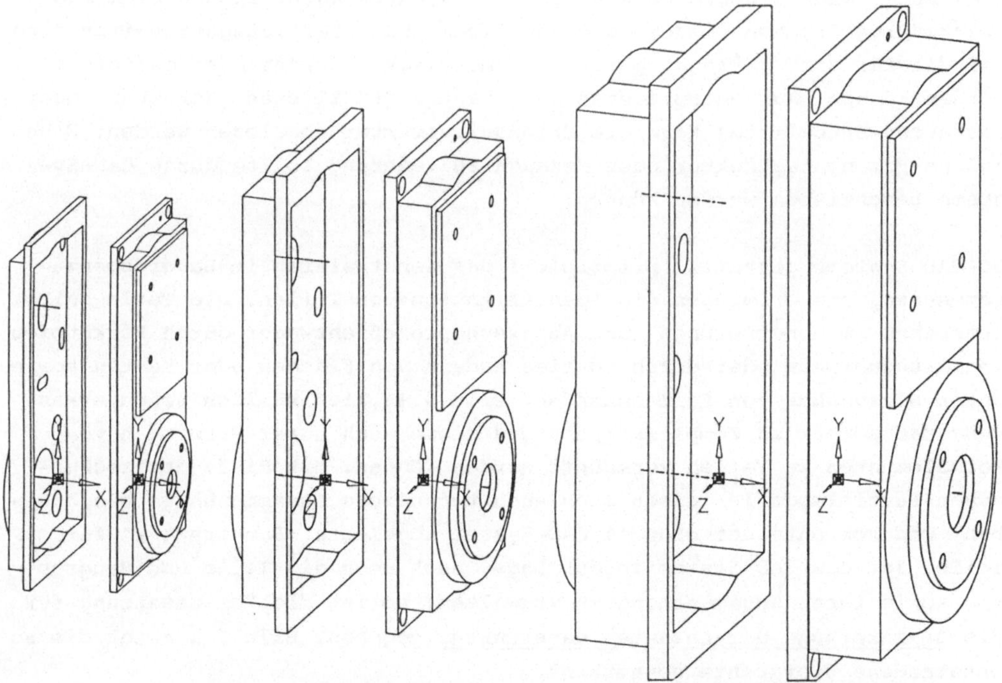

Bild 8.29 Folgeentwürfe des zweiteiligen Getriebegehäuses für einen Zahnriementrieb der in Bild 8.27 dargestellten Vorschubeinheiten. Das Getriebegehäuse wird mit seinem unteren linken Flansch an den Vorschubantrieb nach Bild 8.28 angeschraubt.

9 Erzeugnisstruktur und Stücklistenerstellung

Ein Erzeugnis gliedert sich im allgemeinen in Baugruppen und diese wieder in Bauteile. Ihr allgemeiner Zusammenhang, ihre hierarchische Gliederung und die bestehenden Verbindungen werden durch die Baustruktur beschrieben [PAB 86]. Nach Abschluß der Entwicklung und endgültiger Zuordnung der Teile zu bestimmten Baugruppen wird aus der Baustruktur die Erzeugnisstruktur gebildet. Die Erzeugnisstruktur gibt zu erkennen, welche Baugruppen und welche Teile zu einem Erzeugnis gehören, in welcher hierarchischen Ordnung sie zueinander stehen und wie sie voneinander abhängen. Durch eine geschickte Wahl der Erzeugnisstruktur lassen sich sehr zweckmäßige Gruppen bilden, die Funktions- oder Fertigungseinheiten sind und die für sich getrennt gefertigt, montiert, geprüft oder geliefert werden können. Aus entsprechend aufgebauten Stücklisten (Struktur- oder Baukasten-Stückliste) kann die Erzeugnisstruktur abgelesen werden. Eine solche Erzeugnisstruktur oder Erzeugnisgliederung sollte durch CAD-Systeme beschrieben werden können.

3D-CAD-Systeme gestatten prinzipiell das Konstruieren im Baugruppenzusammenhang und erzwingen die Identifikation von Teilen. Die Teile selbst entstehen im Generierungs- und Anpassungprozeß entweder durch Verknüpfen von Grundkörpern oder durch lokales Ändern von Flächen oder Kanten sowie unter Hinzunahme von Formelementen. Bild 5.46 ließ nämlich schon erkennen, daß Körper zu Komplexkörpern und diese auch unter Verwenden von Formelementen zu Teilen verknüpft werden können. Mit Hilfe des technischen Partialmodells lassen sich auch technische Zusammenhänge beschreiben. Dadurch entsteht eine im CAD-System abgelegte "Baustruktur" für Teile. Ist das CAD-System in der Lage, auch noch die Teile und Baugruppen sowie ihren Zusammenhang zu verwalten, so ist die Voraussetzung für die Beschreibung der gesamten Baustruktur gegeben. Bild 9.1 zeigt die so entstandene Hierarchie gesamthaft.

Systeme mit den beschriebenen Fähigkeiten können daher aus den entstandenen Informationen der Baustruktur auch die Erzeugnisstruktur beschreiben und damit auch Konstruktions-Stücklisten automatisch erstellen. Wenn diese Fähigkeiten nicht unmittelbar vorhanden sind, sollte das System mindestens durch eine Zusatzprogrammierung dazu ertüchtigt werden.

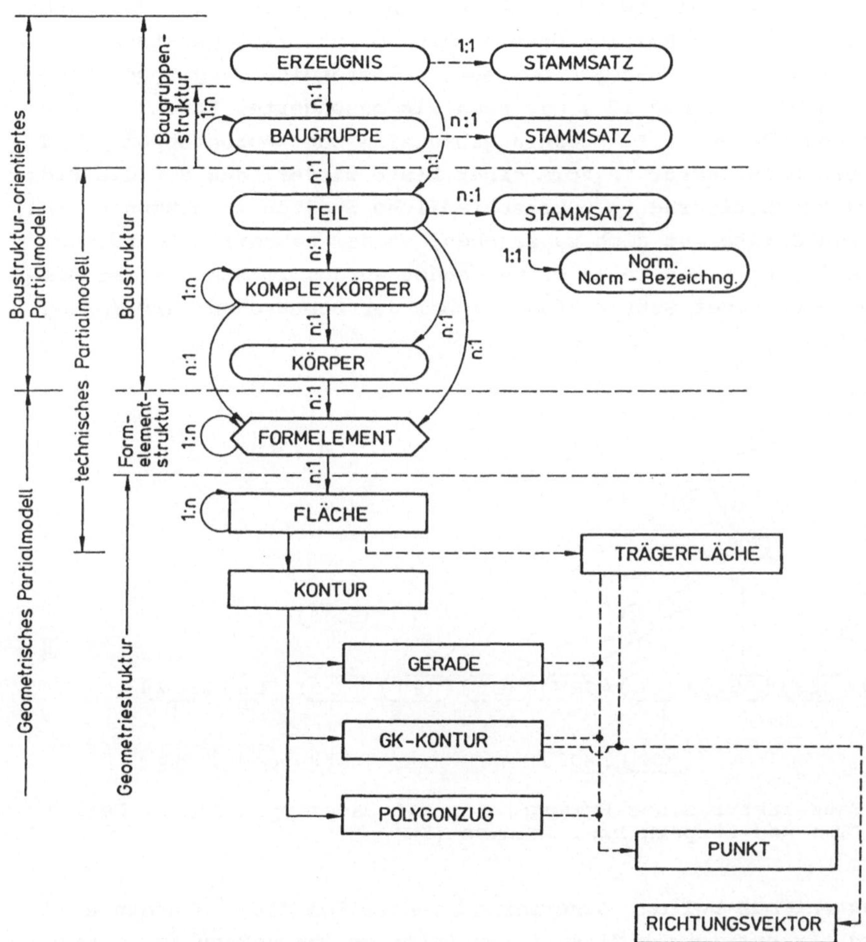

Bild 9.1 Hierarchie aller Baustrukturelemente im Zusammenhang mit dem geometrischen, technischen und baustruktur-orientierten Partialmodell. System IKA

Gruppierungen, wie z.B. die Ebenentechnik (Layer, vgl. Abschn. 7.5) oder eine Farbgebung, die keine hierarchische Zuordnung von Baustrukturelementen bewirkt, sind zur Beschreibung der Bau- und daraus abgeleiteten Erzeugnisstruktur nicht geeignet.

9.1 Bilden und Ändern der Erzeugnisstruktur

Bild 9.2 zeigt als prinzipielles Beispiel die Baustruktur eines Erzeugnisses. Es bestehe aus mehreren Baugruppen (BGR) in unterschiedlichen Hierarchiestufen mit den jeweils zugeordneten Bauteilen (TE), die ihrerseits auch aus mehreren Komplexkörpern oder Körpern (KO) entstanden sein können (vgl. Bild 5.46). Daneben bestehen selbständige Baugruppen und Teile (BGR 6 und TE 11 und 12), die auch als gesondertes Erzeugnis betrachtet werden können, z.B. Ergänzungsbauteile oder -baugruppen. Bild 9.3 gibt diese Baustruktur in Form einer Liste wieder, aus der die Hierarchiestufen durch Eintrag in unterschiedliche Spalten zu erkennen sind. In der letzten Spalte ist noch zu ersehen, ob der geometrische Körper, der zur Generierung eines Teils mitverwendet wurde, im Sinne einer Hinzufügung (+) oder einer Subtraktion (-) bei der BOOLEschen Verknüpfung verwendet wurde.

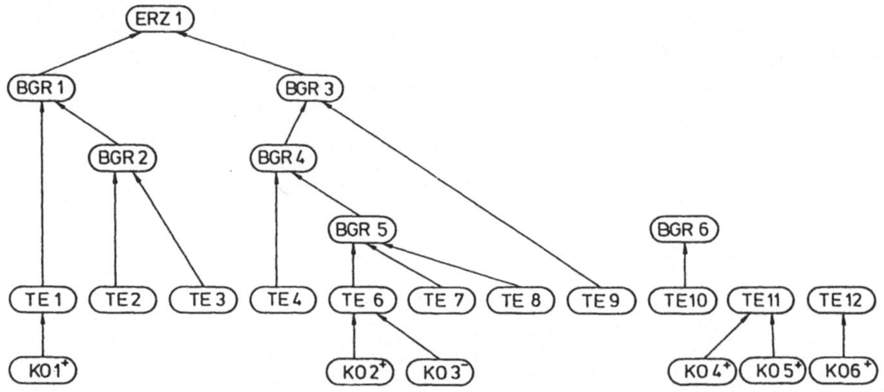

Bild 9.2 Baustruktur eines Erzeugnisses mit Baugruppen (BGR), Teilen (TE) und Körpern bzw. Volumen (KO)

Der Konstrukteur muß bei der Generierung von Teilen diese ohnehin eindeutig benennen. Er entwickelt diese immer in einem ihm bekannten Zusammenhang mit anderen Teilen und innerhalb einer von ihm vorgesehen Baugruppe. Daher ist es nach [BAC 88] ohne weiteres möglich, durch das System selbst die Baustruktur während der Bearbeitung automatisch entstehen und aus ihr nach Definition der Erzeugnisstruktur auch die Konstruktions-Stückliste erstellen zu lassen. Selbstverständlich hat der Bearbeiter auch nachträglich die Möglichkeit, Zuordnungen in der Erzeugnisstruktur und Stücklisteninhalte zu verändern bzw. zu ergänzen. Mit Hilfe einer im CAD-System verankerten Bau- bzw. Erzeugnisstruktur kann er auch Baugruppen und Teile im Sinne einer Planung als "vorgedachte" Elemente einführen, ohne sie bereits generiert zu haben.

```
************************************************************
*          Information    Baustruktur                      *
************************************************************
   ERZ1             . . . . . . . . . (ERZ.)
       BGR1           . . . . . . . . (BGR.)
           TE1          . . . . . . . (TEIL)
               KO1        . . . . . . (GK.+)
           BGR2         . . . . . . . (BGR.)
               TE2        . . . . . . (TEIL)
               TE3        . . . . . . (TEIL)
       BGR3           . . . . . . . . (BGR.)
           TE9          . . . . . . . (TEIL)
           BGR4         . . . . . . . (BGR.)
               TE4        . . . . . . (TEIL)
               BGR5       . . . . . . (BGR.)
                   TE6          . . . (TEIL)
                       KO2        . . (GK.+)
                       KO3        . . (GK.-)
                   TE7          . . . (TEIL)
                   TE8          . . . (TEIL)
   BGR6             . . . . . . . . . (BGR.)
       TE10           . . . . . . . . (TEIL)
   TE11             . . . . . . . . . (TEIL)
       KO4            . . . . . . . . (GK.+)
       KO5            . . . . . . . . (GK.-)
   TE12             . . . . . . . . . (TEIL)
       KO6            . . . . . . . . (GK.+)
```

Bild 9.3 Liste, in der die nach Bild 9.2 angenommene Baustruktur in hierarchischer Ordnung wiedergegeben wird. System IKA

9.1.1 Anforderungen

Ein unterstützendes System zur automatischen Beschreibung der Baustruktur und der Möglichkeit, die Erzeugnisstruktur zu definieren und Stücklisteninformationen abzurufen, soll folgenden Anforderungen genügen:

- Eindeutige Zuordnung von Baustrukturelementen zu den jeweils höheren Elementen, wobei für jedes Element durch das Modellierverfahren stets Integrität (Vollständigkeit) des Elements selbst erfüllt wird.
- Niedriger Eingabe- und Kontrollaufwand durch den Konstrukteur.
- Automatische Zuordnung beim Generieren bzw. Entfernen beim Löschen eines Elements.
- Dauernde Anzeige der gerade in Arbeit befindlichen Baustrukturelemente und auf Wunsch Anzeige der gesamten Baustruktur.
- Entwurfsbegleitende und nachträgliche Veränderungsmöglichkeit.
- Abgrenzungsmöglichkeit von Elementen der Baustruktur zwecks Aufnahme in die Liste aktiver Teile (vgl. Abschn. 6.3.3) sowie zur zeitweisen Auslagerung als informelle Geometrie (sichtbar, aber nicht aktiv) oder als abgelegte Geometrie (extern gespeichert).

9.1.2 Bearbeitungsklammer für Baustrukturen

Der Konstrukteur verharrt beim Aufbau eines rechnerinternen Objektmodells in der Regel bei einer Baugruppe (Gestaltung einer Zone) wie auch bei den zugehörigen Teilen während einiger Operationen. In einer solchen Arbeitsphase können Unterelemente (z.B. Teile) den jeweiligen Oberelementen (z.B. Baugruppen) ohne weiteres zugeordnet werden.

Eine automatische Zuordung wird durch Bilden einer sogenannten Bearbeitungsklammer nach [BAC 88] gelöst. Begleitend zu den generierenden Kommandos wird das hierarchisch darüberliegende Element der Baustruktur als "offen für weitere Bearbeitung" gekennzeichnet. Neu generierte darunter liegende Elemente werden dann dem darüber liegenden Element, dem Zielobjekt, automatisch zugeordnet. Um immer eine eindeutige Zuordnung zu gewährleisten, kann nur ein Element einer Hierarchiestufe als offen markiert sein. Da das Element Baugruppe, dem Teile zugeordnet werden, mehrfach in unterschiedlichen Hierarchiestufen vorhanden sein kann, ist jeweils nur die unterste Baugruppe offen.

Jedes Strukturelement kann als Operand in einem Kommando verwendet werden, wodurch die Handhabung der Baustruktur mit Hilfe der Bearbeitungsklammer sehr einfach wird:

Durch den Befehl GENERIERE <ELEMENT> erfolgt die Öffnung. Gegebenenfalls kann der Bearbeiter durch den Befehl BEARBEITE <ELEMENT> die Öffnung explizit erreichen.

Bild 9.4 beschreibt den Vorgang: Der Konstrukteur beabsichtigt zwei Baugruppen und definiert in der Baustruktur durch GENERIERE Baugruppe 1 und dann Baugruppe 2. Nun generiert er Teil 1, indem er dieses Teil aus einem Quader und durch einen subtraktiv verknüpften Zylinder bildet. Das Teil 1 wird automatisch der offenen, weil zuletzt generierten, Baugruppe 2 zugeordnet. Nun will er Teil 2 generieren, es aber der Baugruppe 1 zuteilen. Infolgedessen wird die Baugruppe 2 durch BEENDE geschlossen und die Baugruppe 1 ist automatisch offen für das Teil 2.

Es wäre aber auch eine andere Entstehung nach Bild 9.5 möglich:
Zunächst ist Teil 1 aus einem Quader und einem subtraktiv verknüpften Zylinder generiert worden. Dieses Teil wurde dann einer neu definierten Baugruppe 2 zugeordnet. Anschließend wird ein vorhandenes Teil 2 gemeinsam mit der Baugruppe 2 durch ein entsprechendes Generierungskommamdo mit einer neuen übergeordneten Baugruppe 1 verknüpft.

Kommandos	Inhalt der Bearbeit.klammer: T	B	B ... B	B	B	E
GENERIERE BAUGRUPPE B1;					B1	
GENERIERE BAUGRUPPE B2;				B2	B1	
GENERIERE TEIL T1;	T1			B2	B1	
ADDIERE QUADER B = 10 H = 20 T = 50;						
SUBTRAHIERE ZYLINDER H = 100 D = 25;						
BEENDE B2; (nur noch B1 offen)					B1	
GENERIERE TEIL T2;	T2				B1	

Ergebnis

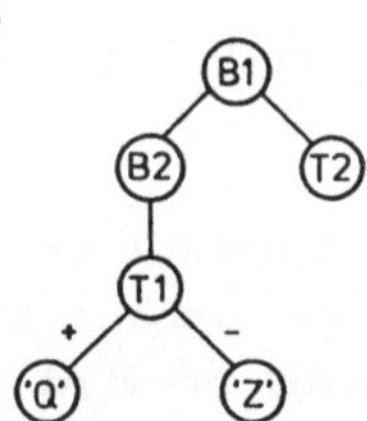

Bild 9.4 Aufbau und Inhalt einer Bearbeitungsklammer nach einigen Generierungsschritten nach [BAC 88]

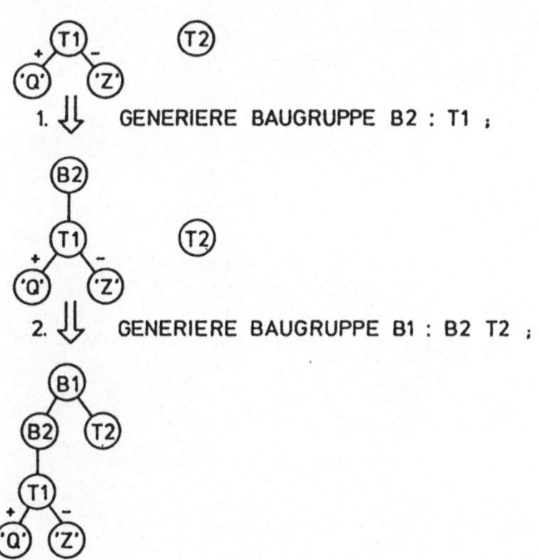

Bild 9.5 Nachträgliches Erzeugen der Baugruppenstruktur nach [BAC 88]

Weitere Teile, z.B. Teil 3 und 4, würden in diesem Stadium automatisch der Baugruppe 1, weil zuletzt generiert, zugeordnet werden. Hätte der Konstrukteur die Baugruppe 1 durch den Befehl BEENDE geschlossen, so würde die Zuweisung wieder an die Baugruppe 2 erfolgen.

Bild 9.5 beschreibt also den Vorgang, wenn bei der Generierung zunächst nur von einem Teil ausgegangen wird und die Baugruppenstruktur anschließend erst aufgebaut werden soll. Durch die Kommandos GENERIERE BAUGRUPPE B2 mit dem Parameter TEIL 1 und dann GENERIERE BAUGRUPPE B1 mit den Parametern BAUGRUPPE 2 und TEIL 2 läßt sich die Baugruppenstruktur nachträglich von unten nach oben aufbauen.

Das Schließen der Bearbeitungsklammer kann wie gezeigt explizit durch den Befehl BEENDE veranlaßt werden, geschieht aber automatisch, wenn ein hierarchisch gleiches oder höheres Element generiert wird. Dieses wird dann als offen eingetragen.

Das Verändern der Baustruktur ist jederzeit durch den Befehl BEARBEITE möglich, wobei durch ZUORDNE <ELEMENT> das betreffende Element an ein Zielelement angehängt und die vorherige Zuordnung gelöscht wird (Bild 9.6). Andererseits können durch ADDIERE Unterelemente eines Quellele-

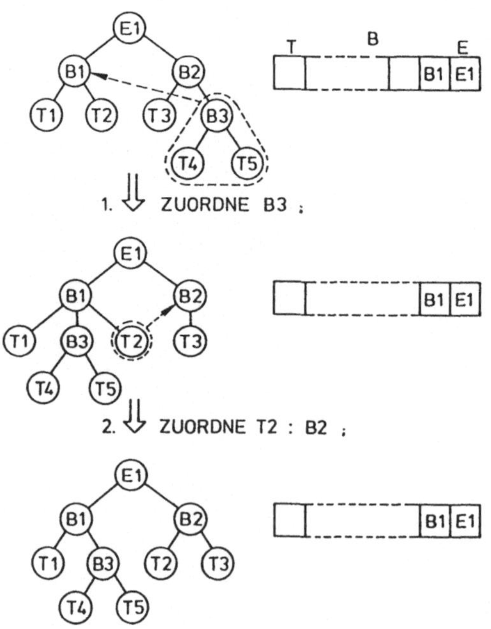

Bild 9.6 Verändern der Baugruppenstruktur durch den Befehl ZUORDNE nach [BAC 88]

ments anderen Zielelementen auf anderen Hierarchiestufen hinzugefügt werden, wobei die vorherige Struktur teilweise aufgelöst bzw. gelöscht wird. Mit LOESCHE können Elemente aus der Erzeugnisstruktur herausgenommen werden. Der Befehl SUBTRAHIERE wird nur verwendet, wenn auf den Hierarchiestufen Teil oder Körper diese zur Bildung eines neuen komplexeren Teils unter Bildung von Hohlelementen verschmolzen werden sollen (Bild 9.7).

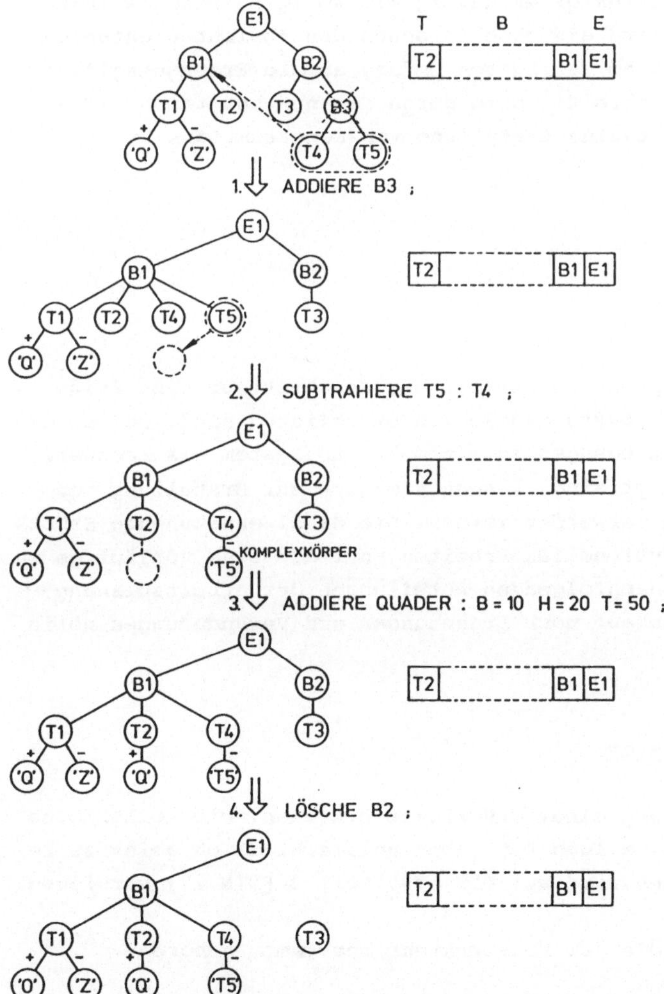

Bild 9.7 Verändern der Baugruppenstruktur durch Befehle ADDIERE, SUBTRAHIERE und LÖSCHE nach [BAC 88]

Bei Gebrauch der Bearbeitungsklammer erfolgt keine Geometrieänderung, sondern es wird lediglich die Baustruktur festgelegt. Durch die weitgehend automatische Erstellung - verbunden mit dem Vorgehen beim Konstruktionsprozeß - gewinnt der Konstrukteur Übersichtlichkeit in komplexeren Bauzusammenhängen und kann bei Bedarf bestimmte hierarchische Gruppen durch Identifikation des oberen Elements für andere Zwecke (Auslagerung, informelle Geometrie, Kalkulation, Arbeitsvorbereitung usw.) herauslösen.

Weiterhin kann nach Abschluß der Entwicklung aus der so entstandenen Baustruktur die Erzeugnisstruktur endgültig mit wenig Aufwand definiert werden. In vielen Fällen wird sie ohnehin schon den Absichten entsprechen oder braucht nur noch im geringeren Umfang an die Erzeugnisgliederung angepaßt werden. Gleichzeitig wird durch die nun entstandene Erzeugnisstruktur die selbsttätige Erstellung von Konstruktions-Stücklisten ermöglicht.

9.2 Konstruktions-Stücklisten

Während des Konstruktionsprozesses trifft der Konstrukteur eine Reihe von Festlegungen, die auch Bestandteile von Stücklisten sind. Da ein erheblicher Teil dieser Festlegungen in einem 3D-CAD-System als rechnerinterne Informationen abgelegt sind, können sie auch zur Erstellung von Konstruktions-Stücklisten verwendet werden. Die dabei entstehende Stückliste ist, wie beim konventionellen Arbeiten, nur als eine vorläufige zu betrachten, da durch die nachfolgenden Abteilungen der Arbeitsplanung, Materialwirtschaft und Einkauf noch Ergänzungen und Veränderungen nötig werden können.

9.2.1 Inhalt von Stücklisten

Bild 9.8 läßt die Aufteilung einer Stückliste erkennen. Die Reihenfolge der Spalten kann in den einzelnen Betrieben unterschiedlich sein. Zu Begriffen im Stücklistenwesen wird auf DIN 199, Teil 2 [DIN 77] verwiesen.

Zu den Teile-Stammdaten, die der Konstrukteur bestimmt, gehören

- Mengeneinheit,
- Benennung, Name,
- Identifizierende Teile- oder Sachnummer, die auch die Werkstoff- bzw. Norm-Kurzbezeichnung festlegt,
- Abmessungen, Gewicht,
- Beschaffungsart (Eigen- oder Fremdteil),

während zu den Strukturdaten, die der Konstrukteur beeinflußt,

- Positionsnummern,
- Anzahl, Menge,
- Auftragsnummern sowie
- Änderungsvermerke

gezählt werden [GRU 76].

```
I=================================================================================I
I   I   I    I    I                I                               I               I
IPosIStrIAnz IEinhI  Benennung     I   Sachnummer/Norm/Kurzbez.    I   Bemerkung   I
I   I   I    I    I                I                               I               I
I=================================================================================I
I   I   I    I    I                I                               I               I
I---I---I----I----I----------------I-------------------------------I---------------I
I   I   I    I    I                I                               I               I
I---I---I----I----I----------------I-------------------------------I---------------I
I   I   I    I    I                I                               I               I
I---I---I----I----I----------------I-------------------------------I---------------I
I   I   I    I    I                I                               I               I
```

Bild 9.8   Beispiel eines Stücklistenkopfs

Neben Anzahl bzw. Menge sind es vor allem die Teile-Stammdaten, die vom Konstrukteur während des Konstruierens relativ früh festgelegt werden: Bei der Generierung muß der Name eindeutig bestimmt werden, der Werkstoff wird spätestens gegen Ende, oft schon zu Beginn der Entwurfsphase gewählt, bei Wiederholteilen ist ihre Sachnummer und bei Normteilen mindestens die Normbezeichnung bekannt.

So kann während des Konstruktionsprozesses das CAD-System unmittelbar nach der Generierung eines Teils den Namen des Teils mit der Anzahl "1" und der Mengeneinheit "Stück" ablegen. Beim Generieren bzw. Abrufen von Norm- und Wiederholteilen werden diese mit ihrer normgerechten Bezeichnung eingetragen. Gleichteile kann ein System über Namen, Sachnummer oder Norm-Kurzbezeichnung erkennen und gegebenenfalls aufaddieren. Die Teile-Stammdaten können bei Bedarf durch ein Kommando, z.B. VERÄNDERE TEILESTAMM, geändert oder ergänzt werden.

Auf diese Weise ist das System gemeinsam mit der abgelegten Erzeugnisstruktur gerüstet, auch die unterschiedlichen Stücklistenarten automatisch zu erstellen.

9.2.2 Stücklistenform

Wie bekannt können unterschiedliche Stücklistenformen zur Anwendung kommen [GRU 76, PAB 86]:

Mengenübersichts-Stückliste

Bei ihr werden alle Gleichteile nur einmal mit Angabe der Gesamtmenge unter einer Position zusammengefaßt. Die Reihenfolge der Positionsnummern betrifft in der Regel meistens zuerst Guß- und Schmiedeteile, dann spanend gefertigte Neuteile und schließlich Wiederhol-, Norm- und Zukaufteile. Die Mengenübersichts-Stückliste gibt keinen Hinweis auf die Erzeugnisstruktur, obgleich in ihr Baugruppen zur Information aufgeführt sein können. Diese initiieren aber keine Mengenangabe für die Teile. Eine solche Liste ist nur bei einfach aufgebauten Erzeugnissen mit relativ wenigen Teilen und wenigen Fertigungsstufen zweckmäßig. Bild 9.8 zeigt die Struktur eines Erzeugnisses mit einer zugehörigen Mengenübersichts-Stückliste in vereinfachter, nicht vollständiger Form.

Vorteilhaft ist der geringe Speicherplatzbedarf, nachteilig ist, daß es keine Informationen zur Erzeugnisstruktur gibt.

Struktur-Stückliste

Diese Stücklistenart ist auf den Ablauf des Zusammenbaues abgestimmt und spiegelt die Fertigungs- und Montagestruktur wider. Die dort gebildeten Gruppen sind in erster Linie Fertigungs- und Montagegruppen und damit nicht zwangsläufig auch Funktionsgruppen. Die entstandene Hierarchie wird in Stufen entweder durch Stufenzahlen (1; .2; ..3) oder graphisch durch x; xx; xxx usw. gekennzeichnet. Die Positionsfolge ist willkürlich. Bild 9.10 gibt für die Erzeugnisstruktur nach Bild 9.9 die Struktur-Stückliste wieder.

E 1	
Menge	Bezeichnung
3	G 1
1	G 2
15	T 1
3	T 2
1	T 3
1	T 4

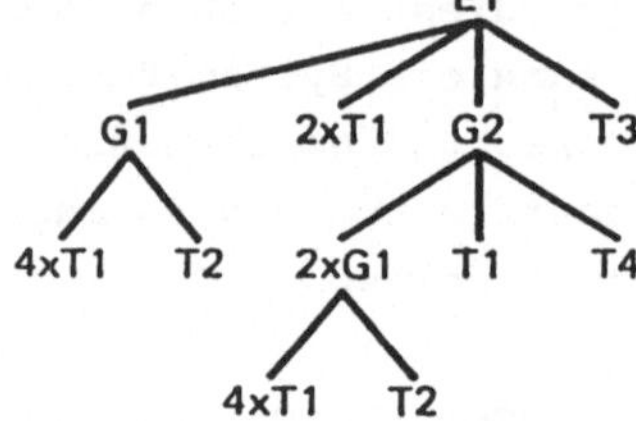

Bild 9.9 Erzeugnisstruktur mit einer Mengenübersichts-Stückliste nach [GRU 76]

E 1		
Stufe	Menge	Bezeichnung
1	1	G 1
2	4	T 1
2	1	T 2
1	2	T 1
1	1	G 2
2	2	G 1
3	8	T 1
3	2	T 2
2	1	T 1
2	1	T 4
1	1	T 3

Stufe	
1	
. 2	
. 2	
1	
1	
. 2	
. . 3	
. . 3	
. 2	
. 2	
1	

Stufe	
x	
xx	
xx	
x	
x	
xx	
xxx	
xxx	
xx	
xx	
x	

Bild 9.10 Struktur-Stückliste für die Erzeugnisstruktur nach Bild 9.9

Baukasten-Stückliste

Diese Stückliste kann auch als ein Stücklistensatz aufgefaßt werden, wobei die oberste Baukasten-Stückliste des Enderzeugnisses auch als Haupt-Stückliste bezeichnet wird. Der Baukasten-Stücklistensatz ist in bezug auf das Erzeugnis funktionsorientiert. Er gibt die Erzeugnisstruktur vollständig wieder. Dabei können die gebildeten Gruppen aber auch zugleich fertigungs- und montageorientiert sein, was idealerweise anzustreben ist. Jede Baugruppe hat ihre eigene Stückliste, Baugruppen und unabhängige Teile werden auf jeder entsprechenden Stufe wiederum durch Stücklisten zu übergeordneten Baugruppen baukastenartig zusammengefaßt. Jede Baugruppe oder unabhängige Teile können für sich betrachtet und verwendet werden, wodurch ihre Verwendung in anderen Erzeugnissen als Bausteine denkbar ist. Bild 9.11 stellt eine Baukasten-Stückliste für das in Bild 9.9 erwähnte Erzeugnis dar.

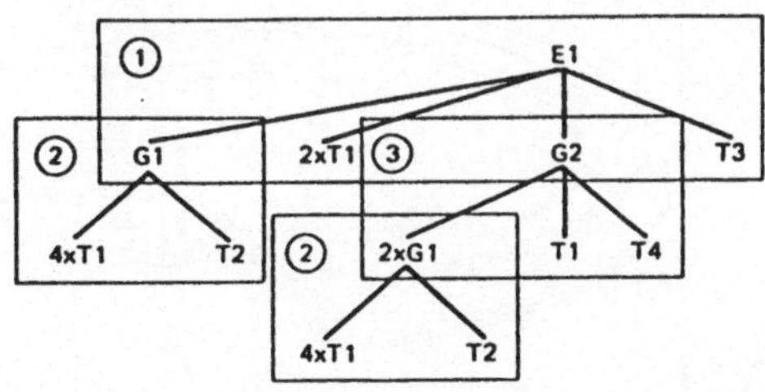

E1	
Menge	Bezeichnung
1	G 1
2	T 1
1	G 2
1	T 3

G1	
Menge	Bezeichnung
4	T 1
1	T 2

G2	
Menge	Bezeichnung
2	G 1
1	T 1
1	T 4

Bild 9.11 Baukasten-Stückliste für die Erzeugnisstruktur nach Bild 9.9

9.2.3 Erstellen der Konstruktions-Stückliste

In einem CAD-System sollten die einzelnen Stücklistenarten automatisch erstell- und abrufbar sein. Die dabei entstandene Stückliste kann später im Dialog ergänzt oder verändert werden. Sie stellt weiterhin die Grundlage für die Weiterverarbeitung zur vollständigen Stückliste im Zuge von PPS-Aktivitäten dar, indem sie mit Identnummern, Lieferangaben und Bemerkungen ergänzt oder hinsichtlich des Werkstoffs und der Halbzeuge aus Gründen der Lagerhaltung sowie wegen struktureller Änderungen umgestellt wird.

Mit dem Kommando ERSTELLE STUECKLISTE stellt das System die Konstruktions-Stückliste zusammen. Der Benutzer muß noch überprüfen, ob durch unbeabsichtigte unterschiedliche Namensgebung nicht alle Gleichteile erkannt wurden, und hat diesen Umstand, z.B. durch DEFINIERE GLEICHTEILE, zu korrigieren.

Eine Veränderung der Inhalte der Konstruktions-Stückliste durch nachfolgende Abteilungen darf nur nach Freigabe durch die Konstruktion selbst erfolgen, wenn dadurch Geometrien, Norm-, Wiederhol- und Zukaufteile, andere Werkstoffe und Zuordnungen innerhalb der Erzeugnisstruktur betroffen sind.

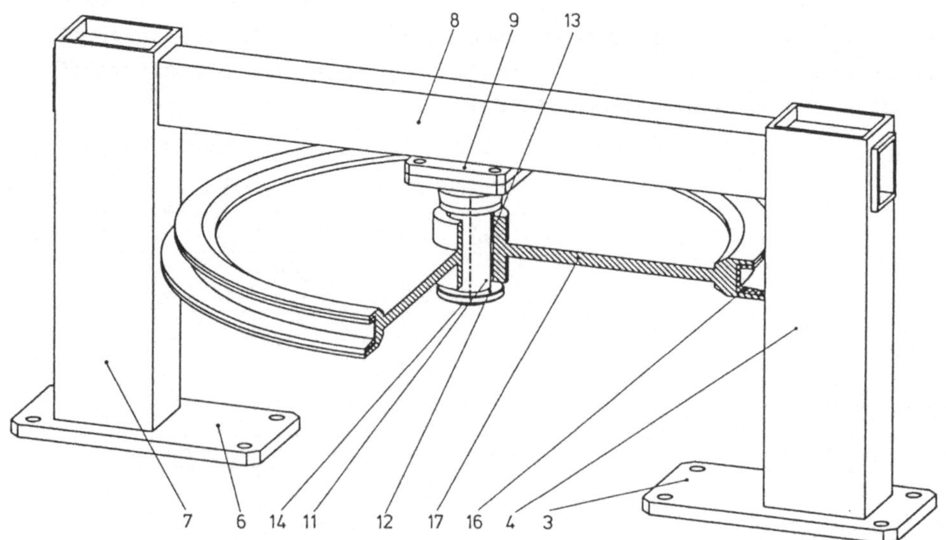

Bild 9.12 Umlenkstation gebildet aus mehreren Fertigungs- bzw. Montagegruppen. System IKA

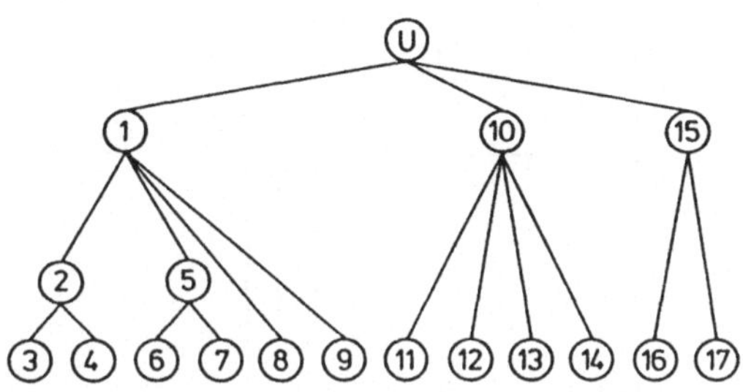

Pos	Str	Anz	Einh	Benennung	Sachnummer/Norm/Kurzbez.	Bemerkung
1	1	2.0	STCK	TRAVERSE		
2	2	1.0	STCK	STUETZE/1		
3	3	1.0	STCK	GRUNDPLATTE	123.007-2424	
4	3	1.0	STCK	STAENDER	123.010-2425	
5	2	1.0	STCK	STUETZE/2		
6	3	1.0	STCK	GRUNDPLATTE	123.007-2424	
7	3	1.0	STCK	STAENDER	123.010-2425	
8	2	1.0	STCK	QUERTRAEGER		
9	2	1.0	STCK	FLANSCH		
10	1	1.0	STCK	RADLAGERUNG		
11	2	1.0	STCK	ACHSE		vorgeschmiedet
12	2	1.0	STCK	ANLAUFSCHEIBE		
13	2	2.0	STCK	Buchse	H 30 f7 x 36 r6 x 22DIN 1850 1	
14	2	1.0	STCK	Sicherungsring	30 x 1.50 DIN 471 1	
15	1	1.0	STCK	SEILSCHEIBE		
16	2	1.0	STCK	SEILFUTTER		Hartgummi
17	2	1.0	STCK	RADSCHEIBE		

	Datum	Name	
Bearb.	16. 6.89	P/KPF	
Gepr.			UMLENKSTATION
Norm			
Technische Hochschule Darmstadt Maschinenelemente und Konstruktionslehre Prof. Dr.-Ing. G.Pahl			Struktur-Stueckliste — Blatt 1 von 1 Blatt

Bild 9.13 Struktur-Stückliste der Umlenkstation nach Bild 9.12

Pos	Anz	Einh	Benennung	Sachnummer/Norm/Kurzbez.	Bemerkung
1	1.0	STCK	TRAVERSE		
2	1.0	STCK	RADLAGERUNG		
3	1.0	STCK	SEILSCHEIBE		

Bearb. 20. 6.89 P/KPF; Gepr.; Norm — UMLENKSTATION
Technische Hochschule Darmstadt, Maschinenelemente und Konstruktionslehre, Prof. Dr.-Ing. G.Pahl — Baukasten-Stueckliste, Blatt 1 von 1 Blatt

Pos	Anz	Einh	Benennung	Sachnummer/Norm/Kurzbez.	Bemerkung
1	2.0	STCK	STUETZE		
2	1.0	STCK	QUERTRAEGER		
3	1.0	STCK	FLANSCH		

Bearb. 20. 6.89 P/KPF; Gepr.; Norm — TRAVERSE
Technische Hochschule Darmstadt, Maschinenelemente und Konstruktionslehre, Prof. Dr.-Ing. G.Pahl — Baukasten-Stueckliste, Blatt 1 von 1 Blatt

Pos	Anz	Einh	Benennung	Sachnummer/Norm/Kurzbez.	Bemerkung
1	1.0	STCK	ACHSE		vorgeschmiedet
2	1.0	STCK	ANLAUFSCHEIBE		
3	2.0	STCK	Buchse	H 30 f7 x 36 r6 x 22DIN 1850 1	
4	1.0	STCK	Sicherungsring	30 x 1.50 DIN 471 1	

Bearb. 20. 6.89 P/KPF; Gepr.; Norm — RADLAGERUNG
Technische Hochschule Darmstadt, Maschinenelemente und Konstruktionslehre, Prof. Dr.-Ing. G.Pahl — Baukasten-Stueckliste, Blatt 1 von 1 Blatt

Pos	Anz	Einh	Benennung	Sachnummer/Norm/Kurzbez.	Bemerkung
1	1.0	STCK	SEILFUTTER		Hartgummi
2	1.0	STCK	RADSCHEIBE		

Bearb. 20. 6.89 P/KPF; Gepr.; Norm — SEILSCHEIBE
Technische Hochschule Darmstadt, Maschinenelemente und Konstruktionslehre, Prof. Dr.-Ing. G.Pahl — Baukasten-Stueckliste, Blatt 1 von 1 Blatt

Pos	Anz	Einh	Benennung	Sachnummer/Norm/Kurzbez.	Bemerkung
1	1.0	STCK	GRUNDPLATTE	123.007-2424	
2	1.0	STCK	STAENDER	123.010-2425	

Bearb. 20. 6.89 P/KPF; Gepr.; Norm — STUETZE
Technische Hochschule Darmstadt, Maschinenelemente und Konstruktionslehre, Prof. Dr.-Ing. G.Pahl — Baukasten-Stueckliste, Blatt 1 von 1 Blatt

Bild 9.14 Baukasten-Stückliste der in Bild 9.12 gezeigten Umlenkstation

In Bild 9.12 ist ein Erzeugnis "Umlenkstation" dargestellt. Es besteht aus drei Baugruppen "Traverse", "Radlagerung" und "Seilscheibe". Die erste Baugruppe gliedert sich in zwei spiegelbildliche Unterbaugruppen "Stütze" auf (Bild 9.13). Die Gliederung wurde nach Fertigungs- bzw. Montagegruppen gewählt. Die automatisch erstellte Konstruktions-Stückliste ist in Form einer Struktur-Stückliste wiedergegeben. Bild 9.14 zeigt die entsprechende Baukasten-Stückliste. Die Norm-Kurzbezeichnungen wurden automatisch bei Übernahme der Normteile aus dem NWT-System eingetragen. Die Bemerkung "vorgeschmiedet" als Beschaffungshinweis wurde nach Abschluß des Entwurfs nachgetragen.

10 Produktsystematik

Für einen erfolgreichen Einsatz von CIM und auch im engeren Sinne von CAD ist eine zweckmäßige Produktsystematik von grundlegender Bedeutung. Alle Bemühungen um einen vernünftigen und wirtschaftlichen Einsatz von CA-Methoden werden vergeblich sein, wenn nicht von konstruktiver Seite für eine logische Ordnung und für gegliederte Abschnitte (Module) bei der Produktentwicklung gesorgt wird, die es gestatten, mit wenig Aufwand auf notwendige Varianten zu reagieren und eine zügige Fertigung zu ermöglichen.

Grundlage hierzu sind Kenntnisse, Produkterfahrungen und die konsequente Anwendung von Konstruktionsmethoden [PAB 86]. Dazu gehört eine sorgfältige Konzeptentwicklung mit

- geklärter Aufgabenstellung,
- erkannter Funktionsstruktur, die für eine sinnvolle Strukturierung (Modulbildung) Voraussetzung ist sowie
- eine abgesicherte und bewertete Lösungssuche.

Weiterhin gilt für die Entwurfs- und Ausarbeitungsphase

- eine eindeutige Strukturierung des Erzeugnisses in sachgerechte Baugruppen mit den jeweiligen Bauteilen, die in ihrem Zusammenwirken die Funktionen erfüllen,
- ein geordnetes und überschaubares Norm- und Wiederholteilwesen,
- eine Modularisierung in Fertigungs- und Montageabschnitte, die sowohl produkt- als auch herstellungsgerecht definiert werden müssen sowie
- vielfach die Beachtung von Strategien zur Baureihen- und Baukastenentwicklung.

Diese nach einer Produktsystematik aufgestellte Ordnung ist wesentlicher Gliederungsgesichtspunkt der ebenfalls modular aufgebauten Datensätze für ein im CAD-System entstandenes Objektmodell und seiner Verwendung in

CIM-Systemen. Nur wenn solche Ordnungen entwickelt und umgesetzt werden, wird sich ein so komplexes Informationssystem wie CIM nutzen, beherrschen und an die sich stets einstellenden Veränderungen durch neue Produkte und neue Technologien anpassen lassen.

Aus Gründen des geringeren Generierungsaufwands und wegen einer überschaubaren Datenhaltung sind Standardisierungen in weit höherem Maße notwendig als beim bisherigen konventionellen Arbeiten. Diese Standardisierungen betreffen in erster Linie Bauteile und Gestaltungszonen, um mit diesen standardisierten Modulen, ein flexibles, anpaßbares Produkt, das den vielfältigen Kundenwünschen durch gezielte Variation gerecht werden kann, bei gleichzeitig wirtschaftlicher Fertigung zu erzielen.

Neben den bekannten Strategien und Regeln der Konstruktionslehre [PAB 86] sind im besonderen Maße hier zu beachten:

Funktionsabschnitte

sind Bereiche eines Systems, die hinsichtlich der Gesamtfunktion nicht vollständig sein müssen, aber eine oder mehrere Funktionen erfüllen und sich öfter wiederholen. Ihre Analyse muß dahin führen, Gestaltungszonen zu erkennen, die als Wiederholelemente bzw. als Wiederholzonen definiert werden können. Wiederholzonen betreffen sich wiederholende Geometrien oder technische Abschnitte, ohne selbst ein komplettes Teil sein zu müssen. Gestaltungszonen, die Funktionsabschnitte sein können, sind leichter und zutreffender zu erkennen, wenn von der Betrachtung der zu erfüllenden Teilfunktionen ausgegangen wird.

Wiederholelemente

sind Teile oder Zonen von Teilen, die im Hinblick auf die jeweils zu erfüllende Funktion partiell festgelegt sind, aber mit anderen Teilen oder Zonen vereinigt werden können (z.B. Lagersitze, Zentrierungen, wiederkehrende Verstärkungsrippen, bestimmte Formen von Wellenenden). Bild 8.9 zeigte bereits auszugsweise als Beispiel Wiederholelemente, wie sie bei der Konstruktion der aus Kunststoff hergestellten Gehäuse von Heckleuchten bei Kraftfahrzeugen definiert wurden.

In Abschn. 4.3.3 wurde auf die Struktur von flächenorientierten Volumenmodellen hingewiesen. Bild 5.46 und Bild 9.1 zeigen, daß ausgehend vom Informationselelement "Fläche" in der Strukturhierarchie nach oben Formelemente, Körper und Komplexkörper definierbar sind, die Wiederholzonen beschreiben können, ohne selbst ein vollständiges Teil zu bilden. Sie werden mit anderen Geometrien dann zu Teilen verknüpft.

Solche Wiederholelemente lassen sich auf unterschiedliche Weise in einem CAD-System abgrenzen und einsetzen:

- Beim Generieren entstandene Körper oder Komplexkörper werden erst verschmolzen, wenn sie vorher als "Wiederholelemente" durch Vervielfältigen, Spiegeln oder Verschieben an anderer Stelle genutzt wurden. (Temporäre Nutzung beim Generieren entstandener Elemente).
- Dauernd zu verwendende Wiederholelemente mit invariabler Geometrie werden als Gestaltmakros oder bei variabler Geometrie in Form von Befehlsmakros oder nach Variantenprogrammen vorher festgelegt.

Die als dauernd zu verwendenden Wiederholelemente werden im Falle eines Gestaltmakros als entsprechende Körper in einer Bibliothek (Library) abgelegt und können von dort bei Bedarf abgerufen werden. Variable Wiederholelemente lassen sich als parametrierbare Varianten (vgl. Abschn. 8.6) definieren. Je nach den angebotenen Fähigkeiten des betreffenden CAD-Systems werden dafür Befehlsmakros (vgl. Abschn. 8.3) oder Variantenprogramme (vgl. Abschn. 8.4) dafür in Frage kommen.

Norm- und Wiederholteile

sind für sich abgeschlossene Teile, die extern (ISO, DIN) oder intern normmäßig festgelegt sind. Für ihre Verwendung in CAD-Systemen spielt es eine untergeordnete Rolle, ob dies Zukaufteile oder Eigenteile sind (vgl. Abschn. 8.7.3). Dagegen ist eine auch nur partielle Änderung dieser Teile nicht zulässig. Ist die Änderung aber nötig, werden es Einzelteile mit eigener Identifikationsbezeichnung in Form einer Sach- bzw. Identnummer.

Wirkkomplex

ist die Zusammenfassung von Teilen und Formelementen mit Norm- und Wiederholteilen in einer Wirkzone, z.B. Schrauben-, Welle-Nabe- oder Sicherungsringverbindung (vgl. Abschn. 5.4.4). Ein Wirkkomplex ist für die schnelle Generierung und Änderung bzw. Anpassung beim Konstruieren bedeutsam, weil er nicht eine Einzelgenerierung seiner Bestandteile erfordert, sondern sich als Ganzes anbietet. Er entspricht weiterhin sehr oft bestimmten Montageoperationen. Im Hinblick auf die Fertigung aber sind seine Bestandteile (Einzelteile mit Formelementen und Norm- und Wiederholteile) interessanter, so daß eine entsprechende Auflösung für einzelne Fertigungsoperationen und für die Beschaffung der Zukaufteile in einer integrierten Datenverarbeitung sichergestellt werden muß.

Bauteile

sind möglichst so zu bilden, daß sie sich selbst in abgrenzbare Wiederholzonen mit entsprechenden Wiederholelementen gliedern lassen. Diese sollten dann aber auch, wenn irgend möglich, gleichzeitig Fertigungsabschnitte darstellen, die sich in der Arbeitsplanung und Fertigung als Module wiederfinden lassen. Somit kann das spezielle Teil wenigstens in weiten Bereichen nach schon vorliegenden, sich wiederholenden Fertigungsabschnitten mit den entsprechenden NC-Programmodulen gefertigt werden.

Basisteil

Für die nachfolgenden Montageoperationen, die mehr und mehr auch automatisiert vorgenommen werden, ist es vorteilhaft, ein Basisteil vorzusehen, auf das sich die einzelnen Montageoperationen beziehen können. Neben der Vereinheitlichung der Montagerichtung und Verringerung der Montagevorgänge kann aber nur so eine logisch aufbauende, zwangsläufige und remontagefreie Montagefolge konzipiert werden (Bild 10.1 und 10.2).

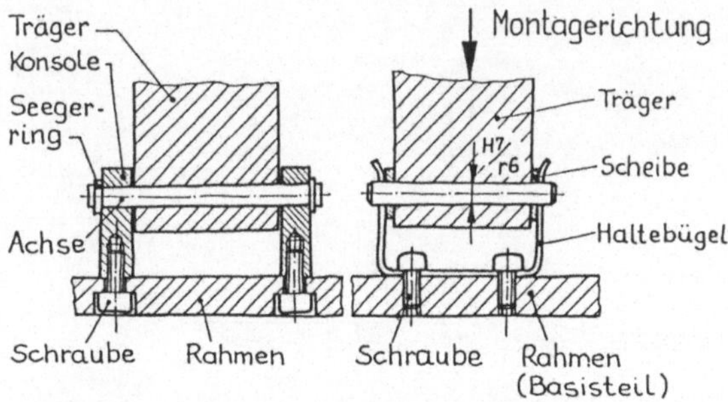

Bild 10.1 Umkonstruktion einer gelenkigen Halterung zwecks günstigerer Montage mit Basisteil, vormontiertem Bolzen und einheitlicher Montagerichtung

Baugruppe

ist die Kombination von gefügten bzw. montierten Bauteilen, die einen Funktionskomplex oder nur eine Teilfunktion umfaßt und gleichzeitig als Einheit handhabbar, prüfbar, verwendbar oder auswechselbar ist. Sie ent-

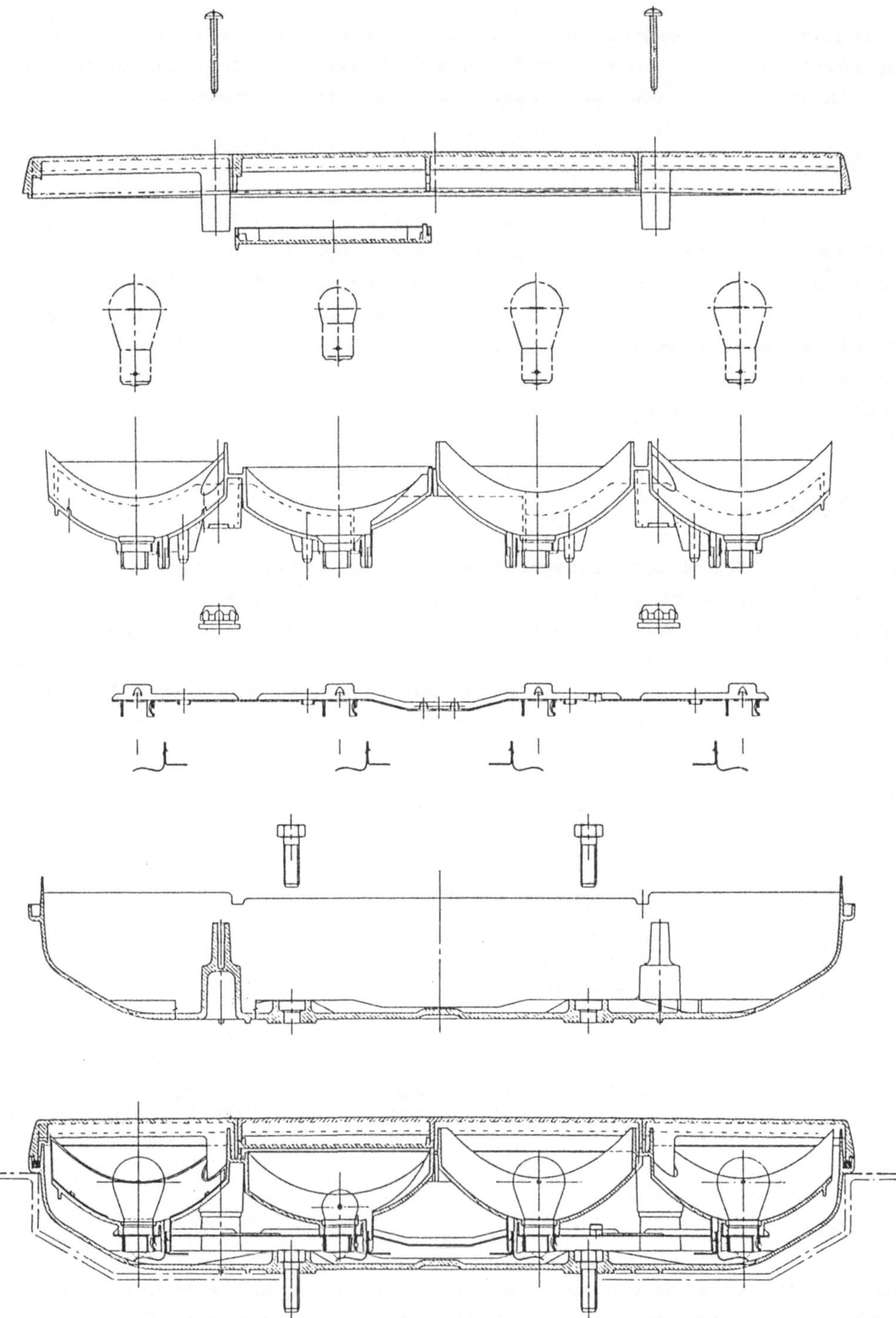

Bild 10.2 Konsequent gegliedertes Produkt (Heckleuchte eines Kraftfahrzeugs) mit Basisteil und folgerichtiger, einheitlicher Montage von Norm-, Wiederhol- und Individualteilen. Quelle HELLA

steht in der Regel in einem gestuften Montagevorgang aus Bauteilen oder aus mehr oder weniger weit vormontierten, fertigungsorientierten Unterbaugruppen.

Baureihen

Liegen Größenstufungen bei gleicher Funktion und bei gleichem Lösungsprinzip vor, ist eine Baureihe zu konzipieren, die eine sinnvolle, aber möglichst grobe Stufung besitzt, andererseits aber die Möglichkeit der planmäßig vorgesehenen feineren Stufung beinhaltet [PAB 86]. Die Glieder der Baureihe werden "Wiederholteile", die nach Abschn. 8.8 zweckmäßigerweise als Makros in einem Baureihensystem zu definieren sind.

Baukastensysteme

Das Produkt ist sorgfältig darauf zu analysieren, ob es gelingt, dies baukastenartig in Grund-, Hilfs-, Anpaß- und Sonderbausteine [PAB 86] zu gliedern. Dabei wird das Ziel verfolgt, größere Stückzahlen von Baugruppen oder Teilen mit gleicher Funktion zu erhalten und daraus wiederum Wiederholteile oder -elemente zu definieren. Eine solche Baukastensystematik muß nicht explizit sichtbar werden. Wesentlich ist vielmehr, daß das Produkt intern entsprechend gegliedert ist, damit Konstruktion, Arbeitsplanung, Fertigung und Montage die Bausteine wiedererkennen und diese sich modular in Programmen und Tätigkeiten niederschlagen können. Als Beispiel sei die sogenannte Abschnittskonstruktion von Turbinengehäusen angeführt, die modular in Eintritts-, Mittel- und Austrittsteile mit Größenstufung gegliedert sind. Dabei wird diese Gliederung bis hin zur Ausbildung der Gußmodelle eingehalten. Die Fertigung der Eintritts- und Austrittszonen ist damit auch eindeutig festgelegt und als solche modular aufgebaut (Bild 10.3 und 10.4).

Die Gliederung des Produkts unter der beschriebenen Produktsystematik in sich wiederholende Abschnitte (Wiederholteile und -elemente) führt in CAD-Systemen zu einem erheblichen Anteil an Makro- und Variantentechnik. Hier spielt wieder die Art und Weise der Variantenbildung eine entscheidende Rolle (vgl. Kap. 8).

Zur Beherrschung von Produktionsplanung und Auftragsabwicklung ist die Bau- bzw. Erzeugnisstruktur und die beim Entwurfsprozeß begleitende automatische Stücklistenerstellung ein weiterer zu beachtender Gesichtspunkt. CAD-Systeme, die nicht in der Lage sind, von Anfang an die Baustruktur (Hierarchie: Erzeugnis - Baugruppe - Bauteil - Körper - Form-

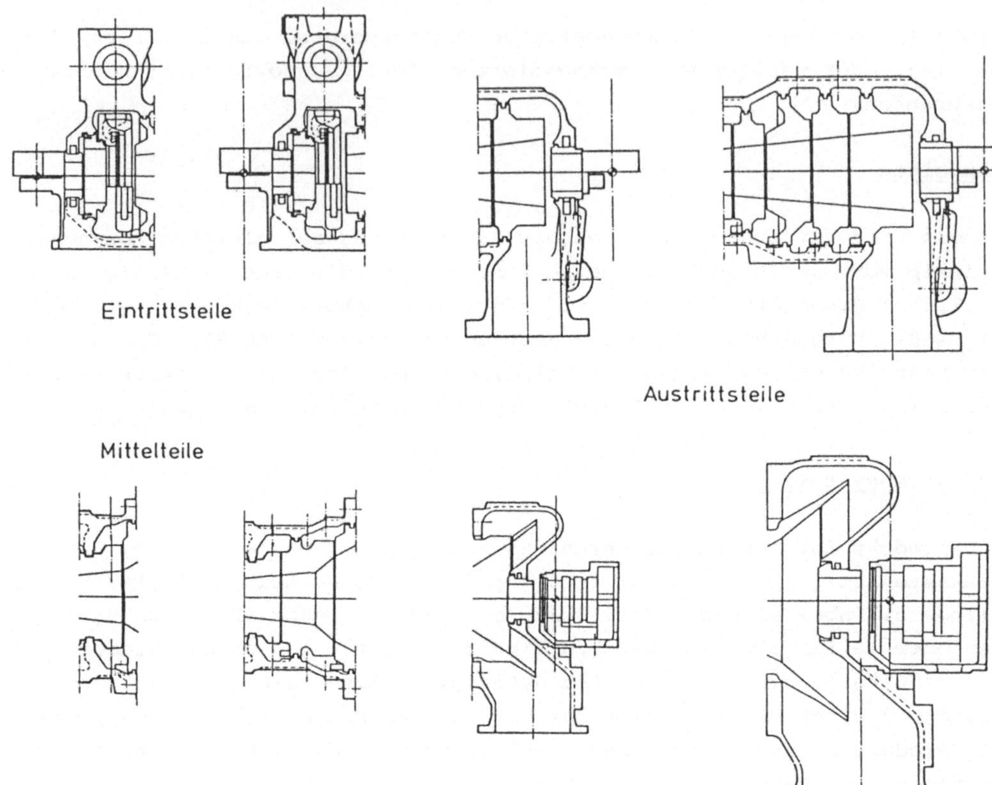

Bild 10.3 Gegliederte Abschnitte von Turbinengehäusen mit dem Ziel, die Abschnitte als Wiederholzonen im Auftragsfall zu einem gesamten Turbinengehäuse zu verschmelzen. Reale Gliederung reicht bis einschließlich der Gußmodelle (Quelle Siemens)

elemente) zur Kenntnis zu nehmen und ihre Zuordnung leicht zu ändern, sind für Konstruktionstätigkeiten und bei der CIM-Anwendung auf Dauer untauglich. Die Baustruktur ist maßgebliches Gerüst zur automatischen Stücklistenerstellung als Mengenübersichts-, Struktur- oder Baukastenstückliste. Die Teilestammdaten werden zu einem erheblichen Teil während des Konstruktionsprozesses festgelegt und in die Datenbasis eingetragen, später durch die Arbeitsplanung ergänzt oder korrigiert (vgl. Kap. 9).

Mit der Fähigkeit hierarchische Baustrukturen zu bilden, ergibt sich in CAD-Systemen u.a. die Möglichkeit Teilmodelle innerhalb des Objektmodells zu bilden, die sowohl technisch sinnvoll als auch bei Erreichen von Modellgrenzen dem Umfang des Systems angepaßt definiert werden können.

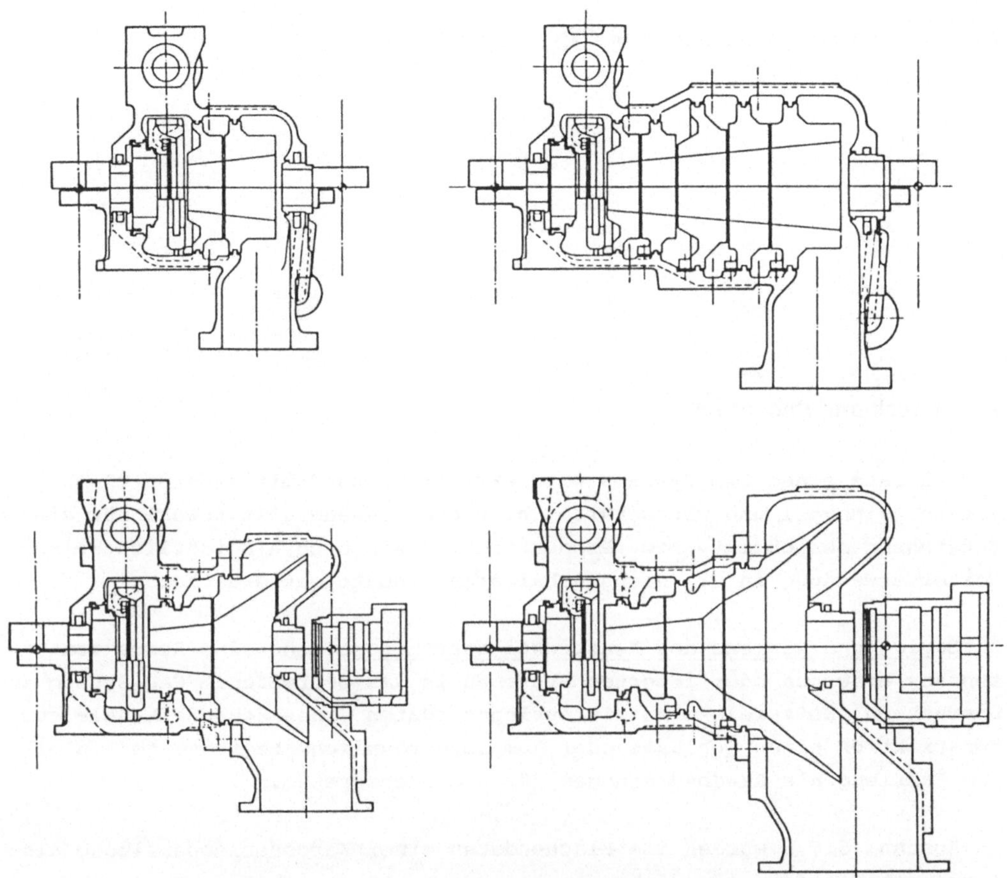

Bild 10.4 Aus Abschnitten nach Bild 10.3 entstandene Turbinengehäuse

11 Integrierte Nutzung des Objektmodells

11.1 Zweck und Bedeutung

Der Einsatz eines CAD-Systems wird erst im Verbund mit anderen CA-Aktivitäten sinnvoll und wirtschaftlich. Diese Aussage gilt sowohl für die Entstehung des Objekt- bzw. Produktmodells wie auch hinsichtlich seiner Weiterverwendung in den nachgeschalteten Produktionsbereichen.

Zu Beginn und während des Konstruktionsprozesses sind eine Reihe von Daten aus externen oder internen Systemen in das betreffende CAD-System zu übernehmen. Beispiele sind die Auslegungsdaten eines Schaufelkanals zur Konstruktion eines Gebläses oder komplexe räumliche Begrenzungen in einem Fahrzeug als Randbedingungen für ein Bremssystem.

In Abschn. 5.6.5 wurden die Flächendaten einer Karosserieoberfläche als Ausgangsbasis für eine zu konstruierende Heckleuchte eines Kraftfahrzeugs vom Automobilhersteller übernommen und diese Flächeninformationen waren dann verbindlich für die Gestalt der Lichtscheibenoberfläche und für die Anordnung der einzelnen Funktionsflächen. Des weiteren wurden dahinter liegende Karosseriezonen und zugehörige Blechauschnitte zur Bestimmung des Montagefreiraums zu Grunde gelegt.

Weiterhin ist das in der Konstruktion entstandene Objektmodell Grundlage für Analysen und Berechnungen verschiedenster Art: Auslegungs- und Optimierungsrechnungen sowie solche für den Nachweis von Haltbarkeit, zulässiger Verformung, Überprüfung des Schwingungsverhaltens usw. Hierzu werden vielfach rechnerunterstützte, numerische Berechnungen durchgeführt und mit Hilfe der Finit-Element-Methode Verformungen sowie Beanspruchungs- und Temperaturverläufe ermittelt. Schließlich können Kostenermittlungsprogramme eingesetzt werden.

Alle vorgenannten Berechnungsverfahren sollten die geometrischen und werkstofflichen Daten aus dem rechnerinternen Objektmodell direkt beziehen können und ihre Ergebnisse auch wieder direkt am graphischen Arbeitsplatz des Konstrukteurs zur Verfügung stellen. Dieser kann dann unmittelbar daraus Konsequenzen ziehen und im Dialog seine Gestaltung anpassen, ohne dabei aber alle Daten wieder neu eingeben zu müssen.

Das entstandene Objekt- bzw. Produktmodell ist vor allem auch für die nachgeschalteten Produktionsbereiche eine wichtige Grundlage, auf die schon während des Entwurfsprozesses und insbesondere nach dessen Abschluß zurückgegriffen wird. Eine unmittelbare Datennutzung im Sinne von CIM in den Bereichen von PPS, CAP, CAM, CAQ rechtfertigt erst den Einsatz eines aufwendigen 3D-CAD-Systems.

So lassen sich schon früh Rohteilabmessungen ermitteln oder an komplexeren Teilen kann schon eine beabsichtige Fertigungsoperation simuliert und aus deren Ergebnis die Gestaltung fertigungstechnisch verbessert werden. Die Daten von Freiformflächen dienen z.B. direkt zur NC-Steuerung des herstellenden Fräsvorgangs. Durch Kopieren von Objektoberflächen können unmittelbar die Oberflächen von zugehörigen Spritzgußwerkzeugen bestimmt werden.

In [KRA 85] wird beispielsweise darauf hingewiesen, daß Gußformen mit Hilfe mengentheoretischer Verknüpfung beschrieben werden können, indem ein Überkörper zum betreffenden Teil generiert und dann das Teil davon abgezogen wird, wodurch die gewünschte Hohlform entsteht. Diese wird noch zum Ausgleich des Schwindmaßes entsprechend rechnerintern skaliert und anschließend durch Bilden der Formtrennungsebene und Einfügen weiterer gießtechnischer Gesichtspunkte vervollständigt.

Zu allen nur beispielsweise angeführten Möglichkeiten der integrierten Nutzung des Objekt- bzw. Produktmodells sind dabei vom CAD-System

- geometrische Daten und
- nichtgeometrische Daten (Werkstoffangaben, Toleranzen, Normteil-Informationen, Baustrukturdaten u.a.)

an andere Systeme zu übertragen.

Im Zusammenhang mit dem rechnergestützten Produktionsprozeß spielen neben den

- produktbezogenen Daten aber auch
- prozeßbezogene und
- auftragsbezogene Daten

eine wichtige Rolle.

Die entstehende integrierte Datenverarbeitung hat daher folgende Ziele:

- Modellaustausch zwischen CAD- und anderen CA-Systemen, wobei dieser Austausch sowohl intern als auch extern notwendig sein kann.
- Allgemeine und digitale Verfügbarkeit von Dateien über Norm- und Wiederholteile, Zukaufteile, Werkstoffe und Halbzeuge.
- Modellarchivierung und informeller Zugriff auf vorhandene Erzeugnisse.

Eine integrierte Nutzung setzt die Koppelung unterschiedlicher Systeme voraus, die an bestimmte Voraussetzungen gebunden ist. Die Koppelung ist sowohl hardware- als auch softwaremäßig nur über bestimmte, definierte Schnittstellen möglich.

In den beiden nachfolgenden Abschnitten werden die für den Konstrukteur wichtigen Zusammenhänge dargelegt, um ihm ein gewisses Verständnis über die bestehende Problematik zu vermitteln. Im übrigen wird auf die Literatur verwiesen [EIM 86, GEH 89, GRG 86, SPK 84].

11.2 Hardware-Schnittstellen

Die einzelnen Hardwarekomponenten wie Rechner, Workstations, Peripheriegeräte werden über ein Netzwerk miteinander verbunden.
Ist das Netzwerk auf das Grundstück des Anwenders begrenzt und unterliegt es allein seiner Zuständigkeit, spricht man von einem lokalen Netzwerk (Local Area Network: LAN). Geht das Netzwerk über diesen Bereich hinaus und werden über längere Distanzen auch öffentliche Informationsträger benutzt, handelt es sich um Weitverkehrsnetzwerke (Wide Area Network: WAN).

Ein Netzwerk kann nach Bild 11.1 auf unterschiedliche Weise gebildet werden. Im allgemeinen wird in LANs eine Datenübertragungsgeschwindigkeit von bis zu 10 MBaud gefordert. (1 Baud entspricht 1 Bit pro Sekunde). Bei Vernetzung von zentralen Rechnern sollten etwa 100 MBaud und in WANs mehr als 140 GBaud möglich sein.

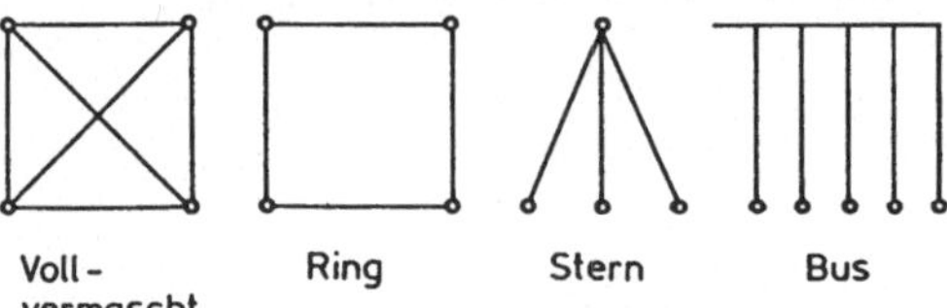

Bild 11.1 Möglichkeiten unterschiedlicher Netzwerkbildung

Der Datenaustausch erfolgt nach festen Regeln (Protokollen). Insbesondere sind zu vereinbaren:

- Übertragungscode, z.B.: ASCII (American Standard Code for Information Interchange).
- Datenformat, z.B. feste oder variable Satzlänge.
- Erkennung und Meldung bzw. Korrektur von Übertragungsfehlern.

Es gibt Empfehlungen für einheitliche Schnittstellen, z.B.
Definition der elektrischen Schnittstelle: CCITT V.24 bzw. DIN 66 020;
Definition Datenübertragungsprotokoll: CCITT X.25 bzw. ISO 7776 für Schicht 2 und ISO 8208 für Schicht 3

11.3 Software-Schnittstellen

Der Austausch von Daten zwischen unterschiedlichen Systemen ist an eine Reihe von Voraussetzungen gebunden:

Inhaltliche Voraussetzungen

- Modellart, z.B. 2D oder 3D, Drahtmodell oder Volumenmodell.
- Beschreibungsart der Geometrie, z.B. analytisch oder auch nichtanalytisch beschreibbare Flächen.
- Vordefinierte Geometrieelemente, z.B. Quader, Zylinder, Tori, Hyberboloide.
- Möglichkeiten nichtgraphischer Informationen, z.B. nur Texte oder auch Attributzuweisungen zu Flächen.

Strukturelle Voraussetzungen

- Format: Art und Anordnung von Daten in einem Datensatz (File).
- Datenstruktur: Wortlänge, Zeichen pro Satz, Art des Zeichensatzes.
- Speicherungsstruktur: lineare (sequentielle) oder verkettete Listen.

Wenn die Systeme hinsichtlich Inhalt und Struktur nicht gleich sind, was die Regel ist, so müssen entsprechende Anpassungen (Übersetzungen) vorgenommen werden. Dies bedeutet die Schaffung entsprechender Software, die übersetzen oder vermitteln kann. Dabei werden häufig Informationen verloren gehen. Z.B. kann die Genauigkeit einer im Raum aufgespannten Fläche leiden, indem durch den Transformationsprozeß Welligkeiten in der

Fläche auftauchen. Auch können naturgemäß keine Informationen abgegeben oder aufgenommen werden, für die die entsprechenden Elemente fehlen. Z.B. kann ein Drahtmodell keine Flächeninformationen aufnehmen und verarbeiten, auch wenn sie ihm angeboten werden.

Die Koppelung von Systemen kann prinzipiell auf zweierlei Weise geschehen (Bild 11.2):

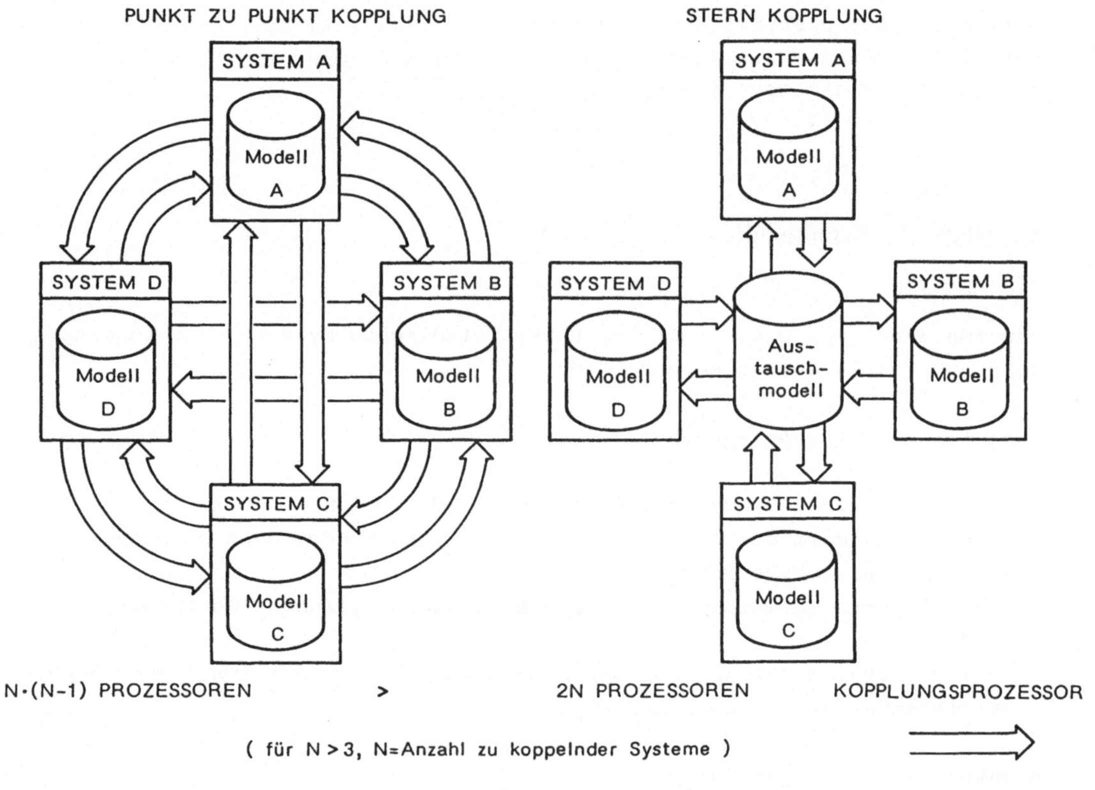

Bild 11.2 Punkt zu Punkt- und Stern-Koppelung von CA-Systemen nach [GRG 86]

Punkt zu Punkt-Koppelung

Jedes System kann mit jedem System direkt kommunizieren, was dann dazu zwingt, bei N Systemen N(N-1) Prozessoren vorzusehen, die die Anpassung vornehmen müssen.

Stern-Koppelung

Die beteiligten Systeme gehen über ein Austauschmodell (Bild 11.3). Diese Art der Koppelung hat bei mehr als 3 Systemen Vorteile, weil dann nur 2N Prozessoren erforderlich sind. Benötigt werden je ein

- Preprozessor zur Übertragung an das Austauschmodell und ein
- Postprozessor zur Übertragung vom Austauschmodell.

Für solche Austauschmodelle sind mannigfache Normungsbestrebungen im Gange [BEL 86, GRG 86].

Für 2D-Anwendungen hat GKS (Graphisches Kernsystem) eine hohe Bedeutung. Es ist in DIN ISO 7942 sowie DIN 66252 näher festgelegt. Die Funktionen werden zusammenfassend außerdem in [EKP 83] beschrieben.

Für den 3D-Bereich kommen folgende Modelle in Frage:

- IGES (Initial Graphics Exchange Specification) festgelegt in der amerikanischen Norm ANSI Standard Y14.26M, verwendet ein vereinfachtes Datenformat, eine sequentielle Datei und eine feste Satzlänge von 80 Zeichen im ASCII-Format. Es sind im wesentlichen analytische Flächen und Kurven und in eingeschränkter Weise Freiformflächen übertragbar. Alle Voraussetzungen für Zeichnungserstellungen sind vorhanden. An der Übertragbarkeit von Volumenelementen wird gearbeitet [GRG 86], sie ist nur eingeschränkt und bedingt fehlerfrei möglich. Über Erfahrungen und Maßnahmen zur Optimierung des Datenaustauschs mit Hilfe von IGES wird in [TRI 88] berichtet.
- ESP (Experimental Solids Proposal) stellt eine Erweiterung von IGES dar, um sowohl CSG- als auch B-Rep-Modelle zu übertragen. Bei Freiformkurven und -flächen bestehen Einschränkungen.
- VDA-FS (Verband Deutscher Automobilindustrie Flächen-Schnittstelle), gleichzeitig in DIN 66 301 näher definiert, besitzt neben den Informationsmitteln Punkten und Kanten eine hohe Bedeutung für die Übertragung von Freiformflächen.
- SET (Standard d'Echange et de Transfert) ist ein in der französischen Luftfahrtindustrie entwickeltes Austauschmodell mit dem Schwerpunkt auf Freiformflächen. Ebenfalls sind alle Voraussetzungen bezüglich Zeichnungserstellungen gegeben.
- PDDI (Product Definition Data Interface) wird vorrangig als Austauschmodell zwischen dem Konstruktions- und Fertigungsbereich verwendet. Allerdings sind Volumenelemente in Form von Grundkörpern nicht übertragbar. Das Modell ist aber für Toleranzangaben und Gestaltabweichungen eingerichtet.

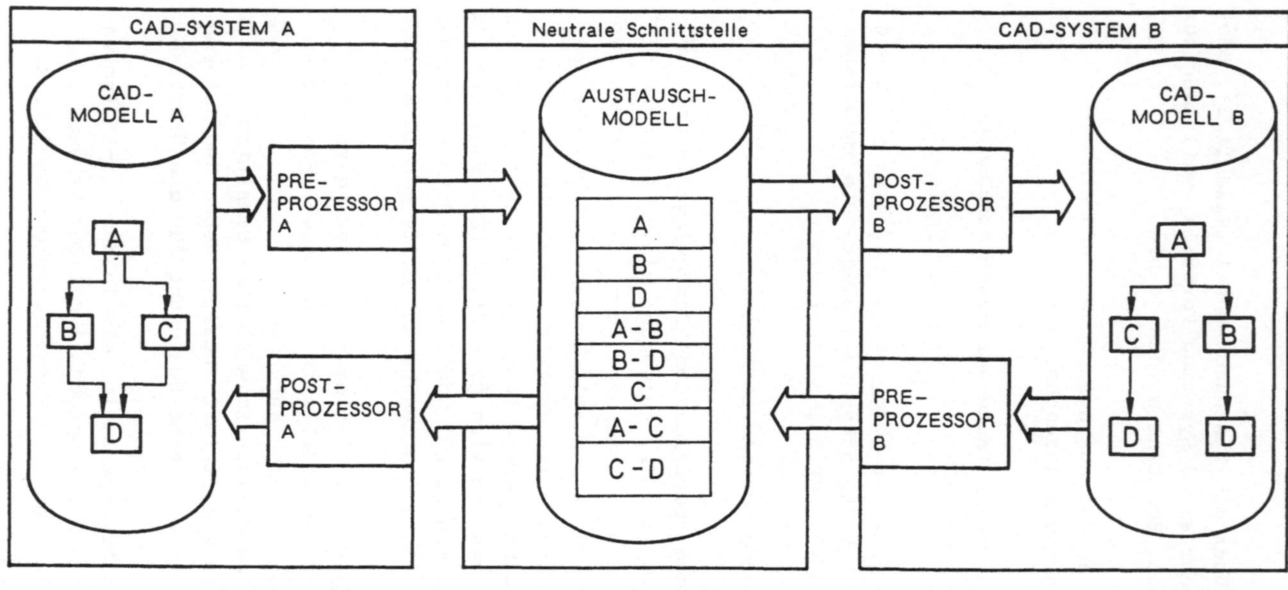

Bild 11.3 Modellaustausch zwischen unterschiedlichen CAD-Systemen mit Hilfe eines Austauschmodells als systemneutrale Schnittstelle nach [GRG 86]

- STEP (Standard for the Exchange of Product Model Data) betrifft eine internationale ISO-Aktivität, die aber nicht vor 1992 zu einem verwendbaren Austauschmodell führen wird [TRI 88].

11.4 Umsetzung und künftige Entwicklung

11.4.1 Organisation und Schulung

Zum Abschluß soll noch darauf hingewiesen werden, daß die integrierte Nutzung von Objekt- bzw. Produktmodellen eine Reihe von organisatorischen Maßnahmen nach sich zieht:

- Festlegen einer sinnvollen Arbeitsteilung innerhalb des Konstruktionsbereichs und im Zusammenhang mit den produktionsvorbereitenden Abteilungen. Die Möglichkeiten der Rechnerunterstützung bergen die Gefahr in sich, daß nun zu viele Tätigkeiten in die Konstruktion zurückverlagert werden, indem der Konstrukteur durch den erweiterten Zugriff zu Programmen und insbesondere zu fertigungstechnischen Informationen nun alles beherrschen und festlegen soll. Hier muß vor einer Überforderung gewarnt werden.
- Festlegen der jeweiligen Bearbeitungstiefe am Objektmodell, damit die nachgeordneten Tätigkeiten sich ohne erneute Datenaufbereitung anschließen können. Die einzelnen Tätigkeiten müssen sich am konstruktionsmethodischen Vorgehen und der jeweiligen Verfügbarkeit von Informationen und Daten richten.
- Festlegen eines Freigabesystems für das Objektmodell und die Regelung von Änderungsprozeduren mit dem Ziel, keine redundanten oder gar unterschiedlichen Informationen zum gleichen Objekt zuzulassen. In letzter Konsequenz führt dies dazu, daß nur das Objektmodell die aktuelle Gültigkeit beschreibt und Zeichnungen sich nur auf den jeweiligen Objektzustand, von dem sie abgeleitet sind, beziehen können.

Die Schulung der Konstrukteure darf sich nicht auf die eigentliche 3D-Systembeherrschung beschränken. Es ist vielmehr dafür zu sorgen, daß ein allgemeines Grundverständnis im Umgang mit 3D-Systemen und der maßgebende Unterschied zu 2D-Systemen erkannt wird. Die Einführung von 3D-Systemen erfordert eine sorgfältige Planung und sachgerechte Vorbereitung der Mitarbeiter. Ihre Mitwirkung in allen Phasen der Planung und Einführung ist unerläßlich. In diesem Zusammenhang sei auf einen Maßnahmenplan nach [LÜD 88] hingewiesen.

11.4.2 3D-Modellierung und 2D-Zeichnungen

Theoretisch könnten bei Verwendung von 3D-CAD-Systemen alle Produktinformationen im Objekt- bzw. Produktmodell abgelegt sein. Aus ihm könnten für den jeweiligen Informationszweck alle Gestalt- und Fertigungsinformationen entnommen werden. Hieraus könnte gefolgert werden, daß in Zukunft keine Gesamt- oder Einzelteil-Zeichnungen mehr erforderlich sind. Diese Vorstellung läßt sich aber mittelfristig nicht verwirklichen. Die Gründe sind:

- Zur Zeit verfügbare 3D-CAD-Systeme bieten nicht alle Voraussetzungen zur vollständigen Aufnahme aller erforderlichen produkt- und produktionsbeschreibenden Daten. Hier wird nur schrittweise eine Vervollkommnung erreichbar sein.
- Nicht alle internen und/oder externen Betriebsbereiche besitzen die erforderlichen Voraussetzungen zur unmittelbaren Nutzung des Objektmodells. Auch diese Situation wird sich nur schrittweise verändern lassen.
- Aus Gründen der Anschaulichkeit und auch wegen einer zielgerichteten Kontrolle werden bestimmte Informationen zusätzlich in Papierform nötig sein, weil der Zugang zu einem CAD-System oder dessen Nutzung im speziellen Fall zu teuer, zu umständlich oder überhaupt nicht möglich ist. Zeichnungen und Bilder werden daher als zusätzliche Informationsvermittler das Objektmodell begleiten müssen.

Ungeachtet dessen wird aber die klassische Einzelteil-Zeichnung als alleinige und verbindliche Fertigungsunterlage in relativ kurzer Zeit ihre Bedeutung verlieren und in der bisher bekannten Form überflüssig werden. Es werden sich neue Formen der Informationsübermittlung entwickeln, die sowohl digital sind als auch erläuternde Bilder enthalten.

Z.Z. wird in vielen Fällen zunächst 3D-mäßig entwickelt und das Endergebnis dann 2D-mäßig erstellt. Arbeitsphase und Zeitpunkt des Übergangs vom 3D-Modell zur Weiterbearbeitung in einer 2D-Zeichnung sind je nach vorhandenen Möglichkeiten sehr unterschiedlich und mit fortschreitender Fortentwicklung der Systeme auch stark fließend. Die Umstellung von 2D auf 3D wird dabei neben den technischen Gesichtspunkten immer von wirtschaftlichen, organisatorischen und nicht zuletzt von personellen Voraussetzungen bestimmt werden.

11.4.3 Künftige Modelle

Die meisten Informationsmodelle bieten z.Z. nur eine Geometriebeschreibung. Wie gezeigt wurde, gewinnt der technisch- und baustrukturorientierte Modellierer an Bedeutung. FEM-Methoden nutzen die produktdefinierenden Daten, um Verformungen und Beanspruchungen mechanischer oder thermischer Art zu berechnen, und NC-Programmierungen greifen auf Daten zu, um die Fertigungsprozesse zu steuern. Eine vollständige Integration ist bisher nur in wenigen Fällen erreicht worden.

In Zukunft wird man umfassendere Modelle anstreben, die geeignet sind, nicht nur das Produkt in seinem für die Fertigung gültigen Zustand zu definieren, sondern auch seine Betriebs- und Gebrauchseigenschaften vorweg zu simulieren. Dazu gehören beispielsweise weitere Teilmodelle:

- Bewegungsmodelle im Sinne der Starrkörper-Kinetik, um funktionale und montagemäßige Bewegungen zu studieren,
- Dynamische Modelle, um Verformungen und Kräfte unter Feder- und Dämpfungseigenschaften zu erkennen,
- Temperaturbeschreibende Modelle, um Ausdehnungsverhalten und thermische Zusatzbeanspruchungen zu untersuchen,
- Simulationsmodelle, um die Auswirkung von Korrosion und Verschleiß zu erkennen,
- Modelle, die geeignet sind, die vielfältigen Auswirkungen von Produktionsprozessen auf das Produkt in qualitativer Weise zu beschreiben.

Aus wissenschaftlicher Sicht werden Modelle angestrebt, die alle Produkteigenschaften mehr oder weniger vollständig beschreiben können. Das kann geschehen durch Koppelung mit schon bekannten oder mit neuen Teilmodellen oder aber durch Entwickeln einer neuartigen komplexeren Modellstruktur, die in der Lage ist, alle solche Produkteigenschaften in sich aufzunehmen.

Wie schnell und wirtschaftlich vertretbar dieses ferne Ziel erreichbar ist, wird von der weiteren Entwicklung von schnellen und preiswerten Rechnern und Speichern sowie von originellen und klugen Ideen bei der weiteren Softwareentwicklung abhängen. Reizvoll wäre es schon, ein Produkt in allen seinen Betriebs- und Lebensphasen vorweg simulieren zu können, als ob es schon real vorhanden wäre.

Literaturverzeichnis

AWF 85 AWF-Empfehlung: Integrierter EDV-Einsatz in der Produktion. CIM Computer Integrated Manufacturing. Begriffe, Definitionen, Funktionszuordnungen. Eschborn: AWF (Ausschuß für wirtschaftliche Fertigung) 1985.

BAC 88 Bachmann, T.: Entwurfsorientierte Modellierungs- und Kommunikationsverfahren für CAD-Systeme. Diss. TH Darmstadt 1988. Fortschr.-Ber. VDI Reihe 20 Nr. 8. Düsseldorf: VDI-Verlag 1988.

BAN 63 Backus, J.W. u.a.: Revised Report on the Algorithmic Language ALGOL 60. Numer. Math. 4 (1963) 420-453.

BAU 88 Bauert, F.: Entwicklung von Werkzeugen zur Produktmodellierung - Bestandteil eines Systemkonzepts zur rechnergestützten Gestaltung von Konstruktionselementen (GEKO). Konstr. 40 (1988) 90-96.

BEL 86 Bey, I.; Leuridan,J.: Europäisches Vorhaben zur Definition von CAD-Schnittstellen. Z. wirtsch. Fertig. 81 (1986) 38-42.

BRE 88 Breitling, F.A.: Wissensbasiertes Konstruktionssystem. Z. wirtsch. Fertig. 83 (1988) 563-565.

DIN 77 DIN 199, Teil 2: Begriffe im Zeichnungs- und Stücklistenwesen. Stücklisten. Berlin: Beuth.

DIN 81 DIN 4000, Teil 1: Sachmerkmal-Leisten. Begriffe und Grundsätze. Berlin: Beuth.

DIN 87 DIN V 66304, Vornorm: Rechnergestütztes Konstruieren. Format zum Austausch von Normteildaten. Berlin: Beuth.

DIN 88 DIN 66234, Teil 8: Bildschirmarbeitsplätze. Grundsätze ergonomischer Dialoggestaltung. Berlin: Beuth.

EGS 88 Engeli, M.; Schneider, U.: Kurven- und flächenorientierte Modellierung mit NURBS. CAD-CAM-Report Nr.3/1988, 100-105.

EIM 82 Eigner, M.; Maier, H.: Einführung und Anwendung von CAD-Systemen. München: Hanser 1982.

EIM 85 Eigner, M.; Maier, H.: Einstieg in CAD. München: Hanser 1985.

EIM 86 Eigner, M.; Maier, H.: Einführung und Anwendung von CAD-Systemen. 2. Aufl. München: Hanser 1986.

EKP 83 Enderle, G.; Kansy, K.; Pfaff, G.; Prester, F.-J.: Die Funktion des Graphischen Kernsystems. Inform. Spektr. (1983) 55-75.

ENG 85 Engelken, G.: Geometrisches Modellieren für den Entwurfsprozeß. Proc. ICED 85, Hamburg 1985.

ENS 86 Encarnacao, J.; Straßer, W.: Computer Graphics. 2. Aufl. München: Oldenbourg 1986.

FAH 89 Fahlbusch, K.-P.: Optimieren kanten- und flächenorientierter Modellierungsverfahren in CAD-Systemen. Diss. TH Darmstadt 1989.

FAR 85 Farny, B.: Rekonstruktion eines 3D-Geometriemodells aus Orthogonalprojektionen beim rechnergestützten Konstruieren. Diss. TU Braunschweig 1985.
Farny, B.: Geometrisches Modellieren durch Rekonstruktion aus technischen Zeichnungen. VDI-Ber. 570.2, 149-161. Düsseldorf: VDI-Verlag 1985.

GEH 89 Gehrke, U.: Anforderungen an fertigungsorientierte Schnittstellen für die NC-Programmierung bei Einzelteilfertigung. VDI-Ber. 752, 191-205. Düsseldorf: VDI-Verlag 1989.

GGH 85 Grabowski, H.; Glatz, R.; Heidrich, R.: Ist der Aufbau rechnerflexibler Normteildateien ein Risiko? VDI-Z. 127 (1985) 207-214.

GOL 86 Goldschlager, L.; Lister, A.: Informatik. Eine moderne Einführung. 2. Aufl. München: Hanser 1986.

GRA 85 Grabowski, H.: Neue Arbeitstechniken beim Entwerfen mit "intelligenten" 3D-Systemen. VDI-Ber. 565, 77-92. Düsseldorf: VDI-Verlag 1985.

GRÄ 89 Grätz, J.F.: Handbuch der 3D-CAD-Technik. Erlangen: Siemens 1989.

GRG 86 Grabowski, H.; Glatz,R.: Schnittstellen zum Austausch produktdefinierender Daten. VDI-Z. 128 (1986) 333-343.

GRI 83 Grieb, P.: Benutzerorientierte, rechnerunterstützte Variantenkonstruktion mit dem MEDUSA-Parametric-Baustein. VDI-Z. 125 (1983) 546-550.

GRU 76 Grupp, B.: Elektronische Stücklistenorganisation in der Praxis. Stuttgart,Wiesbaden: Forkel 1976.

HAW 84 Hafner, M.; Weckerle, E.: Anforderungen an eine CAD-Normteildatenbank. VDI-Z. 126 (1984) 547-561.

JAT 87 Jansen, H.; Timmermann, M.: Handskizzierter Entwurf von CAD-Modellen mit CASUS. Z. wirtsch. Fertig. 82 (1987) 399-404.

JSS 87 Jonas, W.; Schmädeke, W.; Schulz, R.: VDAPS: Programmschnittstelle für Normteile wird DIN-Norm. VDI-Z. 129 (1987) Nr. 5, 66-70.

KLA 87 Klause, G.: CAD/CAE/CAM/CIM Lexikon. Würzburg: Vogel 1987.

KLO 89 Kloberdanz, H.: Baureihenentwicklung mit CAD-Systemen. Diss. TH Darmstadt 1990.

KRA 85 Krause, F.: Veränderung der Konstruktionsarbeit durch CAD-Systeme. Z. wirtsch. Fertig. (1985) 60-66.

LEW 89 Lewandowski, S.: Normteilebibliotheken im Konflikt der Interessen. CAD-CAM Report 1989, 24-27.

LÜD 88 Lüdemann, H.: Erfahrungen aus der CAD-Einführung in Entwicklung und Produktion. Konstr. 40 (1988) 397-403.

MEN 83 Menke, W.-H.: Verarbeitung von Norm- und Wiederholteilen in CAD-Systemen am Beispiel des interaktiven Konstruktionsarbeitsplatzes IKA. Diss. TH Darmstadt 1983.

MYE 82 Myers, W.: An Industrial Perspective on Solid Modeling.IEEE Computer Graphic & Appl. 2 (1982), 86-97.

NIN 87 Ning, R.: Bemaßen und Tolerieren in CAD-Systemen mit Volumenmodellierern. München: Hanser 1987.

PAB 86 Pahl, G.; Beitz, W.: Konstruktionslehre. 2. Aufl. Berlin: Springer 1986.

PAE 85 Pahl, G.; Engelken, G.: Das Entwerfen maschinenbaulicher Gebilde mit Hilfe von CAD-Systemen. Proc. ICED 85, Hamburg 1985.

PMS 82 Pahl, G.; Menke, W.-H.; Schultheis, N.: Ein "intelligentes Dateisystem" zur Verarbeitung von Norm- und Wiederholteilen. DIN-Mitt. 61 (1982) 377-383.

POH 82 Pohlmann, G.: Rechnerinterne Objektdarstellung als Basis integrierter CAD-Systeme. Reihe Produktionstechnik. München: Hanser 1982.

REI 87 Reinking, J.-D.: CAD-Arbeitstechnik als optimierbarer Modellierungsprozeß. Konstr. 39 (1987) 64-70.

SCH 87 Schwaiger, L.: CAD-Begriffe. Ein Lexikon. Berlin: Springer 1987.

SEI 85 Seiler, W.: Technische Modellierungs- und Kommunikationsverfahren für das Konzipieren und Gestalten auf der Basis der Modell-Integration. Diss. TU Karlsruhe 1985. Fortschr.-Berichte VDI, Reihe 10, Nr. 49. Düsseldorf: VDI-Verlag 1985.

SKJ 87 Spur, G.; Krause, F.L.; Jansen, H.; Timmermann, M.: Rekonstruktion von 3D-Modellen mit CASUS. Z. wirtsch. Fertig. 82 (1987) 569-574.

SPK 84 Spur, G.; Krause, F.-L.: CAD-Technik. München: Hanser 1984.

STR 87 Stroustrup, B.: Die C++ Programmiersprache. Bonn: Addison-Wesley 1987.

TRI 88 Trippner, D.: Voraussetzung für die Zukunft. CAD/CAM Datenaustausch zwischen Automobilherstellern und deren Zulieferbetriebe. CAE-J. 1/1988, 33-44.

TSC 83 Tschörtner, K.-A.: Anforderungen an ein praxisgerechtes CAD-System. Werkst. u. Betr. 116 (1983) 197-201.

Verwendete Begriffe

Nachstehend werden Begriffe aufgeführt, soweit sie nicht im betreffenden Zusammenhang definiert oder erklärt werden und zum Allgemeinverständnis der Ausführungen in diesem Buch beitragen:

Basisoperation	Eine in einem CAD-System zur Verfügung stehende Funktion, die vom Benutzer als Operation verwendet werden kann und zu einem vollständigen und widerspruchsfreien Modellzustand führt.
Beschreibung	Rechnerinterne Festlegung oder Definition eines Objekts oder Elements.
BOOLEsche Operatoren	Vorschriften, die auf der BOOLEschen Algebra aufbauen und dazu dienen, verknüpfte Variablen im Ergebnis darzustellen. Die BOOLEschen Operatoren bilden die Basis zur Definition mengentheoretischer Operationen für die geometrische Modellierung [SCH 87]. Der Vorgang wird auch häufig BOOLEsche Verknüpfung oder mengentheoretische Verknüpfung genannt.
Darstellung	Am Bildschirm oder auf dem Plotter sichtbare Vermittlung (Visualisierung) der rechnerinternen Beschreibung mit Hilfe eines Bildes oder einer projizierten Ansicht.
Dialog	Kommunikation des Benutzers mit dem System über Eingabe- und Ausgabefunktionen. Tätigkeit des Benutzers an der Benutzerschnittstelle bzw. Benutzeroberfläche.

Feature — Zusammenfassung oder Komplex von Geometrieelementen (Kontur, Fläche, Volumen, Körper, Teil) zu einem bestimmten Zweck der technischen Anwendung, gegebenenfalls auch in Verbindung mit Berechnungsprogrammen, aus konstruktiver oder fertigungstechnischer Sicht. Z.B. Sackloch, Welle-Nabe-Verbindung, Schleifkontur. (Vgl. auch Formelement, Wirkelement und Wirkkomplex.)

Feingestalt — Endgültige, mit allen erforderlichen Einzelheiten vollendete Gestaltung.

Formelement — Häufig wiederkehrende Gestaltform als fester Zusammenhang von Flächen ohne selbst ein Körper zu sein.

Grobgestalt — Vorläufige, aber maßlich und anordnungsmäßig zutreffende Gestaltung unter Verzicht auf für die jeweilge Arbeitsphase nicht benötigten Einzelheiten.

Informationsmodell — Formalisierung des mentalen Modells und problemunabhängige Definition der beteiligten Informationsmittel.

Integrität — Unverletzlichkeit und Vollständigkeit von Datenbeständen zu einem beschriebenen Objekt.

Kompatibilität — Vereinbarkeit und/oder Anschließbarkeit von Elementen und Modulen in CAD-Systemen.

Konsistenz — Widerspruchsfreiheit von Datenbeständen zur Beschreibung eines Objekts.

Mentales Modell — Vorstellung des Menschen.

Objektmodell — Rechnerinterne Beschreibung eines Objekts, was auch ein Produkt oder Erzeugnis sein kann.

Partialmodell — Zweckgerichteter Ausschnitt oder Teil eines integrativen Gesamtmodells.

Produktmodell — Rechnerinterne Beschreibung eines Produkts oder Erzeugnisses. Vielfach synonym mit Objektmodell.

Rechnerinternes Modell — Beschreibung der formalen Informationsmittel und ihrer Relationen in einer für den Rechner verarbeitbaren Form durch Umsetzung in einen binären Code.

Rekursiver Zusammenhang — Verweis von Informationselementen auf Unterelemente des gleichen Typs.

Subfläche — Abgeschlossene Fläche innerhalb einer Fläche.

Topologie — Gestaltform in einer bestimmten Lage und Anordnung.

Wirkelement — Besondere Gestalt an einer Wirkfläche, z.B. Gewinde, Verzahnung, die einer Fläche am Objekt zugeordnet werden kann, ohne sie im einzelnen generieren zu müssen. Es genügt eine Kennung und eine symbolhafte Darstellung.

Wirkkomplex — Zusammenfassung von Geometrien, die in Form von Teilen, Formelementen, Wirkelementen und Normteilen in ihrer Paarung eine bestimmte Funktion erfüllen.

Sachverzeichnis

Springer

Springer